생활속에서의

통계학의 이해와 적용

배현웅 지음

KYOWOO CO. Publishing 敎友社

머 리 말

20여년 동안 통계학을 강의해 오면서 느낀 것은, 많은 학생들이 통계학의 필요성과 그 중요성을 인식하면서도 통계학을 수학의 일부분으로 생각하면서 공부하기 어려운 학문으로 인식하고 있다는 것이었다. 학생들이 그렇게 생각하는 이유는 통계학을 처음으로 배울 때 사용되는 책의 대부분이 많은 수식과 수학적인 이론을 포함하고 있고, 또한 통계학에 대한 기본 개념과 이론이 추상적으로 설명이 되다 보니, 통계학이 생활 속에서 유용하게 사용될 수 있는 학문이기보다는 하나의 이론적인 학문으로 여기게 되어 그러한 현상이 발생하지 않았나 하고 생각을 한다. 이에 필자는 이러한 어려움을 피하도록 하기 위하여 어떻게 하면 보다 쉽게 통계학에 대한 기본 개념을 이해하도록 만들며, 통계학이 생활속에서 어떻게 적용될 수 있는지를 알려줄 수 있는 쉬운 책이 없을까 하고 생각해 왔었다. 마침 필자가 1년 동안 박사학위 공부를 하였던 모교(미국 아이오아 대학)로 연수를 갈 기회가 생겨 평소에 생각해 왔던 것들을 정리할 시간적인 여유를 가질 수 있게 되어, 이 한 권의 책을 발간할 수 있게 되었다.

이 책은 처음으로 통계학을 배우고자 하는 학생들뿐만 아니라, 과학적으로 자료를 분석하고 처리하기 위하여 통계학을 배우고자 하는 대학원생과 일반인들이 통계학에 대한 기본 원리와 개념을 쉽게 이해하고, 그 적용 요령을 쉽게 배울 수 있게끔 나름대로 최선을 다하여 집필하였다. 이 책에서는 우리 주위의 생활 속에서 일어나는 여러 가지 예와 학자들이 학술지에 발표한 논문에서 사용되었던 자료들을 이용하여 가능한 통계학에 대한 기본 개념을 쉽게 이해하고, 생활 속에서 통계학이 어떻게 적용되는지를 설명하고자 노력하였다.

이 책은 총 10개의 장으로 구성되어 있으며, 제1장에서는 자료의 정리와 특성을 분석하는 방법과 요령을, 제2장에서는 두 변수의 자료에 대한 관련성을 분석하는 방법을, 제3장에서는 표본을 뽑는 방법을, 제4장에서는 확률이 무엇이며, 어떻게 사용되며, 계산은 어떻게 하는지를 설명하였다. 그리고 제5장에서는 확률분포가 무엇을 의미하며, 왜 확률분포를 알아야 하는지를 설명하고 있으며, 제6장에서는 생활속에서 많이 사용되고 있는 확률분포의 종류와 그 사용 예를, 제7장에서는 표본분포의 의미와 실생활에서 어떻게 적용되는지를 설명하고 있으며, 제8장과 제9장에서는 가설검정을 하기 위하여 기본적으로 알아야 할 사항과 검정 요령을, 그리고 마지막 제10장에서는 생활 속에서 통계학이 어떻게 적용될 수 있는지에 대한 실제 예를 들었다.

통계학을 제대로 활용하기 위해서는 사회 각 분야에서 적용할 수 있는 여러 통계 기법들을 모두 알아야 한다. 하지만 그와 같은 많은 내용과 통계 기법들을 한 권의 책속에 포함시키려고 하다 보면 끝이 없을 것 같아 우선, 통계학을 처음으로 접하고 활용하고자 하는 사람들에게 꼭 필요할 것으로 판단되는 기본적인 내용으로 그 범위를 축소하여 집필하였다. 부족하고 미흡한 부분은 추후에 다시 보완하고, 보충하도록 하겠다. 이 책의 발간을 흔쾌히 허락해 준 교우사 오판근 사장님께 감사드리며, 원고 교정에 수고를 아끼지 않은 한원규 교수에게도 고마운 마음을 전하고자 한다. 그리고 이 책을 발간하는 데 있어 화랑대 연구소의 지원이 있었음을 명기하고자 한다.

2006년 한해가 저무는 12월 마지막 주

화랑대에서 저자 씀

차 례

제 1 장 자료의 정리와 특성 분석

1. 변수와 자료 ········· 3
    1.1 변수의 분류 ········· 3
    1.2 자료의 분류 ········· 5

2. 표를 이용한 자료의 정리와 분석 ········· 7
    2.1 도수분포표 ········· 7
    2.2 분할표 ········· 11

3. 그림을 이용한 자료의 정리와 분석 ········· 14
    3.1 막대그림과 히스토그램 ········· 14
    3.2 줄기-잎 그림과 시도표 ········· 18

4. 숫자를 이용한 자료의 특성 표현 ········· 24
    4.1 중심위치의 표현 ········· 24
    4.2 변화량의 표현 ········· 29

5. 상자그림을 이용한 자료의 정리와 분석 ········· 38

6. 자료의 특성과 밀도곡선 ········· 43
    6.1 수학적 모형과 밀도곡선 ········· 43
    6.2 밀도곡선에서의 중심과 변화량 ········· 46
    6.3 분포의 형태 ········· 47

제 2 장 이변량 자료의 관련성 분석

1. 설명변수와 반응변수 ··· 51

2. 산점도의 작성과 관련성 분석 ··· 53

3. 상관계수의 정의와 특성 ··· 59

3.1 상관계수의 정의 ··· 59

3.2 상관계수 r의 특성 ··· 60

4. 회귀직선의 의미와 사용 ··· 64

5. 최소제곱 회귀직선식의 계산 ··· 68

6. 결정계수 ··· 73

제 3 장 표본추출 방법

1. 자료의 조사와 발생오차 ··· 79

1.1 전수조사와 표본조사 ··· 79

1.2 표본오차와 비표본오차 ··· 80

2. 표본추출 방법 ··· 83

2.1 단순랜덤 추출법 ··· 83

2.2 층화추출법 ··· 87

2.3 집락추출법 ··· 90

2.4 계통추출법 ··· 92

3. 난수와 난수표의 사용 ··· 94

3.1 난수와 난수표의 의미 ··· 94

3.2 난수를 얻는 방법 ··· 95

3.3 난수표의 사용 예 ··· 97

제 4 장 확률의 이해

1. 기본 용어의 이해 ······ 103

2. 확률의 정의 ······ 106

2.1 고전적 정의 ······ 106

2.2 상대도수적 정의 ······ 107

2.3 주관적 정의 ······ 109

2.4 공리적 정의 ······ 110

3. 조건부 확률 ······ 113

3.1 조건부 확률의 정의 ······ 113

3.2 조건부 확률의 적용 ······ 115

4. 두 사건의 독립성 ······ 121

5. 조건부 확률의 응용 ······ 127

5.1 전확률 공식 ······ 127

5.2 베이즈 정리 ······ 128

6. 통계표를 이용한 확률의 계산 예 ······ 132

제 5 장 확률분포의 이해

1. 확률모형과 확률변수 ······ 139

2. 이산형 확률변수와 확률분포 ······ 141

2.1 이산형 확률변수의 정의 ······ 141

2.2 이산형 확률분포와 확률 계산 ······ 141

3. 연속형 확률변수와 확률분포 ······ 146

3.1 연속형 확률변수의 정의 ········ 146
3.2 연속형 확률분포와 확률 계산 ········ 147

4. 확률변수의 평균과 분산 ········ 150
4.1 이산형 확률변수의 경우 ········ 150
4.2 연속형 확률변수의 경우 ········ 155

제 6 장 생활속에서 많이 사용되는 확률분포

1. 이항분포 ········ 159
1.1 이항실험과 이항분포 ········ 159
1.2 이항분포 확률모형의 생성 과정 ········ 160

2. 초기하분포 ········ 163
2.1 초기하분포의 정의 ········ 163
2.2 초기하분포와 이항분포의 차이 ········ 164

3. 푸아송분포 ········ 167
3.1 이항분포 확률모형의 근사모형 ········ 167
3.2 푸아송분포의 정의 ········ 169

4. 정규분포 ········ 173
4.1 정규분포의 정의와 특징 ········ 173
4.2 표준화와 z-점수 ········ 176
4.3 정규확률변수의 선형변환 ········ 179

5. 표준정규분포 ········ 182
5.1 표준정규분포의 정의 ········ 182
5.2 표준정규분포표의 사용법 ········ 184

제 7 장 표본분포의 이해

1. 용어의 정의 ······ 193

2. 표본분포의 의미와 계산 ······ 197

3. 표본평균 $\overline{X}$ 의 분포와 성질 ······ 201

3.1 난수표를 이용한 $\overline{X}$ 분포의 탐색 ······ 201

3.2 컴퓨터를 이용한 $\overline{X}$ 분포의 탐색 ······ 204

3.3 $\overline{X}$ 분포의 성질과 중심극한정리 ······ 212

4. t 분포 ······ 215

4.1 t 분포의 정의와 특징 ······ 215

4.2 t 분포표의 사용법 ······ 217

5. 표본비율 $\hat{p}$ 의 분포 ······ 218

5.1 표본추출실험을 통하여 알아본 $\hat{p}$ 의 분포 ······ 218

5.2 표본비율 $\hat{p}$ 의 분포와 성질 ······ 220

제 8 장 가설검정의 이해

1. 가설과 오류 ······ 225

1.1 가설의 종류와 설정 ······ 226

1.2 오류의 종류와 유의수준 ······ 229

1.3 유의수준 α 의 크기 결정 ······ 233

2. 검정통계량의 의미 ······ 237

3. p값의 의미와 사용 ······ 239

4. 가설검정 절차 ······ 242

5. 모평균의 검정 ………… 244

6. 모비율의 검정 ………… 251

제 9 장 범주형 자료의 검정

1. 적합도 검정 ………… 257
1.1 적합도 검정이란? ………… 257
1.2 카이제곱분포와 분포표의 사용법 ………… 261

2. 독립성 검정 ………… 265

제 10 장 통계학의 적용 예

1. 인체에 미치는 두 세균의 영향력 검정 ………… 271

2. 셰익스피어와 베이컨의 작품속에서 사용된 단어 길이의 분포 ………… 274

3. 사회 복지정책을 주장한 페인(Paine)이 사용한 통계의 오류 ………… 278

4. 하천에 흩어져 있는 조약돌의 분포 ………… 283

5. 호수 속에 살고 있는 물고기의 수의 계산 방법 ………… 286

6. 지진의 크기와 발생 시기에 대한 예측 ………… 295

참고문헌 ………… 301

부 록 ………… 305

찾아보기 ………… 319

제 1 장

자료의 정리와 특성 분석

(a) 상대도수의 합 = 0.303 (b) 밀도곡선의 면적 = 0.293

통계 자료를 잘 활용한 나이팅게일(Florence Nightingale: 1820~1910)

나이팅게일은 간호를 여성의 전문 직업으로 정착시킨 간호학의 기초자이자 건강관리의 개혁가로 유명하다. 나이팅게일은 1854년부터 1856년까지 계속된 크림전쟁 기간 동안, 영국 군대의 간호 책임자로 재직하면서 열악한 위생 설비와 각종 의료 보급품의 부족으로 부상으로 입원한 많은 병사들이 죽어나가고 있음을 안타깝게 생각하였다. 이에 그녀는 공중위생의 중요성을 인식하여 오·폐수 처리의 개선과 환자에 대한 위생관리를 철저히 하면서 각종 의료 보급품의 관리에 있어서 부상자 중심의 야전병원이 되도록 개혁을 단행하였다. 이러한 노력의 결과로 군병원에서의 사망률은 42.7%에서 2.2%로 낮추어졌다. 나이팅게일의 부상병에 대한 숭고한 희생정신과 사랑은 영국군의 사기를 진작시켰으며, 이로 인하여 영국군은 크림전쟁을 승리로 이끌 수 있었다. 전쟁이 끝난 후 영국 국민들은 그녀를 전쟁 영웅으로 환영하였으며, 귀국 후 나이팅게일은 영국군의 보건과 생활환경, 그리고 식사방법 등의 개선을 통하여 영국군대의 건강관리와 보호시스템을 획기적으로 바꾸었다.

나이팅게일이 부상자들을 간호하면서 중요하게 생각하였던 것 중의 하나는 바로 '자료'였다. 그녀는 부상자들을 돌보면서 부상자들에 대한 치료 및 관리 기록을 철저히 하였으며, 이러한 기록을 최대한 활용하여 부상자들을 돌보았기 때문에 환자들의 사망률을 현격하게 줄일 수 있었던 것이다. 나이팅게일은 정부 관리들뿐만 아니라 일반 국민들조차도 쉽게 이해할 수 있도록 그래프를 활용하여 환자들에 대한 각종 자료를 다양한 형태로 보관, 정리하면서 환자들을 관리하는데 있어 통계자료를 최대한 활용하였다. 즉, 나이팅게일은 완치율, 사망률 등 여러 가지의 통계값들을 계산하여 그 값들의 변화를 항상 주의 깊게 살폈으며, 그녀에게 있어서 통계자료는 환자들의 생명을 구하는 방법을 알려주고, 그 방법들을 다른 사람에게 알려줄 수 있는 무기가 되었던 것이다.

1. 변수와 자료

1.1 변수의 분류

조사 또는 연구하고자 하는 대상들은 일반적으로 여러 가지 특성들을 가지고 있다. 예를 들어 어떤 시민단체에 가입되어 있는 회원들의 신상에 대한 정보가 필요하다고 하자. 여기서 회원들의 신상에 관한 정보란 성별, 나이, 출신지역, 키, 몸무게 등과 같이 개개인이 가지고 있는 특성을 말하며, 이때 각 특성에 대한 값들은 개개인에 따라 틀리게 된다. 이와 같이 조사하고자 하는 대상에 따라 서로 다른 값을 가지는 하나의 특성을 **변수**(variable)라고 한다. 여기서 성별, 나이, 출신지역, 자녀수, 키, 몸무게 등은 각각 하나의 변수가 되는 것이다.

변수

조사하고자 하는 대상에 따라 변하는 값을 가지는 하나의 특성을 말한다.

변수는 그 값이 가지는 형태에 따라서 질적 변수와 양적 변수로 나눌 수 있으며, 양적 변수는 그 값이 연속적인지 비연속적인지에 따라 연속형 변수와 이산형 변수로 구분되어진다.

형태에 따른 분류

성별(남, 여), 인종(백인종, 황인종, 흑인종), 학력(초졸, 중졸, 고졸, 대졸) 등은 관측된 값들이 문자로 표시되어 그 범주에 따라 분류되어지기 때문에 이러한 변수들을 **질적 변수**(qualitative variable) 또는 **범주형 변수**(categorical variable)라 한다. 반면에 키, 몸무게, 성적 등과 같은 변수들은 관측된 값이 양으로 표시되어지기 때문에 이러한 변수들을 **양적**

변수(quantitative variable)라 한다.

질적 변수는 필요에 따라 숫자로 나타낼 수 있다. 예를 들어 질적 변수인 학력수준을 초졸은 1, 중졸은 2, 고졸은 3, 대졸은 4와 같이 숫자화 할 수 있다. 하지만 이때의 숫자 크기는 그것이 나타내는 값의 크기와는 무관하며, 단지 편의상 정한 약속에 불과하다.

양적 변수는 관측값 자체가 크고 작음 또는 많고 적음을 나타내는 숫자로 표현되어 있으며, 이때 숫자는 관측된 값이 가지고 있는 속성을 그대로 반영한다. 양적 변수도 경우에 따라 질적 변수의 형태로 변환할 수 있다. 예를 들어 시험 성적의 경우, 90에서 100점을 A, 80에서 89점을 B, 70에서 79점을 C, 60에서 69점을 D, 60점 미만을 F로 바꾸면 시험성적은 A, B, C, D, F와 같은 질적 변수가 된다.

변수를 질적 변수와 양적 변수로 구분하는 이유는 변수로부터 관측된 자료를 정리하고 분석하는데 있어 다소 차이가 있기 때문이다.

연속성 여부에 따른 분류

양적 변수는 변수의 연속성 여부에 따라 연속형 변수(continuous variable)와 이산형 변수(discrete variable)로 나눌 수 있다.

연속형 변수는 하나의 값으로 나타낼 수 없는 형태 즉, 소수점을 무한히 포함하게 되는 형태의 값을 가지는 변수를 말한다. 연속형 변수의 예로는 키, 몸무게, 시간 등을 들 수 있다. 가령 어떤 사람의 키가 170.5㎝라고 하자. 이때 이 사람의 키는 측정도구의 한계 때문에 근사치로서 170.5㎝이지 정밀하게 측정할 수 있는 도구만 있다면 실제로는 소수점 아래로 계속 이어지는 무한의 값이 된다. 이에 비하여 하나의 값으로 측정되어지는 형태의 값을 가지는 변수를 이산형 변수라고 한다. 이산형 변수는 관측값들을 하나하나 셀 수 있다는 특징을 가지고 있으며, 일반적으로 정수값을 가지는 경우가 대부분이다. 이산형 변수의 예로는 일일 교통사고수, 휴가 일수, 대학교 합격자수 등을 들 수 있다. 양적 변수를 이산형과 연속형으로 구분하는 이유는 변수로부터 얻은 자료를 정리하고 분석하는데 있어 차이가 있을 뿐만 아니라, 확률과 확률모형을 정의하고 그 개념을 설정하는데 있어 차이가 있기 때문이다.

1.2 자료의 분류

통계학(statistics)이란 자료를 수집, 분석하여 어떠한 결론을 이끌어내는 과학이라고 할 수 있다. 통계적 분석을 위해서는 먼저 자료를 수집하여야 하며, 이렇게 수집된 자료를 원자료(raw data)라고 부른다. 일반적으로 우리가 가지는 자료의 대부분은 모집단이 아닌 표본으로부터 얻어진다. 여기서 모집단이란 조사 또는 연구하고자 하는 대상 전체를 말하며, 표본이란 조사하기 위해서 뽑힌 모집단의 일부분을 말한다. 이에 대한 보다 구체적인 설명은 제3장을 참고하기 바란다.

일변량 자료와 이변량 자료

자료(data)란 조사하고자 하는 대상으로부터 관측된 값들을 의미하며, 이때의 관측은 하나 또는 둘 이상의 변수에 대해서 이루어진다. 하나의 변수에 대한 관측값으로 이루어진 자료를 **일변량 자료**(univariate data), 두 변수에 대해서 동시에 관측된 값 예를 들어, (성별, 키) 또는 (나이, 혈압) 등과 같이 짝으로 이루어진 자료를 **이변량 자료**(bivariate data), 그 이상의 변수들의 짝으로 이루어진 자료를 **다변량 자료**(multivariate data)라고 한다.

질적 자료와 양적 자료

자료는 관측된 값이 질을 나타내는지 또는 양을 나타내는지에 따라 질적 자료(또는 범주형 자료)와 양적 자료로 구분된다. 예를 들어 성별은 남·여 등과 같이 문자로 표시되어 두 개의 범주로 나타나므로 **질적 자료**가 되며, 나이, 키, 몸무게 등은 숫자로 나타나므로 **양적 자료**가 된다. 자료를 표나 그림을 이용하여 나타내고자 할 경우, 질적 자료와 양적 자료에 따라 다소 차이가 있다. 변수와 관련지어 자료를 구분한다면 질적 변수들의 자료를 질적 자료, 양적 변수들의 자료를 양적 자료라고 보면 된다.

이산형 자료와 연속형 자료

양적 자료는 **이산형 자료**(discrete data)와 **연속형 자료**(continuous data)로 나눌 수 있

다. 관측값을 하나하나 셀 수 있는 경우 즉, 일일 교통사고수 또는 정답을 맞힌 개수 등과 같은 자료를 이산형 자료라 하고, 키, 몸무게 등과 같이 관측값이 연속적으로 이어져 있기 때문에 정확히 하나의 값으로 측정하는 것이 불가능한 경우의 자료를 연속형 자료라고 한다.

일반적으로 이산형 자료의 관측값들은 그 수를 하나하나 세어 얻어지며, 연속형 자료의 관측값들은 측정에 의해서 얻어진다. 예를 들어 어떤 자동차 대리점 영업사원이 매달 판매하는 자동차의 대수는 한 대, 두 대… 등 하나하나 세어 얻어지지만, 고장난 자동차의 수리 시간은 측정에 의해서 얻어지는 것이다.

2. 표를 이용한 자료의 정리와 분석

원자료는 일반적으로 분량이 많고 산만하게 이루어져 있기 때문에 기술적으로 정리하고 요약하지 않으면, 자료의 특성을 이해하고 파악하기가 매우 어렵다. 따라서 원자료를 표나 그림, 또는 숫자를 이용하여 정리할 수 있다면, 자료가 가지고 있는 특성을 쉽게 파악할 수 있을 것이다.

2.1 도수분포표

어떤 통계학 교수가 25명의 학생에게 각자 동전을 4번씩 던지도록 한 후 앞면이 나온 횟수를 조사한 결과, 다음과 같은 자료를 얻었다고 하자.

2 2 0 1 1 1 2 3 1 2 2 3 3

4 1 3 2 3 3 1 2 2 1 2 2

이것은 하나의 원자료가 되는 것이다. 여기서 원자료를 하나하나 살펴보면, 관측된 값은 모두 25개이지만 이 자료는 5개의 서로 다른 값인 0, 1, 2, 3, 4로 구성되어 있음을 알 수 있다. 그렇다면 이 5개의 값을 이용하여 원자료가 포함하고 있는 정보를 잃어버리지 않고 간단하게 요약하여 나타낼 수 있는 방법은 없을까? 이러한 방법 중의 하나가 자료를 표를 이용하여 요약하는 것이다.

<u>도수분포표</u>

관측값을 범주에 따라 구분한 후, 각 범주에 속하는 도수와 상대도수를 측정하여 정리한 표를 말한다.

※ 필요에 따라 누적상대도수를 포함시키기도 함

동전을 4번 던지는 실험에서 나타난 25개의 결과는 <표 1.1>과 같이 5개의 값을 이용하여 요약할 수 있으며, 이렇게 작성된 표가 바로 **도수분포표**(frequency distribution table)인 것이다.

|표 1.1| 동전을 4번 던졌을 때 나타난 횟수에 대한 도수분포표

앞면이 나타난 횟수	도수	상대 도수
0	1	0.04
1	7	0.28
2	10	0.40
3	6	0.24
4	1	0.04
전체	25	1.0

도수분포표의 작성 예 A교수는 사회복지문제와 관련된 연구를 하는 과정에서 어떤 소도시에 거주하는 세대주들의 연령, 결혼상태, 자녀수, 학력수준 등에 대한 정보가 필요하였다. 이에 A교수는 그 도시에 있는 모든 가구를 대상으로 조사하기에는 시간과 비용이 많이 소요되므로, 전체 가구를 잘 대표할 수 있다고 판단되는 25가구를 표본으로 추출하여 필요한 자료를 수집하였다. 수집된 자료는 <표 1.2>와 같으며, 이를 이용하여 자녀수와 연령에 대한 도수분포표를 작성해 보도록 하자.

|표 1.2| 어느 소도시의 세대주에 대한 면담자료

번호	연령	성별	결혼상태	자녀수	교육수준	
					남편	부인
1	70	남	결혼	3	고졸	고졸
2	28	여	별거	3	중졸	고졸
3	47	남	결혼	1	대졸	고졸
4	48	남	결혼	3	고졸	고졸
5	23	남	결혼	0	대졸	고졸
6	69	여	이혼	3	•	중졸
7	31	여	결혼	1	대학원졸	대졸

8	70	여	미혼	0	•	대졸
9	80	여	사별	0	•	고졸
10	37	여	결혼	3	고졸	대졸
11	65	여	미혼	0	•	대졸
12	71	여	사별	2	•	고졸
13	41	여	별거	3	고졸	고졸
14	70	남	결혼	5	고졸	고졸
15	56	여	결혼	1	중졸	중졸
16	34	여	결혼	4	대졸	중졸
17	48	여	결혼	6	고졸	고졸
18	43	여	이혼	3	•	중졸
19	50	여	결혼	1	고졸	고졸
20	24	여	결혼	2	고졸	고졸
21	23	남	결혼	1	대졸	고졸
22	47	여	결혼	4	대학원졸	대학원졸
23	63	남	미혼	0	고졸	•
24	31	여	결혼	4	고졸	고졸
25	21	여	별거	3	대졸	대졸

(자녀수에 대한 도수분포표-질적자료) 자료를 범주에 따라 0, 1, ⋯, 6으로 구분한 후, 각 범주에 속하는 도수와 상대도수를 계산하여 도수분포표를 작성하면 <표 1.3>과 같다.

|표 1.3| 자녀수에 대한 도수분포표

자 녀 수	도 수	상 대 도 수
0	5	0.20
1	5	0.20
2	2	0.08
3	8	0.32
4	3	0.12
5	1	0.04
6	1	0.04
전체	25	1.00

(분석) <표 1.3>으로부터 자녀수가 3명인 가정이 8가구로 가장 많으며, 이는 전체의 32%에 해당된다. 그 다음으로는 자녀수가 0과 1인 가정이며, 각각 5가구가 있다. 자녀수가 3명 이하인 가정은 전체의 80%를 차지하고 있다. ■

<표 1.3>은 이산형 자료인 자녀수에 대한 도수분포표로써 각 범주가 가지는 값의 도수와 상대도수를 이용하여 작성되었다. 그렇다면 연속형 자료인 연령에 대한 도수분포표는 어떻게 작성하여야 할까? 이산형 자료처럼 연속형 자료가 가지는 값들을 전부 나열한 후 각각의 도수를 세어 작성하는가? 그렇지는 않다. <표 1.2>에서 연령은 모두 19개 값으로 이루어져 있으며, 이 19개의 값을 모두 사용하여 도수분포표를 작성하게 되면 자료가 효율적으로 정리되지 못하여 도수분포표로부터 필요한 정보를 제대로 얻을 수 없게 된다.

연속형 변수에 대한 도수분포표는 전체 자료를 동일한 간격을 가지면서 서로 중복되지 않도록 몇 개의 구간으로 나눈 후, 각 구간에 속하는 자료의 개수를 세어 표로 정리하면 된다. 이때 구간수가 너무 적으면 관측값들의 분포 경향을 파악하기가 곤란해지고, 반대로 구간수가 너무 많으면 분포 모양이 제대로 표현되지 않는다. 일반적으로 구간수는 전체 자료수를 고려하여 5개에서 10개 사이로 정하는 것이 보통이다.

<u>연속형 자료를 이용한 도수분포표의 작성 요령</u>

단계 1) 범위(=최대값-최소값)를 계산한다.
단계 2) 적당한 구간의 개수를 결정한다.
단계 3) 구간의 폭(=범위/구간의 개수)을 계산한다.
단계 4) 계산된 구간의 폭에 따라 구간을 설정한다.
단계 5) 각 구간에 속하는 자료의 개수를 세어 표를 작성한다.

(연령에 대한 도수분포표-연속형 자료) 자료값이 나이를 나타낼 경우에는 일반적으로 연령대별로 분석하는 것이 보통이다. 여기서는 최소 연령이 21세, 최대 연령이 80세

이므로 각 연령대를 하나의 구간으로 하여 구간수를 7개로 하는 것이 바람직하다. 따라서 구간의 폭이 10이 되도록 구간을 설정하면, 첫 번째 구간은 20이상~30미만, 두 번째 구간은 30이상~40미만, … 등이 될 것이다. 각 구간에 속하는 자료의 개수를 세어 작성한 도수분포표는 <표 1.4>와 같다.

|표 1.4| 연령에 대한 도수분포표

구 간	도 수	상 대 도 수
20이상 - 30미만	5	0.20
30이상 - 40미만	4	0.16
40이상 - 50미만	6	0.24
50이상 - 60미만	2	0.08
60이상 - 70미만	3	0.12
70이상 - 80미만	4	0.16
80이상	1	0.04
전 체	25	1.00

(분석) <표 1.4>로부터 20대와 40대가 각각 20%와 24%로 가장 많은 반면, 80대가 4%로서 가장 적고 50대 이하는 전체의 60%를 차지하고 있음을 알 수 있다. ■

2.2 분할표

2.1절에서는 변수가 하나일 때의 자료 즉, 일변량 자료를 도수분포표를 이용하여 정리하는 방법에 대해서 배웠다. 그러나 연구의 목적상 2개의 변수로부터 얻은 이변량 자료의 도수분포표인 **분할표**(contingency table)를 작성해야 할 경우가 있다. 분할표는 행과 열로 구성된 직사각형 형태의 표이며, 여기서 행과 열이 교차하여 만들어지는 셀 하나하나가 바로 하나의 범주가 되는 것이다. 분할표는 두 변수간의 관련성을 연구하는데 매우 효과적인 표이다.

분할표의 작성 요령

단계 1) 한 변수를 열, 다른 한 변수를 행으로 한 직사각형의 표를 만든다.
단계 2) 행과 열이 교차하여 만들어지는 셀에 해당 도수를 세어 기록한다.
※ 필요시 각 셀의 도수 아래에 해당 백분율을 표시하기도 함

분할표의 작성 예 <표 1.2>에 주어진 자료를 이용하여 자녀수와 결혼상태간에 어떠한 관련성이 있는지를 분할표를 작성하여 알아보도록 하자.

(자녀수와 결혼상태에 대한 분할표) 자녀수와 결혼상태에 대한 분할표는 행을 자녀수, 열을 결혼상태를 놓고 직사각형의 표를 만든 후, 각 셀에 해당하는 도수를 기록하면 된다. 이러한 방법으로 작성된 분할표는 <표 1.5>와 같다.

|표 1.5| 자녀수와 결혼상태에 대한 분할표

자녀수	결혼상태					전체
	결혼	미혼	별거	이혼	사별	
0	1	3	0	0	1	5
1	5	0	0	0	0	5
2	1	0	0	0	1	2
3	3	0	3	2	0	8
4	3	0	0	0	0	3
5	1	0	0	0	0	1
6	1	0	0	0	0	1
전체	15	3	3	2	2	25

(분석) <표 1.5>로부터 알 수 있는 한 가지 특이한 사항은 자녀가 3명인 경우 별거나 이혼이 많다는 것이다. 그 이유를 짐작해 본다면, 자녀가 많은 것으로 인하여 결혼생활에 대한 스트레스가 높아졌고, 이로 인하여 부부간의 불화가 많아져 별거 및 이혼이 많았던 것이 아닌가 하고 생각해 볼 수 있다. 하지만 별거나 이혼을 한 가정은 5가구에 불과

하다. 따라서 이와 같이 적은 수의 표본을 이용하여 별거나 이혼의 원인을 설명한다는 것은 매우 위험한 일이다. 이러한 경우에는 표본의 개수를 크게하여 별거나 이혼자의 자녀수에 대해서 보다 정확한 정보를 얻을 수 있도록 하여야 한다. ■

참고사항

분할표로부터 각 변수에 대한 정보를 얻을 수 있다. 즉, 분할표의 각 행에서 셀의 도수를 모두 더하여 각 행에 대한 합을 구한 후, 이러한 합을 이용하여 행 변수에 대한 도수분포표를 작성하면 된다. 마찬가지 요령으로 각 열에서 셀의 도수를 모두 더하면 열에 대한 합을 구할 수 있으며, 이러한 합을 이용하여 열 변수에 대한 도수분포표를 작성하면 된다. 〈표 1.5〉의 분할표로부터 자녀수와 결혼상태 각각에 대한 도수분포표는 다음과 같이 작성된다.

① 자녀수의 도수분포표
〈표 1.5〉에서 행의 합 5, 5, …, 1, 1은 자녀수가 0, 1, …, 5, 6일 때의 도수를 각각 나타낸다. 따라서 자녀수에 대한 도수분포표를 오른쪽과 같이 작성할 수 있다.

자 녀 수	도 수	상 대 도 수
0	5	0.20
1	5	0.20
2	2	0.08
3	8	0.32
4	3	0.12
5	1	0.04
6	1	0.04
전체	25	1.00

② 결혼상태의 도수분포표
〈표 1.5〉에서 행의 제일 아래쪽에 주어진 열의 합 15, 3, …, 2는 결혼상태가 결혼, 미혼, …, 사별일 때의 도수를 각각 나타낸다. 따라서 결혼상태에 대한 도수분포표를 오른쪽과 같이 작성할 수 있다.

결혼상태	도 수	상 대 도 수
결혼	15	0.60
미혼	3	0.12
별거	3	0.12
이혼	2	0.08
사별	2	0.08
전체	25	1.00

3. 그림을 이용한 자료의 정리와 분석

3.1 막대그림과 히스토그램

수집된 자료를 다양한 형태의 그림을 이용하여 정리하는 것은 표를 이용하여 정리하는 것 못지않게 중요하다. 왜냐하면 그림은 자료의 전체적인 모양을 시각적으로 쉽게 알 수 있도록 해줄 뿐만 아니라 자료의 중심과 흩어진 정도를 쉽게 파악할 수 있도록 해주는 장점이 있기 때문이다.

막대그림

질적 자료 또는 범주형 자료를 막대의 형태로 표현한 것을 **막대그림**(bar chart)이라 한다. 막대그림은 각 범주가 가지는 도수 또는 상대도수를 같은 폭의 직사각형 막대모양의 그림으로 나타낸 것을 말하며, 이때 막대그림은 동일한 간격으로 서로 떨어져 있게 그려야 한다. 막대그림의 장점은 각 범주의 도수 또는 상대도수를 단순히 막대의 길이를 이용하여 서로를 쉽게 비교할 수 있다는 것이다.

막대그림

각 범주가 가지는 도수 또는 상대도수를 같은 폭의 막대모양으로 그린 그림을 말한다.

막대그림을 이용하여 여러 집단들간의 비교도 가능하다. 즉, 똑같은 좌표축 위에 막대그림을 나란히 그리면 집단들 간의 비교도 쉽게 할 수 있다. 하지만 표본의 크기가 서로 다를 경우에는 상대도수를 이용하여 그려야만 서로간의 차이에 대한 정확한 비교가 가능하다.

막대그림의 작성 예 부모가 의사인 가정에서 태어난 자녀들은 부모의 영향에 의해 장래에 의사가 되기를 희망하는 경우가 많다. 1998년 미국의 학술지에 장래 의사가 되기를 희망하는 자녀와 그 부모의 직업간에 관련성이 있는지를 연구한 결과가 발표되었다(Antony, 1998). 이 당시 연구에서 사용되었던 자료는 <표 1.6>과 같으며, 이 자료를 이용하여 도수와 상대도수를 이용한 막대그림을 작성하여 남자와 여자 두 집단을 서로 비교해 보도록 하자.

|표 1.6| 부모 직업과 의사가 되기를 희망하는 자녀수

부모 직업	남 자		여 자	
	도수	상대도수	도수	상대도수
어머니가 의사	594	0.372	712	0.356
아버지가 의사	304	0.190	350	0.175
부모 모두 의사	534	0.334	824	0.412
부모 모두 의사가 아님	166	0.104	114	0.057
전 체	1598	1.000	2000	1.000

(막대그림의 작성) x 축을 부모 직업, y 축을 도수 또는 상대도수로 놓고 각 범주에 따라 막대그림을 그린 결과는 <그림 1.1>과 같다.

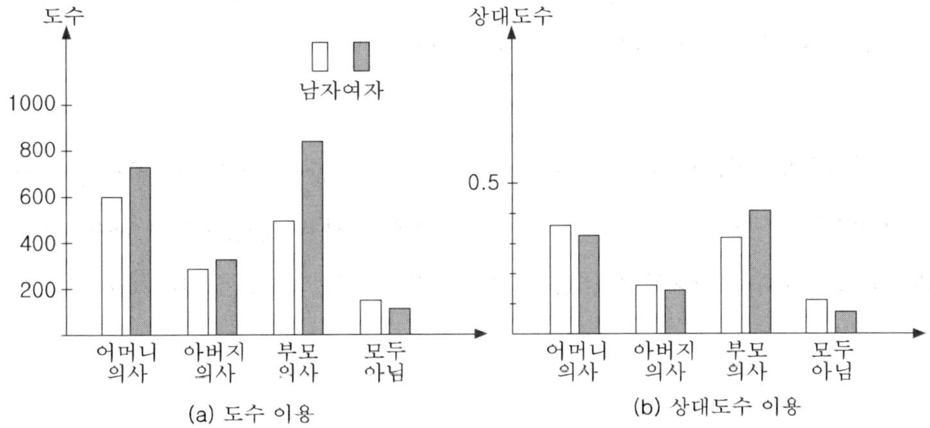

|그림 1.1| 도수와 상대도수를 이용한 막대그림의 비교

(분석) <그림 1.1>에서 도수를 이용한 막대그림 (a)에 의하면, 어머니 또는 아버지가 의사일 때 남자보다는 여자가 더 의사가 되기를 희망하고 있다고 할 수 있다. 하지만 이러한 해석은 잘못된 것이다. 그 이유는 남자와 여자 두 집단의 전체 도수가 다르다는 사실을 고려하지 않았기 때문이다. 집단들 간의 비교에서는 도수보다는 상대도수를 이용하여 막대그림을 그려야만 서로간의 차이에 대한 정확한 비교가 가능하다. 이러한 사실은 <그림 1.1>의 (a)와 (b)를 비교해보면 쉽게 알 수 있다. 즉, 어머니가 의사인 경우 도수에서는 여자(712명)가 남자(594명)보다 많지만 상대도수에서는 오히려 남자(0.372)가 여자(0.356)보다 더 높은 것으로 나타났다. 아버지가 의사인 경우에도 마찬가지 현상이 나타나고 있다. 따라서 남자와 여자를 비교하는데 있어서 <그림 1.1>의 도수를 이용한 막대그림 (a)는 잘못된 결론을 이끌게 되는 그림이 되며, 상대도수를 이용한 막대그림 (b)가 올바른 그림이 되는 것이다. 즉, 어머니가 의사이거나 아버지가 의사일 경우 여자보다는 남자가 더 의사가 되기를 희망하고 있다고 할 수 있다. ■

히스토그램

연속형인 자료일 때의 막대그림을 히스토그램(histogram)이라 한다. 히스토그램은 주어진 자료가 연속형일 때 자료값을 몇 개의 구간으로 나눈 후, 각 구간에 속하는 자료의 도수 또는 상대도수를 막대그림으로 나타낸 것을 말한다. 히스토그램은 막대그림과는 달리 막대와 막대 사이가 이어지도록 그려야 한다.

히스토그램의 작성 예 농협 직원들의 임금 수준을 알아보기 위하여 전체 직원들 중에서 90명을 랜덤으로 추출하여 월 평균 임금을 조사한 결과, <표 1.7>과 같은 자료를 얻었다. 히스토그램을 이용하여 농협 직원들이 받고 있는 임금 상태에 대해서 알아보도록 하자.

|표 1.7| 농협 직원들의 월 임금(단위: 만원)

207	300	101	212	185	423	278	283	258	225	171	549
193	205	252	186	254	256	279	276	128	352	415	242
199	195	367	400	361	251	357	221	236	235	274	176
452	157	345	450	201	247	353	179	250	366	190	175
342	171	124	223	269	249	182	390	173	100	502	170
191	360	254	205	145	344	418	146	300	272	210	227
227	368	100	257	153	374	418	280	229	229	274	203
141	316	255	241	422	204						

(히스토그램의 작성) 히스토그램을 작성하기 위해서는 먼저 전체 자료를 몇 개의 구간으로 나눈 후, 각 구간에 속하는 자료의 개수를 세어야 한다. <표 1.6>에서 직원들이 받는 임금은 100만원에서 549만원 사이에 있으며, 여기서 구간의 개수를 8개로 한다면 구간의 폭은 (최대값 − 최소값) / 8 = (549 − 100) / 8 = 56.125만원이 된다. 계산을 간편하게 하기 위하여 구간의 폭을 60만원으로 하면, 첫 번째 구간은 100만원 이상~160만원 미만,, 두 번째 구간은 160만원 이상~220만원 미만, … 동일한 요령으로 나머지 구간들을 만든 후 각 구간에 속하는 도수를 계산하여 히스토그램을 작성하면 <그림 1.2>와 같게 된다.

(분석) <그림 1.2>의 히스토그램을 통하여 농협에서는 월 220만원에서 280만원을 받는 직원이 가장 많았으며, 전체 직원의 약 60%는 160만원에서 280만원을 받고 있음을 알 수 있다. 그리고 월 460만원 이상을 받고 있는 직원은 극히 적은 것으로 볼 때 아마도 고위직 직원이 아닐까 예상할 수 있다.

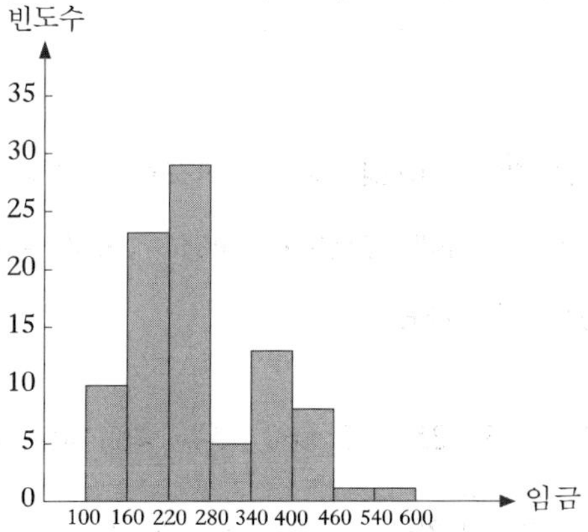

|그림 1.2| 농협 직원들의 월 임금에 대한 히스토그램

3.2 줄기-잎 그림과 시도표

줄기-잎 그림

줄기-잎 그림(stem-and-leaf plot)이란 말 그대로 식물의 줄기와 잎의 형태를 이용한 그림으로써, 각 관측값을 줄기와 잎이라는 두 부분으로 나누어 표현한 그림을 말한다. 이 때 관측값의 앞부분은 줄기, 뒷부분은 잎으로 표시된다. 예를 들어 관측값이 213일 경우 2를 줄기, 13을 잎으로 한다든지 또는 21을 줄기, 3을 잎으로 하여 그릴 수 있다. 줄기-잎 그림은 자료의 분포모양을 나타내어 주기 때문에, 양적자료를 정리하고 분석함에 있어 매우 효과적이다. 즉, 작성된 줄기-잎 그림을 통하여 자료의 분포 모양과 흩어진 정도, 봉우리의 위치와 대칭 여부, 그리고 극단값[1]의 존재 여부 등을 쉽게 파악할 수 있다. 줄기-잎 그림의 단점으로는 자료의 개수가 많을 때 제한된 공간에 많은 관측값을 기입하여야 한다는 것을 들 수 있다. 이러한 경우에는 히스토그램을 사용하는 것이 바람직하다.

<u>줄기-잎 그림의 작성 요령</u>

단계 1) 처음 몇 개의 자리수를 줄기, 나머지 자리수를 잎으로 결정한다.
단계 2) 줄기값을 크기순으로 세로로 나열한 후, 오른쪽에 수직선을 긋는다.
단계 3) 관측값의 잎에 해당하는 숫자를 해당 줄기 오른쪽에 기입한다.
단계 4) 각 줄기에서 잎의 값들을 오름차 순으로 다시 배열한다.

줄기-잎 그림의 작성 예 아래 자료는 미국의 홈런왕 베이비 루드(Babe Ruth)가 1920년부터 1934년까지 양키스팀에 있으면서 매년 기록한 홈런의 수이다. 이를 이용하여 줄기-잎 그림을 작성해 보도록 하자.

54 59 35 41 46 25 47 60 54 46 49 46 41 34 22

1) 조사의 대상이 되는 집단에 속하지 않을 것이라 의심이 될 정도로 정상범위에서 멀리 떨어진 관측값을 말한다.

(줄기-잎 그림의 작성) 줄기-잎 그림을 작성하기 위하여 먼저 첫째 자리수(10단위)를 줄기, 둘째 자리수(1단위)를 잎으로 결정한다. 그런 다음 <그림 1.3>의 (a)와 같이 줄기를 크기순으로 세로로 적은 후, 줄기의 오른쪽에 세로로 줄을 긋는다. 그리고 <그림 1.3>의 (b)와 같이 관측값을 하나하나 차례대로 읽어가면서 해당 줄기의 오른쪽에 잎의 숫자를 기입하면 줄기-잎 그림이 완성된다. 여기서 잎의 값을 크기순으로 반드시 정리할 필요는 없지만 <그림 1.3>의 (c)는 잎을 오름차순으로 정리한 결과이다.

(a)	
2	
3	
4	
5	
6	

(b)	
2	5 2
3	5 4
4	1 6 7 6 9 6 1
5	4 9 4
6	0

(c)	
2	2 5
3	4 5
4	1 1 6 6 6 7 9
5	4 4 9
6	0

|그림 1.3| 베이비 루드가 기록한 홈런수에 대한 줄기-잎 그림

줄기-잎 그림을 이용하여 두 집단의 비교도 가능하다. 두 집단을 비교하기 위해서는 먼저, 공통된 줄기를 가운데에 크기순으로 기록한 후, 줄기의 오른쪽과 왼쪽에 세로로 줄을 긋는다. 그런 다음 줄기의 오른쪽과 왼쪽에 각 집단의 잎을 그려 두 집단을 비교하면 된다.

줄기-잎 그림을 이용한 두 집단의 비교 예 <표 1.8>은 1964년 남미 쿠아테말라에서 이루어졌던 식이요법과 관련된 연구에 사용되었던 자료로써 도시사람과 지방사람을 대상으로 체내 콜레스트롤(단위: mg/ℓ)을 측정한 결과이다. 줄기-잎 그림을 그려 두 집단을 비교해 보도록 하자.

|표 1.8| 도시 및 지방 사람들의 콜레스트롤 측정 결과

도시사람	133	134	155	170	175	179	181	184	188	189	197	197	190
	196	201	205	204	205	205	200	201	200	206	214	217	222
	227	228	227	222	234	236	234	239	242	249	244	241	252
	279	273	284	284	284	330							
지방사람	95	108	108	115	114	129	129	124	135	131	136	136	131
	139	140	146	144	145	142	143	148	143	144	142	152	158
	157	152	155	158	166	165	162	175	174	173	172	171	180
	189	191	192	194	197	204	223	226	220	231			

줄기	잎
9	5
10	88
11	54
12	994
13	34516619
14	0645238342
15	5287258
16	652
17	95054321
18	1489091
19	9706247
20	1545501064
21	47
22	27872360
23	46491
24	2941
25	2
26	
27	93
28	444
29	
30	
31	
32	
33	0

(a) 전체

도시사람	줄기	지방사람
	9	5
	10	88
	11	54
	12	994
34	13	516619
	14	0645238342
5	15	287258
	16	652
950	17	54321
1489	18	091
9706	19	247
154550106	20	4
47	21	
27872	22	360
4649	23	1
2941	24	
2	25	
	26	
93	27	
444	28	
	29	
	30	
	31	
	32	
0	33	

(b) 도시사람과 지방사람으로 분리

|그림 1.4| 도시 및 지방 사람들에 대한 줄기-잎 그림

(전체 자료에 대한 줄기-잎 그림의 작성) 처음 2개의 자리수(100과 10단위)를 줄기, 나머지 자리수(1단위)를 잎으로 결정한 후 크기순으로 세로로 줄기를 적는다. 줄기의 오른쪽에 세로로 줄을 그은 후, 각 관측값을 하나하나 차례대로 읽어가면서 해당 줄기의 오른쪽에 잎에 해당하는 숫자를 기입한다. 이렇게 작성된 줄기-잎 그림이 <그림 1.4>의 (a)이다.

(분석) <그림 1.4>의 (a)로부터 관측값들은 상당히 넓게 퍼져 있으며, 관측값 330은 다른 값들과는 달리 아주 멀리 떨어져 있으므로 극단값으로 볼 수 있고, 이 극단값을 제외한 나머지 값들은 대부분 131~228 사이에 있음을 알 수 있다. 그리고 자료의 중심은 대략 170~180 근처에 있으며, 전체 자료는 크게 두 개의 봉우리를 가진 분포모양을 이루고 있다고 할 수 있다.

(집단별로 분리한 줄기-잎 그림의 작성) 도시사람과 지방사람에 따라 콜레스테롤이 차이가 있는지 비교하기 위하여 줄기의 왼쪽에는 도시사람, 오른쪽에는 지방사람으로 분리하여 그린 줄기-잎 그림이 <그림 1.4>의 (b)이다.

(분석) <그림 1.4>의 (b)로부터 다음과 같은 분석이 가능하다:

① 두 집단 모두에서 관측값들의 변화폭은 크다. 그러나 지방사람에 대한 관측값의 범위는 136(=231-95), 도시사람에 대한 관측값의 범위는 극단값인 330을 제외하면 151(=284-133)이 되어 도시와 지방 사람간의 콜레스트롤의 범위는 크게 차이가 나지 않다고 할 수 있다.

② 두 집단의 중심위치는 도시사람이 200, 지방사람이 140~150 근처에 있으며, 두 도시간의 차이는 약 50~60이 된다.

③ 두 집단 모두 하나의 봉우리를 가지고 있으며, 그 모양은 좌우 대칭에 가깝다. 즉, 두 집단을 합쳐 하나의 집단으로 만들었을 경우 그 분포 모양은 두 개의 봉우리를 형성하고 있지만, 분리하였을 경우 각 집단은 하나의 봉우리를 가진 분포모양

을 이루게 된다는 사실을 알 수 있다. 이것은 두 집단 사이에 차이가 있음을 나타내는 것이며, 실제 그 차이는 중심의 위치에 있다고 할 수 있다. 즉, 도시사람의 중심을 대략 50~60 단위 정도 아래로 이동시키면 두 집단의 모양은 거의 일치한다. 이러한 사실은 지방사람보다도 도시사람이 콜레스트롤을 더 많이 가지고 있음을 의미하는 것이다. ■

● 시도표

종합 주가지수, 물가지수, 환율, 강우량 등 많은 변수들은 시간 간격을 두고서 관측되며, 이렇게 관측된 자료를 **시계열 자료**(time series data)라고 한다. 시계열 자료를 수집하는 이유는 시간이 경과함에 따른 어떤 현상들의 변화를 파악하기 위해서이며, 이러한 시간에 대한 변화를 나타내기 위하여 **시도표**(time plot)를 사용한다. 시도표란 가로축에는 시간, 세로축에는 변수값을 놓고, 각 관측값을 점으로 표시한 후 선을 그어 연결한 그림을 말한다.

시도표의 작성 예 전 세계적으로 암으로 인해 사망하는 사람의 수는 한 해에 약 600만명에 이른다고 한다. 통계에 의하면 한국은 5명 중 1명, 미국은 6명 중 1명, 일본은 4명 중 1명이 암으로 사망한다고 한다. <표 1.9>는 통계청에서 발표한 '1995~2004년 보건/사인별 사망자 수'에 대한 자료의 일부이다. <표 1.9>에 주어진 자료를 이용하여 암 종류별 사망자에 대한 시도표를 작성해 보도록 하자.

|표 1.9| 1995~2004년 암 종류별 사망자 수(기준: 10만명 당)

년도별	95	95	97	98	99	00	01	02	03	04
위 암	26.5	25.5	25.6	23.9	24.0	24.3	24.0	24.5	24.3	23.2
대장암	5.8	6.3	6.9	7.0	7.9	8.9	9.6	10.6	11.4	12.2
간 암	22.0	21.4	21.2	20.0	20.7	21.3	21.3	23.1	22.8	22.6

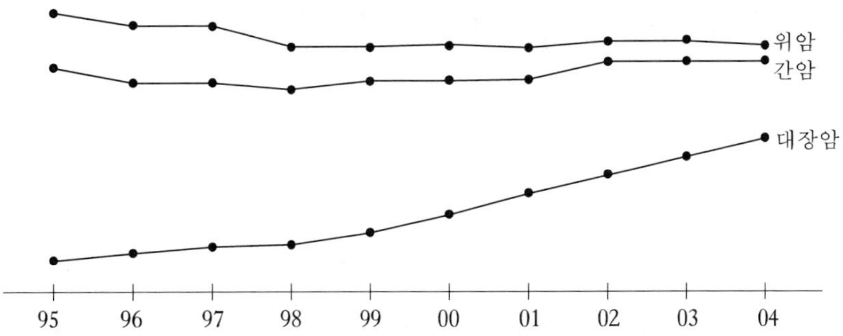

|그림 1.5| 1995~2004년 암 종류별 사망자 수에 대한 시도표

(시도표의 작성) 암 종류별 사망자 수에 대한 시도표는 가로축에 년도, 세로축에 사망자 수가 나타나도록 하여 해당하는 위치에 점을 표시한 뒤 모든 점들을 연결시켜 그리면 된다. 위암의 경우, 95년에는 10만명 당 26.5명의 환자가 발생하였으므로 좌표 (95, 26.5)에 점을, 96년에는 (96, 25.5)에 점을 표시한다. 이와 같은 요령으로 암 종류별로 모든 점들을 표시한 후, 점들을 선으로 연결하면 <그림 1.5>와 같은 시도표가 작성된다.

(분석) <그림 1.5>에서 위암의 경우 사망자 수가 약간 감소하는 경향을 보이고 있으나, 대장암의 경우에는 반대로 사망자 수가 꾸준히 증가하는 경향을 보이고 있음을 알 수 있다. 그리고 간암에 의한 사망자 수는 해마다 거의 비슷한 수준을 보이고 있다고 할 수 있다. 전문가들의 의견에 따르면 대장암 사망자 수가 증가하고 있는 원인은 육류 중심의 서구식 식생활 때문이라고 분석하고 있다. ■

4. 숫자를 이용한 자료의 특성 표현

일반적으로 테니스 엘보우는 공을 칠 때 받게 되는 충격에 의해서 악화가 되는 것으로 알려지고 있다. 이러한 사실과 관련된 연구 결과가 미국의 한 학자(Knudson, 1997)에 의해서 발표되었다. 그는 연구를 위하여 프로와 아마추어 테니스 선수 중에서 6명과 8명의 선수를 각각 선발한 후, 백핸드 드라이브로 공을 치게 하여 손에 전달되는 힘(단위: N)을 측정하였다.

프로 선수 : 44.70, 26.36, 55.75, 28.54, 46.99, 39.46

아마추어 선수 : 15.58, 19.16, 24.13, 10.56, 32.88, 21.47, 14.33, 33.09

여기서 우리는 다음과 같은 문제를 생각해 볼 수 있다. 프로와 아마추어 선수가 테니스를 칠 때 손에 받는 힘을 하나의 값으로 나타낼 수 없을까? 어느 집단에서 측정값들의 변화가 더 심할까? 이러한 문제에 대한 해답을 얻기 위해서는 각 집단의 분포에 대해서 알아야만 한다. 분포는 자료의 중심위치가 어디이며, 중심을 기준으로 자료값들이 어떻게 흩어져 있는지를 알려준다.

분포의 개략적인 상태는 도수분포, 히스토그램, 또는 줄기-잎 그림 등을 이용하여 알 수 있으나, 보다 구체적이고 정확하게 분포를 표현하는 방법은 숫자를 이용하는 것이다. 여기서는 숫자를 이용하여 분포의 중심위치와 변화 정도를 나타내는 방법에 대해서 알아보도록 할 것이다.

4.1 중심위치의 표현

평균

중심위치를 나타내는 도구로서 가장 널리 사용되는 것은 평균과 중앙값이다. **평균**

(mean)이란 자료값들을 모두 더한 후 그 더한 개수로 나눈 값으로 정의된다.

평균

관측값을 $x_1,\ x_2,\ \cdots\ ,\ x_n$ 이라 할 때

$$\bar{x} = \frac{x_1 + x_2 + \ \cdots\ + x_n}{n} = \frac{1}{n}\sum_{i=1}^{n} x_i$$ [2]

평균은 관측값 하나하나를 모두 알고 있는 경우에 사용할 수 있다. 하지만 주어진 자료가 관측값이 아니라 도수 또는 상대도수로 주어진 경우에도 평균의 계산은 가능하다.

관측값을 $x_1, x_2, \cdots, x_n$, 도수를 $f_1, f_2, \cdots, f_n$이라 할 때

- 도수로 주어진 경우: 평균 $= \dfrac{x_1 f_1 + x_2 f_2 + \cdots + x_n f_n}{N} = \dfrac{1}{N}\sum_{i=1}^{n} x_i f_i$, 여기서 $N = \sum_{i=1}^{n} f_i$
- 상대도수로 주어진 경우: 평균 $= x_1\left(\dfrac{f_1}{N}\right) + x_2\left(\dfrac{f_2}{N}\right) + \cdots + x_n\left(\dfrac{f_n}{N}\right) = \sum_{i=1}^{n} x_i\left(\dfrac{f_i}{N}\right)$

평균의 계산 예 길거리를 지나가는 주부 5명에게 자녀수를 물어본 결과, 자녀를 1명과 3명 가진 주부가 각각 1명, 자녀를 2명 가진 주부가 3명이었다고 하자. 이때 가구당 평균 자녀수는 3가지 방법으로 계산이 가능하다.

주부 5명의 자녀수는 각각 1, 3, 2, 2, 2이므로 위에서 정의된 평균 계산 공식을 이용하면

$$\bar{x} = \frac{1+2+2+2+3}{5} = 2.0(\text{명}) \tag{1}$$

2) 예에서 프로와 아마추어 선수의 손에 가해지는 힘의 평균을 계산하면

$\bar{x}_{프로} = (44.70 + 26.36 + 55.75 + 28.54 + 46.99 + 39.46)/6 = 40.3$

$\bar{x}_{아마추어} = (15.58 + 19.16 + 24.13 + 10.56 + 32.88 + 21.47 + 14.33 + 33.09)/8 = 21.4$가 되고,

이때 40.3과 21.4는 프로와 아마추어 선수가 테니스를 칠 때 손에 받는 힘의 대표값이 되는 것이다.

이 된다. 위 식(1)은 다음과 같이 변형이 가능하다.

$$\bar{x} = \frac{(1\times 1\text{명}) + (2\times 3\text{명}) + (3\times 1\text{명})}{5} = 2.0(\text{명}) \tag{2}$$

$$\bar{x} = 1\times\left(\frac{1}{5}\right) + 2\times\left(\frac{3}{5}\right) + 3\times\left(\frac{1}{5}\right) = 2.0(\text{명}) \tag{3}$$

여기서 식 (2)는 도수를 이용한 식이 되며, 식 (3)은 상대도수를 이용한 식이 된다. 즉, 식 (2)는 자녀를 1명, 2명, 3명 가진 주부가 각각 1명, 3명, 1명이라는 도수를 이용하여 평균을 계산한 식이 되며, 식 (3)은 자녀를 1명, 2명, 3명 가진 주부의 상대도수가 각각 1/5, 3/5, 1/5임을 이용하여 평균을 계산한 식이 되는 것이다. 이러한 사실은 평균을 계산할 때 관측 값 하나하나를 이용하거나 각 값에 대한 도수 또는 상대도수를 이용하여도 동일한 결과를 얻을 수 있다는 것을 설명하고 있는 것이다. ■

중앙값

중앙값(median)이란 자료를 크기순으로 나열하였을 때 가장 중앙에 놓이는 자료의 값 또는 이에 해당하는 값을 말한다. 중심위치를 나타내는 측도로서 평균이 가지는 단점은 자료속에 포함된 매우 큰 값 또는 작은 값에 영향을 받아 그 위치가 쉽게 변한다는 것이다. 이에 비하여 중앙값은 평균과는 달리 크기 순서가 변하지 않으면 다른 값들이 변하여도 영향을 받지 않는다는 장점을 가지고 있다.

중앙값

자료를 크기순으로 나열하였을 때 가장 중앙에 놓이는 값으로써 다음과 같이 계산한다:
관측값의 개수 n 이

홀수이면 $\frac{(n+1)}{2}$ 번째 값, 짝수이면 $\left\{\frac{n}{2}\text{번째 값} + \left(\frac{n}{2}+1\right)\text{번째 값}\right\}/2$

평균과 중앙값의 계산 예 K자동차회사에서는 3년 후에 새로운 모델의 승용차를 생산할 계획으로 디자인 개발팀을 구성하였다. 개발팀에는 팀장을 중심으로 6명의 전문 디자이너가 있으며, 이들의 연봉(단위: 백만원)은 경력을 고려하여 다음과 같이 각각 책정되었다고 한다. 이때 평균과 중앙값을 각각 계산하여 보자.

240 70 90 80 60 120

(평균의 계산) 개발팀의 평균 연봉을 계산하면

$$\bar{x} = \frac{240+70+90+80+60+120}{6} = 110(\text{백만원})$$

이 된다. 그러나 자료를 잘 살펴보면, 전체 팀원 6명중 4명의 연봉은 팀원 전체 평균 연봉인 110(백만원)보다도 작다. 평균 연봉이 이렇게 많아지게 된 원인은 바로 가장 큰 연봉인 240(백만원)때문이다. 이러한 경우 평균은 중심위치를 나타내는 대표값으로 적합하지 않으며, 오히려 240(백만원)에 영향을 받지 않는 중앙값이 더 적합한 대표값이 된다.

(중앙값의 계산) 6개의 자료값을 크기순으로 나열하면

60 70 80 90 120 240

이 되고, 여기서 관측값의 개수는 짝수이므로 중앙값은 3번째 값과 4번째 값의 평균인 $(80+90)/2=85$ (백만원)이 된다.

참고사항

극단값이란 자료속에서 다른 값들과는 달리 아주 크거나 작은 값을 말한다. 이때 극단값이 자료속에서 실질적으로 중요한 역할을 하고 있을 경우 극단값에 민감하게 반응을 보이는 평균이나 극단값에 아예 반응을 보이지 않는 중앙값 모두 자료의 중심 위치를 나타내는 측도로서 바람직하지 않다. 이러한 경우 통계학자들은 평균값과 중앙값을 절충한 **다듬어진 평균**(trimmed mean)을 사용하도록 권장하고 있다. 다듬어진 평균이란 관측값들을 크기순으로 나열한 후, 일정한 개수의 큰 값과 작은 값을 제외하고 계산한 평균을 말한다. 이러한 평균은 체조, 피겨스케이팅 등의 운동경기에서 심판의 편파적인 판정을 방지하기 위해 사용된다.

다듬어진 평균의 계산 예 일반적으로 청소년 영화에서의 흡연과 음주 장면은 청소년의 생활습관을 나쁘게 만든다고 알려져 있다. 이러한 문제와 관련된 연구 논문이 한 학자(Goldstein, 1999)에 의하여 발표되었다. 연구를 위하여 이 학자는 1980부터 1997년 사이에 미국에서 제작된 30편의 영화 속에서 흡연과 음주 장면의 시간(단위: sec)을 측정하였으며, 여기서 조사 결과는 다음과 같다고 한다. 주어진 자료를 이용하여 10% 다듬어진 평균을 계산해 보도록 하자.

34 414 0 0 76 123 3 0 7 46 38 13 73 0 72
0 5 0 0 0 0 74 0 28 0 0 0 0 0 39

(다듬어진 평균의 계산) 자료속에는 하나의 극단값(414)이 포함되어 있으므로 다듬어진 평균을 사용하는 것이 바람직하다. 자료를 크기순으로 나열하면

0 0 0 0 0 0 0 0 0 0 0 0 0 0 0 3 5
7 13 28 34 38 39 46 72 73 74 76 123 414

이 되고, 여기서 전체 영화의 10%에 해당하는 30(편)×0.1=3(편)을 아래와 위에서 각각

제거한 후 평균을 계산하면 된다. 가장 큰 3개의 값(76, 123, 414)과 가장 작은 3개의 값 (0, 0, 0)을 제거한 후 평균을 계산하면

$$\bar{x} = \frac{0+0+\cdots,+74}{24} = 18.0$$

이다. 따라서 다듬어진 평균값은 18.0이 되며, 이때의 평균값은 전체 평균 $\bar{x} = (0+0+\cdots,+74)/30 = 34.83$보다는 작고, 중앙값(15번째와 16번째의 평균값) 1.5보다 크면서 두 값 사이에 위치하게 된다. ■

참고사항

자료값들의 중심위치를 나타내는 측도로서 일반적으로 가장 많이 사용되는 것은 평균과 중앙값이며, 자료값들이 완전히 대칭일 경우에는 평균과 중앙값은 일치한다. 하지만 자료값들이 왼쪽으로 집중되어 있으면서 오른쪽으로 꼬리가 긴 분포를 나타낼 경우 평균은 중앙값보다 오른쪽(꼬리가 긴쪽)에 있게 되며, 반대로 자료값들이 오른쪽으로 집중되어 있으면서 왼쪽으로 꼬리가 긴 모양을 나타낼 경우 평균은 중앙값보다 왼쪽(꼬리가 긴 쪽)에 위치하게 된다. 대표값으로서 평균과 중앙값은 자료의 중심위치를 나타낸다는 특성을 가지고 있지만 둘다 동일한 성질을 가지고 있는 것은 아니다. 따라서 주어진 상황을 고려하여 적절히 선택하여 사용하여야만 한다. 일반적으로 소득과 관련된 자료에서는 중심위치를 나타내는 값으로서 평균보다는 중앙값을 사용하는 것이 바람직하다.

4.2 변화량의 표현

주어진 자료의 중심 위치는 평균 또는 중앙값을 사용하여 표현한다. 그러나 자료의 중심 위치를 안다는 것은 주어진 자료에 대한 부분적인 정보만을 알고 있는 것 밖에 되지 않는다. 전체 자료에 대한 특성을 보다 정확하게 알기 위해서는 중심으로부터 관측값들이

어떻게 변화하고 있는지 바꾸어 이야기하면, 관측값들이 어떻게 흩어져 있는지에 대한 추가 정보가 필요하다.

변화량에 대한 정보가 중요한 이유의 예 1 일반적으로 알래스카 앵커리지의 연평균 기온은 13℃이고, 하와이 호놀룰루의 연 평균 기온은 17℃라고 알려져 있다. 만약 연평균 기온이 이들 두 도시를 비교할 수 있는 유일한 정보라고 한다면, 누구라도 두 도시의 기온은 거의 비슷할 것이라고 생각할 것이다. 하지만 실제로 호노룰루의 기온이 28℃ 이상이거나 또는 10℃ 이하인 경우는 극히 드물다. 반면에 앵커리지는 여름에는 37℃ 이상 올라가기도 하고, 겨울에는 -40℃까지 내려가기도 하며, 더욱이 앵커리지에서 연평균 기온과 일치하는 13℃가 되는 경우는 1년에 몇 번밖에 되지 않는다. 따라서 두 지역의 연중 온도 변화를 알게 된다면, 평균만을 가지고 두 도시의 기온은 비슷하다고 판단하는 것이 얼마나 잘못된 것인지를 깨달을 수 있다.

변화량에 대한 정보가 중요한 이유의 예 2 TV 뉴스에서 평균 수심이 80cm밖에 되지 않는 강에서 키가 170cm인 사람이 사망하였다는 보도가 있었다고 하자. 이때 그 뉴스를 보는 시청자들은 그러한 상황이 발생한 것에 대하여 황당해 할 것이다. 하지만 이러한 상황을 제대로 이해하기 위해서는 강의 수심에 대하여 평균 이외의 다른 정보 즉, 강 수심의 변화폭에 대한 정보가 필요하다. 즉, 평균 수심은 80cm 밖에 되지 않지만 그 강의 수심 깊이에 대한 변화폭이 크다면 강의 어떤 곳은 수심이 3m 또는 5m가 될 수도 있을 것이다. 따라서 주어진 상황을 제대로 이해하기 위해서는 평균 수심뿐만 아니라 반드시 전체 수심의 변화와 관련된 정보도 함께 가지고 있어야 한다. ■

● 범위

관측값들의 변화량을 나타내는 측도로서 가장 간단한 것은 범위이다. **범위(range)**는 최대값과 최소값의 차이로서 정의되며, 전체 자료가 포함되어 있는 구간의 폭을 나타낸다. 범위는 계산과 해석이 매우 간편하지만 최대값과 최소값을 제외한 나머지 값들에 대한 정보를 무시하기 때문에 관측값들의 변화량을 나타내는 측도로서는 정밀성이 없다.

사분위수 범위

관측값들의 변화량은 **백분위수**(percentile)를 이용하여 나타낼 수 있다. 제 p 백분위수(pth percentile)는 자료를 크기순으로 놓았을 때 전체 자료들 중 p%가 그 값보다 작거나 같게 되는 값으로 정의된다. 따라서 중앙값은 제 50 백분위수에 해당되며, 이것은 전체 자료들 중 50%가 중앙값보다 작거나 같다는 것을 의미한다.

중앙값을 이용하여 자료의 중심위치를 나타낼 경우, 변화량을 나타내는 측도로서 백분위수를 사용하는 것이 바람직하다. 이때 사용되는 백분위수는 **사분위수**(quartile)이며, 이 중 일사분위수(Q_1)는 제 25 백분위수, 이사분위수(θ_2)는 제 50 백분위수, 삼사분위수(θ_3)는 제 75 백분위수를 각각 나타낸다.

사분위수 범위(interquartile range: *IQR*)란 삼사분위수에서 일사분위수를 뺀 값으로서, 중앙값을 기준으로 전체 자료의 50%가 포함되어 있는 구간을 나타낸다. 만약 계산된 사분위수 범위값이 크면 중앙의 50%에 해당하는 관측값들이 중앙값을 중심으로 보다 넓게 흩어져 있음을, 반대로 사분위수 범위값이 작으면 중앙값을 중심으로 보다 밀집되어 있음을 나타낸다. 사분위수 범위는 범위에 비하여 관측값들의 변화 상태를 설명하는데 있어 더 많은 정보를 제공하고 있다. 하지만 사분위수 범위 역시 자료 전체의 변화에 대해서 충분한 정보를 제공하지는 못한다.

<u>사분위수 범위와 계산 요령</u>

사분위수 범위란 Q_3에서 Q_1을 뺀 값으로서 계산요령은 다음과 같다.

단계 1) 자료를 작은 값으로부터 큰 값 순으로 배열한다.

단계 2) 중앙값을 중심으로 전체 자료를 반으로 나눈다.

단계 3) 오른쪽 반의 중앙값 θ_3에서 왼쪽 반의 중앙값 θ_1을 뺀다.

분산

변화량을 나타내는 측도로는 관측값들이 중심으로부터 멀리 떨어져 있으면 값이 커지고, 가까이 있으면 값이 작아지는 것이 바람직하다. 이러한 관점에서 평균으로부터의 떨어져 있는 거리를 표시하는 **편차**(deviation) 즉, $x_i - \bar{x}$ 가 변화량을 나타내는 좋은 측도가 될 수 있다. 하지만 변화량은 전체 자료가 흩어져 있는 상태를 의미하므로 관측값 하나하나가 이 변화량에 반영되어야 한다. 따라서 관측값 전체의 변화량을 나타내는 도구로서 편차의 합 $\sum(x_i - \bar{x})$ 을 사용하여야 한다. 그러나 편차는 관측값이 그 평균보다 클 경우에는 +의 값을, 평균보다 작을 경우에는 −의 값을 가지게 되므로 전체 편차의 합은 항상 0이 된다. 따라서 편차의 합이 0이 되지 않도록 하기 위하여 각 편차를 제곱하여 합한 $\sum(x_i - \bar{x})^2$ 을 변화량을 나타내는 도구로 사용한다. 하지만 $\sum(x_i - \bar{x})^2$ 의 값은 너무 크므로 평균에서와 동일한 개념으로 $\sum(x_i - \bar{x})^2$ 을 전체 자료의 개수로 나눈 값을 변화량을 나타내는 측도로 사용하며, 이것을 **분산**(variance)이라고 한다.[3)]

<u>분산</u>

관측값들을 $x_1,\ x_2,\ \cdots,\ x_n$, 평균을 $\bar{x}$ 라 할 때

$$s^2 = \frac{1}{n-1}\sum_{i=1}^{n}(x_i - \bar{x})^2$$

변화량의 측도로서 분산이 가장 바람직한 이유의 예 서울에 있는 A, B, C 세 초등학교로부터 6명의 학생을 각각 선발하여 몸무게(단위: kg)를 측정한 결과가 <표 1.10>과 같다고 할 때, 이를 수평축 위에 점으로 표시한 것이 <그림 2.12>이다. 이때 변화량을 나타내는 측도로서 왜 분산이 가장 바람직한지 그 이유에 대해서 알아보도록 하자.

3) 일반적으로 우리가 얻게 되는 대부분의 자료는 모집단의 일부분인 표본으로부터 얻어지는 것이며, 표본으로부터 계산된 값(추정값)을 이용하여 모집단의 값(참값)을 추측한다. 분산을 계산할 때 전체 자료수 n에서 1을 뺀 $n-1$로 나누어 계산하는 이유는 추정값과 참값간의 차이를 줄이기 위해서이다.

|표 1.10| A, B, C 초등학교 학생들의 몸무게

A	20	30	40	50	60	70
B	20	43	44	46	47	70
C	40	43	44	46	47	50

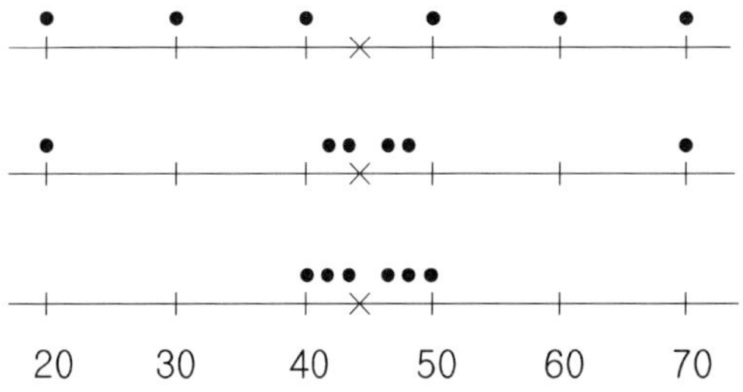

|그림 1.6| 점도표

(전체 자료에 대한 설명) A, B, C 세 학교 학생들 몸무게의 평균과 중앙값은 각각 45로 동일하다. 그러나 <그림 1.6>에서 보는 바와 같이 A학교 학생들의 몸무게는 C학교 학생들의 몸무게보다 넓게 퍼져 있어 그 변화폭이 크며, B학교 학생들의 몸무게는 A학교 학생들의 몸무게보다 변화폭은 적지만 C학교 학생들의 몸무게보다는 변화폭이 더 크다. 여기서 B학교 학생들의 몸무게가 C학교 학생들의 몸무게보다 관측값들의 변화폭이 큰 이유는 중심으로부터 멀리 떨어진 2개의 큰 값 20과 70 때문이다.

(범위를 이용한 변화량의 비교) A학교와 B학교 학생들 몸무게의 범위를 계산하면 둘 다 50(=70−20)으로 동일하다. 하지만 전체 학생들의 몸무게는 B학교보다 A학교에서 보다 폭넓게 흩어져 있다. 즉, B학교에서 몸무게가 20kg과 70kg인 두 학생만 제외하면 B학교 학생들의 몸무게는 A학교의 학생들보다 평균을 중심으로 더 모여 있다. 이러한 사실로부터 범위는 계산과 해석이 매우 간편하지만 가운데 있는 값들에 대한 정보를 무시하기 때문에 변화량의 측도로서는 정밀성이 없음을 알 수 있다.

(사분위수 범위를 이용한 변화량의 비교) A학교 학생들의 몸무게를 크기순으로 나열하면 20 30 40 50 60 70이 되며, 이때의 중앙값은 45(=(40+50)/2)가 된다. 이 값을 중심으로 전체 자료를 반으로 나누면 (20 30 40)과 (50 60 70)이 된다. 따라서 앞부분

의 중앙값인 30이 일사분위수(θ_1)가 되고, 뒷부분의 중앙값인 60이 삼사분위수(Q_3)가 된다. 따라서 A학교 학생들의 몸무게에 대한 사분위수 범위는

$$IQR = Q_3 - Q_1 = 60 - 30 = 30$$

이 된다. 마찬가지 요령으로 B학교 학생들의 몸무게를 크기순으로 나열하면 20 43 44 46 47 70이 되며, 이때의 중앙값은 45(=(44+46)/2)가 된다. 이를 중심으로 전체 자료를 반으로 나누면 (20 43 44)와 (46 47 70)이 되고, 여기서 일사분위수는 43, 삼사분위수는 47이 된다. 따라서 B학교 학생들 몸무게의 사분위수 범위는 4(=47−43)가 되는 것이다. 동일한 요령으로 C학교 학생들 몸무게의 사분위수 범위를 구하면 역시 4(=47−43)가 됨을 알 수 있다.

B학교와 C학교 학생들 몸무게의 사분위수 범위 4는 A학교 학생들 몸무게의 사분위수 범위 30보다 아주 작다. 이것은 B학교와 C학교 학생들의 몸무게가 A학교에 비하여 중앙값 45를 중심으로 상대적으로 매우 밀집되어 있다는 것을 나타낸다.

B학교와 C학교 학생들 몸무게의 사분위수범위는 4로서 동일하다. 하지만 실제적으로 B학교 학생들의 몸무게는 C학교 학생들의 몸무게 보다 더 흩어져 있다. 그럼에도 불구하고 이러한 결과가 나타난 이유는 전체 자료 중에서 아래 25%와 위 25%가 제외되고 중앙의 50%만으로 변화량이 측정되었기 때문이다.

(분산을 이용한 변화량의 비교) A, B, C 세 학교 학생들의 몸무게에 대한 분산은 다음과 같이 계산된다.

A학교의 경우 : $s^2 = \frac{1}{5}[(20-45)^2 + (30-45)^2 + \cdots + (70-45)^2)] = 350$

B학교의 경우 : $s^2 = \frac{1}{5}[(20-45)^2 + (43-45)^2 + \cdots + (70-45)^2)] = 252$

C학교의 경우 : $s^2 = \frac{1}{5}[(40-45)^2 + (43-45)^2 + \cdots + (50-45)^2)] = 12$

<그림 2.12>에서 학생들의 몸무게에 대한 자료값들은 A학교 > B학교 > C학교 순으로

변화폭이 크다. 그리고 계산된 세 학교의 분산 크기도 A학교 > B학교 > C학교 순이다. 이러한 사실로부터 측정값들의 변화가 크면 클수록 즉, 평균을 중심으로 측정값들이 넓게 흩어져 있을수록 분산 역시 그 값이 커지고, 평균 주위에 밀집해 있을수록 분산의 값이 작아진다는 것을 알 수 있다. 따라서 우리는 분산이 변화량을 측정하는 도구로서 매우 적합하다고 할 수 있는 것이다. ■

표준편차

분산을 계산할 때 측정값의 단위까지 고려하면 어떠한 결과가 나타날까? 여기서 A학교 학생들의 몸무게에 대한 평균과 분산을 측정 단위를 포함하여 계산해 보자.

$$\bar{x} = \frac{20\text{kg} + 40\text{kg} + 50\text{kg} + 30\text{kg} + 60\text{kg} + 70\text{kg}}{6} = 45\,\text{kg}$$

$$s^2 = \frac{1}{5}[(20 - 45\text{kg})^2 + (30\text{kg} - 45\text{kg})^2 + \cdots + (70\text{kg} - 45\text{kg})^2)] = 350\,\text{kg}^2$$

이 된다. 이때 평균은 **45**kg, 분산은 **350**kg^{2}이 되어 두 측도의 단위가 일치하지 않는다. 몸무게의 단위는 kg이지 kg^{2}이 아니다. 그렇다면 kg^{2}을 kg으로 바꾸기 위해서 어떻게 해야 할까? 그 방법은 아주 간단하다. 즉, 분산의 제곱근을 구하면 kg^{2}은 kg으로 바뀌게 되는 것이다.

통계학에서는 자료값들이 그 평균으로부터 얼마나 변화하고 있는지를 나타내는 측도로서 분산에 대한 양의 제곱근을 사용하며, 이것을 **표준편차**(standard deviation)라고 부른다. 분산과 표준편차는 동일한 개념이다. 단지 그 차이는 제곱근이냐 아니냐 하는 차이일 뿐이다. 따라서 분산과 마찬가지로 표준편차도 그 값이 크면 클수록 자료의 값들은 평균으로부터 많이 흩어져 있으며, 그 값이 작으면 작을수록 평균주위에 집중되어 있다는 것을 나타내게 된다. 일반적으로 분산보다는 표준편차가 그 값이 작기 때문에 표준편차를 사용하여 변화량을 나타내는 것이 보통이다.

참고사항

자료의 개수나 측정 단위가 서로 틀린다던지 또는 키, 몸무게 등과 같이 성질이 서로 다를 경우, 단순히 두 표준편차를 비교하여 그 변화량에 대해서 이야기하는 것은 아무런 의미가 없다. 예를 들어, 노트북 컴퓨터에 사용되는 마우스의 가격을 인터넷으로 조사한 결과 그 표준편차가 5,000원이었고, 노트북 한 대의 가격에 대한 표준편차도 5,000원으로 동일하였다고 하자. 이때 두 표준편차값은 동일하지만 마우스의 가격에 대한 표준편차는 노트북의 가격에 대한 표준편차보다 그 가치가 매우 크다고 할 수 있다. 가령, 마우스의 평균 가격을 10,000원이라고 하고, 노트북의 가격을 1,500,000원이라고 할 때 10,000원에서의 5,000원과 1,500,000원에서의 5,000원은 그 의미가 다른 것이다. 이러한 경우 변화량을 서로 비교 하기 위하여 표준편차를 평균으로 나눈 값을 사용하며, 이것을 **변이계수**(coefficient of variation: CV)라고 부른다.

변이계수

$\overline{x}$ 를 평균, s 를 표준편차라할 때 $CV = \frac{s}{\overline{x}} \times 100$

변이계수의 계산 예 신생아와 성인 5명씩을 각각 랜덤으로 뽑아 키를 측정한 결과가 <표 1.11>과 같다고 하자.

|표 1.11| 신생아와 성인의 키

신생아	50	53	49	51	52
성 인	176	169	181	174	177

이때 각 집단에 대한 평균과 표준편차, 그리고 변이계수를 계산하면,

신생아 : 평균 51.00, 표준편차 1.58, 변이계수 3.10

성 인 : 평균 175.4, 표준편차 4.39, 변이계수 2.50

가 된다. 계산 결과에서 단순히 표준편차만을 가지고 비교하면 신생아(1.58)보다는 성인(4.38)의 경우에서 자료값들의 변화가 더 크다고 할 수 있다. 하지만 변이계수를 비교하면 신생아(3.10)가 성인(2.50)보다 크기 때문에, 실제로는 신생아 집단이 성인 집단보다 평균을 중심으로 자료값들의 변화가 더 심하다고 할 수 있는 것이다. ■

5. 상자그림을 이용한 자료의 정리와 분석

최대값과 최소값을 이용한 범위는 전체 자료가 포함되어 있는 구간의 폭을 이야기해 주지만 두 값을 제외한 나머지 값들을 무시하기 때문에 관측값들의 분포에 대해서는 별다른 정보를 제공하지 못한다. 이에 비하여 사분위수 범위는 중앙값을 중심으로 가운데 50%에 해당하는 구간의 범위가 어떠한지를 설명해준다. 이러한 측면에서 사분위수 범위가 범위보다 관측값들의 변화 상태에 대한 정보를 조금 더 제공한다고 할 수 있다. 하지만 사분위수 범위 역시 자료 전체의 변화에 대해서 충분한 정보를 제공하지 못하고 있다. 그렇다면 이 두 가지의 측도로부터 얻을 수 있는 5가지의 값[4] 즉, 최대값, 최소값, 일사분위수, 중앙값, 그리고 삼사분위수를 모두 결합하여 하나의 그림으로 표현할 수는 없을까? 이러한 생각에서 만들어진 그래프가 바로 **상자그림**(box plot)인 것이다. 상자그림을 이용하면 분포의 대칭성, 중심의 위치, 흩어진 정도, 극단값 등을 파악하기가 용이하다는 이점이 있다.

상자그림

일사분위수와 삼사분위수, 그리고 중앙값, 최대값, 최소값 등을 이용하여 관측값들의 분포를 나타낸 그림을 상자그림이라 한다.

작성 요령

단계 1) 일사분위수(Q_1)와 삼사분위수(Q_3)를 네모상자로 연결한다.

단계 2) 상자안에 수직선으로 중앙값을 표시한다.

단계 3) $Q_3 + 1.5 \times IQR$과 $Q_1 - 1.5 \times IQR$을 계산한다.

단계 4) 단계 3)에서 계산한 값을 경계로 이 경계 내의 최대값과 최소값을 선(수염이라 함)으로 연결한다(경계 바깥의 관측값은 극단값으로 간주함)

4) 최대값, 최소값, 일사분위수, 중앙값, 삼사분위수 등 5가지 값을 다섯숫자 요약(five-number summary) 값이라고 한다.

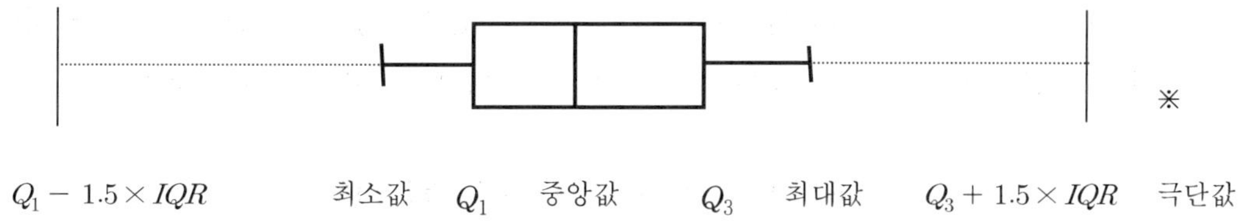

|그림 1.7| 상자그림

상자그림에서 중앙값은 분포의 중심위치를, 사분위수 범위는 전체 자료 중에서 가운데 50%에 해당하는 자료가 흩어져 있는 구간을 각각 나타낸다. 따라서 상자그림에서 상자의 크기가 작으면 작을수록 중앙 50%의 자료값들이 중심부분에 밀집되어 있음을 나타내고, 중앙값이 상자의 한가운데 있으면 자료의 중심부분은 대칭에 가깝다는 것을 의미한다. 그리고 상자의 양끝에 이어진 수염이 길면 그 부분에 해당하는 자료의 밀집도는 매우 낮으면서 자료값이 길게 뻗어 있다는 것을 나타낸다.

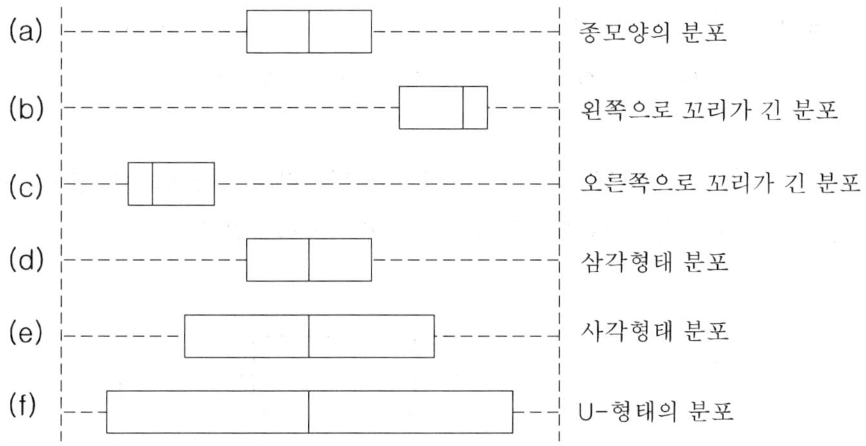

|그림 1.8| 여러 형태의 상자그림

상자그림의 작성 예 냉동된 딸기 제품이 녹을 때 파괴되는 주스량에 대한

연구 결과가 한 학자에 의하여 발표되었다(Khanizadeh, 1991). 그는 실험으로부터 다음과 같은 자료를 얻었다. 주어진 자료를 이용하여 상자그림을 작성해 보도록 하자.

46	51	44	50	33	46	60	41	55	46
53	53	42	44	50	54	46	41	48	

(상자그림의 작성) 상자그림을 작성하기 위해서 최소값, 일사분위수, 중앙값, 삼사분위수, 그리고 최대값을 구하여야 한다. 먼저, 관측값들을 크기 순서대로 나열하면

33 41 41 42 44 44 46 46 46 46 48 50 50 51 53 53 54 55 60

이 되고, 여기서 최소값=33, $Q_1=44$, 중앙값=46, $Q_3=53$, 최대값=60이므로 사분위수 범위는 $IQR=Q_3-Q_1=53-44=9$가 된다. 그리고 위와 아래의 경계값은

위쪽 경계점 : $Q_3+1.5\times IQR=53+1.5\times 9=66.5$

아래쪽 경계점 : $Q_1-1.5\times IQR=44-1.5\times 9=30.5$

이며, 이때 관측값이 66.5보다 크거나 30.5보다 작은 값은 극단값으로 간주된다. 위에서 구한 값들을 이용하여 상자그림을 작성하면 <그림 1.9>와 같다.

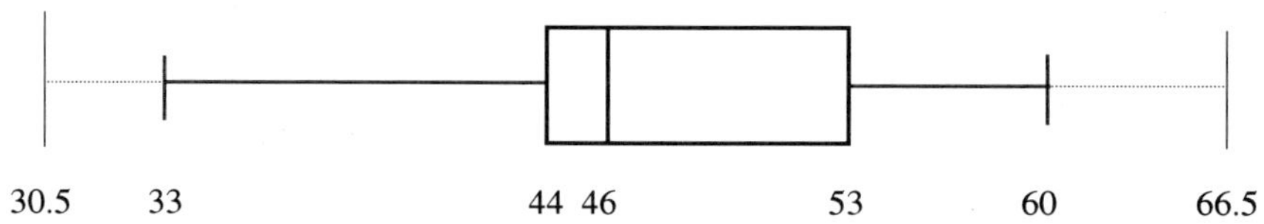

|그림 1.9|

(분석) 상자그림에서 중앙값은 상자의 중심부분에서 왼쪽에 있으며, 이는 전체 자료중에서 중간의 50%에 해당하는 관측값들이 중앙에서 약간 왼쪽 부분에 밀집되어 있는 비대

칭인 형태를 띠고 있다는 것을 의미한다. 여기서 위쪽 경계점 66.5보다 크거나 아래쪽 경계점 30.5보다 작은 값은 없으므로, 극단값은 존재하지 않는다고 할 수 있다. ■

상자그림을 이용한 두 집단의 비교 예 코카인 복용 후 정신착란으로 인한 사망자와 코카인 과다복용으로 인한 사망자간의 차이점에 대한 연구(Ruttenber, 1997)에서 혈액 속에 농축된 코카인(단위: ㎎)을 측정한 자료는 <표 1.12>와 같다. 주어진 자료를 이용하여 상자그림을 작성한 후 두 집단을 비교해 보도록 하자.

|표 1.12| 정신착란 및 과다복용으로 인한 사망자의 혈액속에 농축된 코카인 양

구 분	혈액속에 농축된 코카인 양								
정신착란으로 인한 사망자	0	0	0	0.1	0.1	0.1	0.1	0.2	0.2
	0.3	0.3	0.3	0.4	0.5	0.7	0.7	1.0	1.5
	2.7	2.8	3.5	4.0	8.9	9.2	11.7	21.0	
과다복용으로 인한 사망자	0	0	0	0.1	0.1	0.1	0.1	0.2	0.2
	0.2	0.3	0.3	0.3	0.4	0.5	0.5	0.6	0.8
	0.9	1.0	1.2	1.4	1.5	1.7	2.0	3.2	3.5
	4.1	4.3	4.8	5.0	5.6	5.9	6.0	6.4	7.9
	8.3	8.7	9.1	9.6	9.9	11.0	11.5	12.2	12.7
	14.0	16.6	17.8						

(상자그림의 작성) 각 집단별로 다섯숫자 요약값을 구하면 다음과 같다.

(1) 정신착란으로 인한 사망의 경우:

최소값=0, $Q_1=0.1$, 중앙값=0.4, $Q_3=2.8$, 최대값=21.0, $IQR=2.7$,

위쪽 경계점 : $Q_3+1.5\times IQR=2.8+1.5\times 2.7=6.85$

아래쪽 경계점 : $Q_1-1.5\times IQR=0.1-1.5\times 2.7=-3.95$

(2) 과다복용으로 인한 사망의 경우:

최소값=0, $Q_1=0.3$, 중앙값=1.6, $Q_3=7.9$, 최대값=17.8, $IQR=7.6$

위쪽 경계점 : $Q_3 + 1.5 \times IQR = 7.9 + 1.5 \times 7.6 = 19.3$

아래쪽 경계점 : $Q_1 - 1.5 \times IQR = 0.3 - 1.5 \times 7.6 = -11.1$

(1)의 상자그림

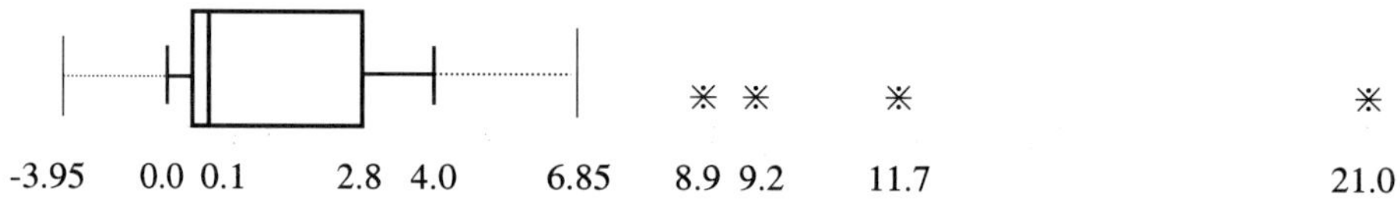

(2)의 상자그림

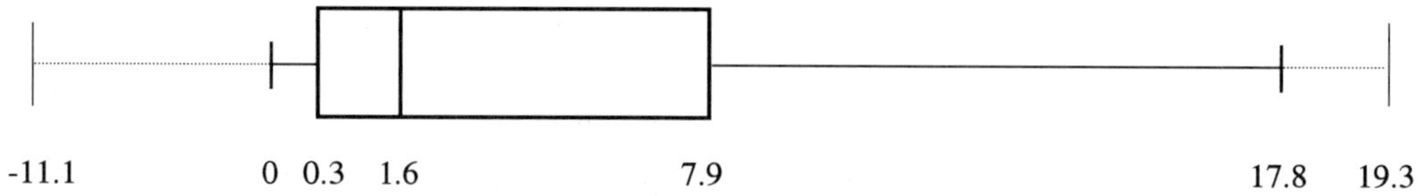

|그림 1.10|

(분석) 상자그림 (1)과 (2)에서 중앙값은 모두 상자의 왼쪽에 있다. 이것은 전체 자료 중에서 중앙의 50%는 왼쪽에 밀집되어 있고, 나머지 자료는 오른쪽으로 꼬리를 길게 뻗은 형태로 흩어져 있다는 것을 의미한다. 그리고 (2)의 상자는 (1)의 상자보다 길다. 이것은 중앙의 50%에 해당하는 관측값들의 변화폭은 코카인 과다복용으로 인한 사망자의 경우에서 더 크다는 것을 이야기하는 것이다. 하지만 과다복용으로 인한 사망의 경우에는 극단값이 발견되지 않는 반면에 정신착란으로 인한 사망의 경우에는 극단값이 4개나 존재하고 있다. ■

6. 자료의 특성과 밀도곡선

6.1 수학적 모형과 밀도곡선

지금까지 그림 또는 숫자를 이용하여 자료의 특성 즉, 중심위치와 흩어진 정도, 그리고 그 분포 모양 등을 표현하고 파악하는 요령에 대하여 알아보았다. 일반적으로 하나의 변수로부터 관측된 자료의 특성을 탐색하기 위해서는 다음과 같은 단계를 거치게 된다.

<u>자료의 특성을 탐색하는 절차</u>

단계 1) 자료를 히스토그램, 줄기-잎 그림, 상자그림 등을 이용하여 그림으로 표현한다.

단계 2) 작성된 그림으로부터 전체적인 형태(중심위치, 흩어짐, 분포모양 등)와 극단값이 존재하는지를 확인한다.

단계 3) 중심위치와 변화량을 나타내기 위한 평균, 표준편차 등의 값을 계산한다.

이러한 단계 이외에 종종 다음과 같은 단계가 추가되기도 한다.

단계 4) 자료의 개수가 아주 많을 경우에 나타나게 될 일반적인 분포모양을 하나의 부드러운 곡선 형태 즉, 하나의 수학적 모형으로 표현한다.

<그림 1.11>은 서울의 A고등학교 3학년 학생들이 대학수학능력시험 모의고사에서 획득한 언어영역 점수에 대한 히스토그램이다. <그림 1.11>에서 히스토그램은 거의 대칭이고, 양쪽 꼬리쪽으로 갈수록 상대도수는 줄어들고 있으며, 극단값은 존재하지 않음을 알 수 있다. 여기서 히스토그램의 막대 윗부분을 <그림 1.11>에서와 같이 부드러운 곡선

(smooth curve)으로 연결하여 그리면 이때의 곡선은 자료가 가지고 있는 전체적인 패턴을 잘 묘사해 주는 하나의 **수학적 모형**(mathematical model)이 된다. 수학적 모형이란 자료가 가지고 있는 분포 모양을 하나의 수식형태로 표현한 것이며, 이때 불규칙하게 관측되는 극단값들은 곡선 모양을 나타내는데 있어 무시된다. 따라서 <그림 1.11>에 주어진 곡선이 A고등학교 3학년 학생들의 언어영역 점수 분포를 나타내는 하나의 수학적인 모형이 되는 것이다.

자연 또는 사회과학분야에서 나타나는 현상들에 대한 설명은 대부분 그 현상에 적합한 수학적 모형을 사용하여 이루어진다. 이와 마찬가지로 통계학에서도 주어진 변수에 대한 관측값들의 전체적인 형태를 하나의 수학적 모형으로 표현한 후, 이를 이용하여 관련된 문제를 해결하게 된다.

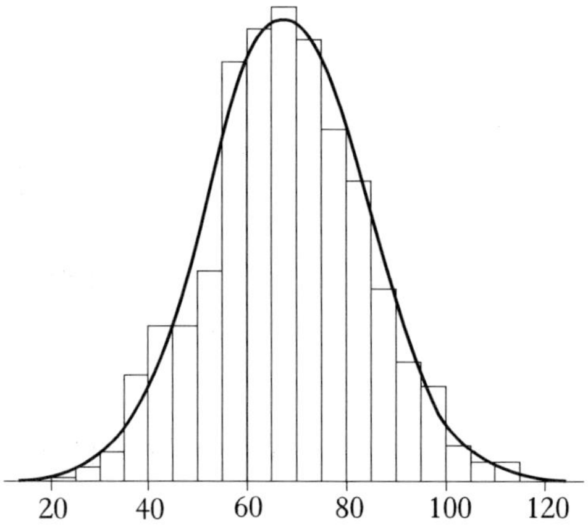

|그림 1.11| A 고등학교 3학년 학생의 언어영역 점수의 히스토그램

일반적으로 히스토그램에서의 막대 면적은 해당 도수 또는 비율(상대도수)을 나타낸다. <그림 1.12>에서의 막대 면적은 A고등학교 3학년 학생 315명 중에서 해당점수를 얻은 학생들의 비율을 나타내며, 따라서 전체 막대의 면적을 다 더하면 1이 된다. <그림 1.12> (a)에서 음영 부분의 막대 면적은 전체 학생들 중에서 언어영역 점수가 60점 미만인 학생들의 비율을 나타내며, 여기서 점수가 60점 미만인 학생이 95명일 경우 그 비율은

95/315=0.302가 되는 것이다.

<그림 1.12>의 (b)에서는 곡선아래의 면적 중에서 60점 미만인 부분에 음영이 주어져 있다. 이때 곡선 아래의 전체 면적이 정확히 1이라고 할 경우 곡선 아래 음영 부분의 면적은 60점 미만을 받은 학생들의 비율을 나타내게 된다. 따라서 <그림 1.12>의 (a)와 (b)로부터 면적=상대도수의 관계가 성립하게 된다는 사실을 알 수 있으며, 이러한 관계를 성립하게 만드는 곡선을 **밀도곡선**(density curve)이라 부른다.[1)]

> **밀도곡선**
>
> x 축과 곡선 사이의 면적을 정확히 1이 되게 만드는 곡선을 밀도곡선이라 하며, 밀도곡선은 자료가 나타내는 분포 모양을 수학적으로 표현한 하나의 함수식이다.[2)]

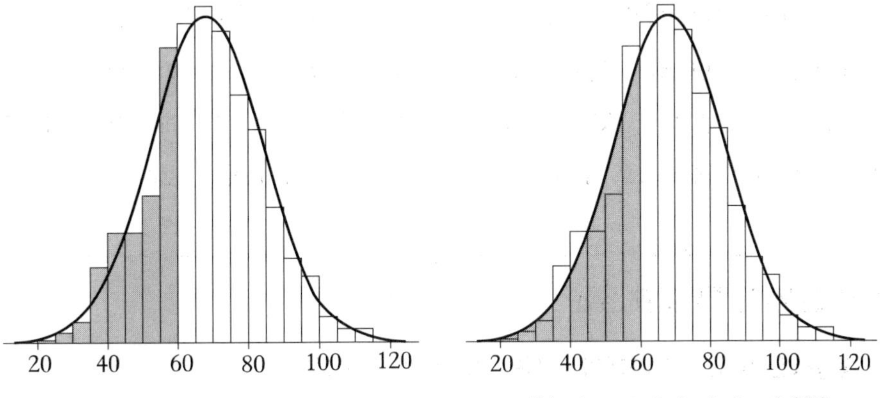

|그림 1.12| A 고등학교 3학년 학생 중 언어영역에서 60점 이하를 받은 학생의 비율

---

1) 실제 A학교 3학년 학생들의 언어영역 점수는 평균이 70, 표준편차가 18.36인 정규곡선의 형태를 따르고 있다. 따라서 적분을 사용하여 이 부분의 면적을 계산하면 0.293이 되고, 이 값은 히스토그램으로부터 구한값과 0.01의 차이가 있을 뿐이다. 이러한 사실로부터 밀도곡선 아래의 면적은 히스토그램 면적과 거의 일치하고 있음을 알 수 있다.

2) 밀도곡선은 전체적인 자료의 분포 모양을 잘 묘사해주지만, 그 분포에서 정상적으로 나타날 수 없는 극단값들은 그 밀도곡선에 의해서 묘사되어지지 않는다.

6.2 밀도곡선에서의 중심과 변화량

하나의 변수에 대한 관측값들을 이용하여 중심위치와 변화량을 계산할 수 있는 것처럼 밀도곡선에서도 그 중심위치와 변화량을 구할 수 있다. 즉, 밀도곡선에서의 꼭지점은 **최빈값**(mode)이 되며, 곡선 아래의 면적을 2등분하는 점은 **중앙값**(median)이 된다. 그리고 곡선 아래의 면적을 4등분하는 값은 사분위수가 되며, 이러한 사분위수로부터 1사분위수와 3사분위수 사이의 거리를 나타내는 사분위수 범위를 계산할 수 있다. 그렇다면 밀도곡선에서의 평균과 표준편차는 어떻게 될까?

1장에서 설명된 평균은 기하학적으로 무게중심을 의미한다. 즉, 관측값들을 가느다란 막대에 매달린 무게를 가진 줄이라고 생각할 때 막대가 균형을 유지하는 점이 바로 평균인 것이다. 이러한 개념은 밀도곡선에 대해서도 그대로 적용된다. 즉, 밀도곡선이 단단한 물질로 만들어졌다고 할 경우 좌우 균형을 유지하는 점이 평균이 되는 것이다. <그림 1.13>은 오른쪽으로 꼬리가 길게 뻗은 밀도곡선을 이용하여 균형점 즉, 평균의 의미를 설명하고 있다. 일반적으로 밀도곡선이 한쪽으로 치우쳐져 있을 경우 육안에 의해서 균형점을 찾기란 쉽지 않다. 하지만 수학적인 방법으로는 어떠한 밀도곡선에 대해서도 그 평균을 계산할 수 있다. 표준편차 역시 수학적으로는 계산이 가능하지만 대부분의 밀도곡선에서 육안으로 표준편차의 값을 알아내기가 쉽지 않다.

<u>밀도곡선에서의 중앙값과 평균</u>

- 중앙값은 밀도곡선 아래의 면적을 이등분하는 점이며,
- 평균은 밀도곡선이 단단한 물질로 만들어졌다고 할 때 균형을 유지하게 되는 점이다.

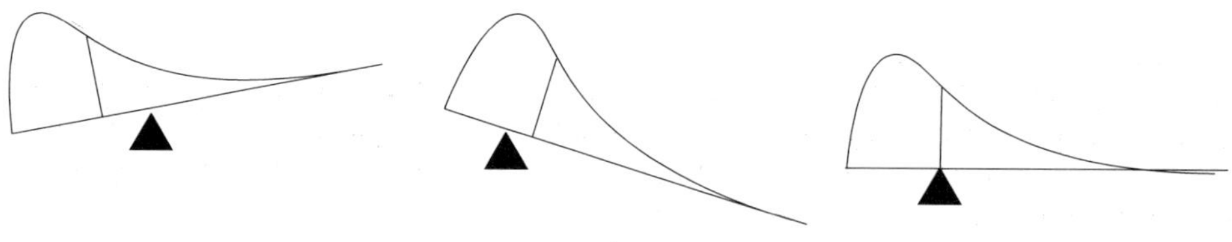

|그림 1.13| 밀도곡선에서의 평균의 의미

참고사항

밀도곡선이란 실제 관측된 자료로부터 변수가 가지게 되는 전체 자료의 형태를 이상적으로 묘사한 하나의 수학모형이다. 〈그림 1.11〉에서 언어영역 점수에 대한 히스토그램은 대칭에 가깝지만 정확히 대칭은 아니다. 하지만 히스토그램으로부터 구해진 점수분포에 대한 밀도곡선은 정확히 대칭이다. 따라서 밀도곡선에서의 평균 및 표준편차와 실제 관측된 자료로부터 계산되는 평균과 표준편차 사이에는 다소 차이가 존재하게 된다. 이러한 차이점을 구분하기 위하여 일반적으로 밀도곡선에서의 평균과 표준편차는 그리스 문자인 μ와 σ로 표기하며, 관측값으로부터 계산되는 평균과 표준편차는 $\overline{x}$와 s로 표기한다.

연구 또는 조사를 하는 과정에서 실제 얻게 되는 자료는 연구 또는 조사 대상 전체를 가리키는 모집단으로부터 얻어지는 것이 아니라 모집단의 일부분인 표본으로부터 얻어진다. 이러한 관점에서 밀도곡선은 모집단 전부를 조사한 자료로부터 얻어지는 곡선이라고 할 수 있다. 모집단에서 평균과 표준편차, 그리고 밀도곡선에서의 평균과 표준편차의 표기가 일치하는 이유는 바로 여기에 있는 것이다.

6.3 분포의 형태

자료의 전체적인 분포모양은 봉우리의 개수에 따라 구분되어진다. 즉, 밀도곡선에서 봉우리가 한 개일 경우를 **단봉분포**(unimodal distribution), 봉우리가 두 개일 경우를 **이봉분포**(bimodal distribution), 그리고 봉우리가 세 개 이상일 경우를 **다봉분포**(multimodal distribution)라고 한다.

일반적으로 많이 나타나는 분포는 단봉분포이며, 봉우리가 두 개인 이봉분포는 자료속에 성질이 서로 다른 두 종류가 포함되어 있을 경우에 종종 나타난다. 예를 들어 부산에서 제주도로 가는데 걸리는 시간을 배와 비행기라는 성질이 서로 다른 두 가지의 교통수단을 이용하여 측정한다고 하자. 실제 배를 이용할 경우 제주도까지는 약 11시간 정도 걸리며, 비행기를 이용할 경우에는 약 1시간 정도가 소요된다. 이러한 경우

부산에서 제주도까지 가는데 걸리는 시간을 측정하여 히스토그램으로 작성해보면 두 개의 봉우리를 가진 히스토그램이 나타나게 된다.

단봉분포에서 나타나는 분포모양은 대개 <그림 1.14>의 (b)와 같이 대칭이거나 (a) 또는 (c)같이 한쪽으로 찌그러져 있다. 이때 자료값들이 왼쪽에 밀집되어 있으면서 오른쪽으로 꼬리가 길게 뻗어있는 형태로 나타날 경우를 **오른쪽으로 꼬리가 긴(positively skewed)분포**, 이와는 반대로 자료값들이 오른쪽에 밀집되어 있으면서 왼쪽으로 꼬리가 길게 뻗어있는 형태로 나타날 경우를 **왼쪽으로 꼬리가 긴(negatively skewed)분포**라고 한다.[3)]

분포모양이 <그림 1.14>의 (b)와 같이 대칭일 경우, 평균과 중앙값은 정확히 일치한다. 하지만 <그림 1.14>의 (a)와 같이 분포모양이 오른쪽으로 꼬리가 길게 뻗어 있을 경우, 오른쪽으로 길게 뻗어있는 부분의 면적이 곡선을 오른쪽으로 기울게 하므로 무게중심 즉, 평균은 중앙값보다 더 오른쪽에 있게 된다.

이와는 반대로 <그림 1.14>의 (c)와 같이 분포모양이 왼쪽으로 꼬리가 길게 뻗어 있을 경우, 왼쪽으로 길게 뻗어있는 부분의 면적이 곡선을 오른쪽으로 기울게 하므로 평균은 중앙값보다 더 왼쪽에 있게 된다.

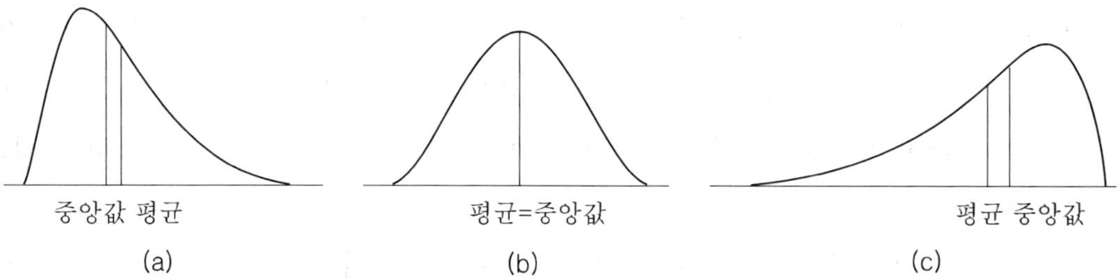

|그림 1.14| 대칭 및 비대칭 분포 형태

3) 예를 들어 어떤 과목의 기말시험이 매우 어려웠다고 할 경우, 높은 점수를 얻은 몇몇 학생들을 제외하고는 대부분의 학생들은 낮은 점수를 얻을 것이다. 이러한 경우에는 오른쪽으로 꼬리가 긴 분포의 형태가 나타난다. 반대로 시험이 쉬웠다고 할 경우에는 소수의 학생을 제외하고는 대부분 높은 점수를 얻게 되어 왼쪽으로 꼬리가 긴 분포의 형태를 띠게 된다.

제 2 장

이변량 자료의 관련성 분석

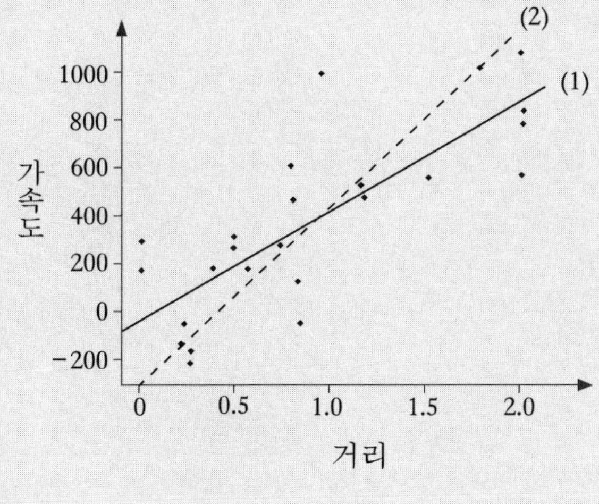

갈톤(Francis Galton: 1822~1911)

갈톤은 영국 캠브리지 대학에서 의학을 공부하고, 유전학을 연구하기 이전에 아프리카를 탐험하기도 했던 귀족 출신의 과학자 중 마지막 한 사람이었다. 갈톤은 아이디어로 충만했지만 수학자는 아니었다. 지루한 계산법을 좋아하지 않았지만 그의 반짝이는 아이디어는 상관과 회귀에 대한 통계적 개념을 만들도록 하였다. 갈톤이 의문을 가졌던 것은 '사람들의 키가 모든 세대에서 정규분포를 따르면서 유전이 된다면 키는 세대들간의 관계에서 어떻게 나타날까?'하는 것이었다. 이러한 의문으로부터 갈톤은 부모의 키와 자녀의 키가 하나의 직선 관계를 가지고 있다는 사실을 발견하였다. 즉, 키가 큰 부모의 자녀들은 평균보다는 커지지만 부모들의 키보다는 작아지는 경향을, 반면에 키가 작은 부모의 자녀들은 평균보다는 작으나 부모들의 키보다는 커지는 경향을 보임으로서 사람들의 키는 결국 전체의 평균으로 되돌아가려고 하는 경향이 있음을 밝혀내었던 것이다. 이러한 현상을 갈톤은 "평균으로의 회귀"라고 부르면서 회귀라는 용어를 최초로 사용하였다. 또한 갈톤은 친구인 피어슨(K. Pearson)과 함께 상관이라는 용어를 고안하고 상관계수 r 을 정의하였다.

1. 설명변수와 반응변수

사회 혹은 자연현상을 규명하는데 있어 변수들간의 상호 관련성을 조사해야될 경우가 있다. 예를 들어 키가 작은 여성이 키가 큰 여성보다 심장마비를 일으킬 가능성이 더 높다고 할 수 있는지 또는 키가 큰 사람이 키가 작은 사람보다 몸무게가 더 나간다고 할 수 있는지의 경우, 키와 심장마비, 키와 몸무게라는 두 변수간의 관련성이 바로 이러한 경우에 해당된다. 두 변수간의 관련성 조사는 단지 두 변수가 서로 직선적으로 얼마나 밀접하게 관련되어 있는지를 분석하는 **상관분석**(correlation analysis)과 두 변수간의 관계를 하나의 직선식으로 설명한 후, 하나의 변수로부터 다른 변수를 예측하는 **회귀분석**(regression analysis)으로 나눌 수 있다.

두 변수간의 관계를 하나의 수식으로 나타내기를 원할 경우에는 두 변수에 대한 구분이 필요하며, 이때 변수의 변화를 설명하기 위하여 사용되는 변수를 **설명변수**(explanatory variable), 설명변수에 의하여 변화 또는 반응을 나타내는 변수를 **반응변수**(response variable)라 부른다.[4)]

설명변수와 반응변수

반응변수는 조사 또는 실험 결과를 측정하는 변수이며, 설명변수는 반응변수가 변화하는 상태를 설명하는 변수이다.

두 개의 변수 중 어떤 것을 설명변수 또는 반응변수로 할 것인지는 실험에서 무엇에 대한 값의 변화를 관찰할 것인지를 놓고서 결정하면 된다. 예를 들어 알코올이 몸의 체온을 떨어뜨리는지의 여부를 확인하기 위하여 여러 마리의 쥐에 알코올의 양을 각기 다르게 주입한 후, 일정한 시간이 지난 후에 쥐의 온도를 측정하는 실험을 한다고 하자. 이때 쥐에 주입되는 알코올의 양은 온도의 변화 상태를 설명할 수 있기 때문에 설명변수가 되고,

4) 반응변수를 종속변수(dependent variable), 설명변수를 독립변수(independent variable)라고도 한다.

설명변수의 여러 가지 값에 따라 측정되는 온도는 반응변수가 되는 것이다.

두 변수간의 관련성에 대한 조사를 하기 위해서는 하나의 개체에 대하여 두 변수에 대한 값을 동시에 측정하여야 한다. 즉, 나이와 혈압간에 관련성이 있는지를 알아보고자 할 경우 한 사람 한 사람에 대하여 나이와 혈압을 동시에 측정하여 얻은 이변량 자료를 이용하여 두 변수간의 관련성 여부에 대한 조사를 하게 되는 것이다.

2. 산점도의 작성과 관련성 분석

두 변수간의 관련성은 **산점도**(scatter plot)라는 그림을 이용하여 시각적으로 파악할 수 있다. 이변량 자료에 대한 그림인 산점도는 두 변수간의 관련성을 연구하는데 매우 효과적인 것으로서, $xy-$평면상에 자료값들을 점으로 나타낸 후 이 점들이 흩어져 있는 모양을 이용하여 그 관련성을 파악하게 되는 것이다.

> <u>산점도</u>
>
> 한 변수를 x축, 다른 변수를 y축으로 하여 각 관측값 (x, y)를 xy-평면 위에 점으로 나타낸 그림을 산점도라고 한다.

산점도는 두 변수가 직선적인 관계 또는 곡선적인 관계를 가지고 있는지, 그리고 그 관계의 정도가 어떠한지를 시각적으로 판단할 수 있게 해준다. 일반적으로 관측값들은 산점도에서 직선 또는 곡선 형태를 띠게 된다. 하지만 곡선보다는 직선이 더 간단한 형태이므로 두 변수간의 관계를 설명하는데 있어서 직선식이 주로 많이 사용된다.

산점도에서 두 변수가 직선적인 관계를 가지고 있을 경우 관측값들 모두가 정확히 하나의 직선 위에 놓이는 경우는 거의 없으며, 대부분 직선을 중심으로 흩어져 나타나게 된다. 이때 두 변수의 관계에 대한 강도는 관측값들이 직선을 중심으로 흩어져 있는 정도에 따라 결정된다. 만약 관측값들이 하나의 직선에 밀집되어 있을 경우 '두 변수간의 관계는 강하다'는 것을, 반면에 직선으로부터 넓게 흩어져 있다면 '두 변수간의 관계는 약하다'는 것을 의미하게 된다. 이때 직선의 기울기가 양일 경우 '두 변수간에는 정비례의 관계', 반대로 기울기가 음일 경우 '두 변수간에는 반비례의 관계'에 있다는 것을 나타내게 된다.

산점도 작성 예1 적당한 양의 포도주를 마시는 것은 심장마비를 예방하는데 도움이 된다고 알려져 있다. <표 2.1>은 19개 선진국에서 매년 소비되는 포도주 섭취량(1인당 마시는 포도주의 양(ℓ))과 심장질환으로 인한 사망자 수(10만명 기준)를 조사한 결과이다. 산점도를 작성한 후, 이를 이용하여 포도주가 심장질환을 예방하는데 도움이 된다고 할 수 있는지를 알아보도록 하자.

|표 2.1| 국가별 1인당 포도주 섭취량(ℓ)과 심장질환으로 인한 사망자 수

국 가	포도주	심장질환 사망자 수	국 가	포도주 섭취량	심장질환 사망자 수
네덜란드	1.8	167	아이슬랜드	0.8	211
노르웨이	0.8	227	아일랜드	0.7	300
뉴질랜드	1.9	266	영국	1.3	285
덴마크	2.9	220	오스트리아	3.9	167
독일	2.7	172	이탈리아	7.9	107
미국	1.2	199	캐나다	2.4	191
벨기에	2.9	131	프랑스	9.1	71
스웨덴	1.6	207	핀랜드	0.8	297
스위칠란드	5.8	115	호주	2.5	211
스페인	6.5	86			

(산점도의 작성) x축을 포도주의 섭취량, y축을 사망자 수로 놓고 관측값들을 좌표상에 점으로 표시하면 <그림 2.1>과 같은 산점도를 얻을 수 있다.

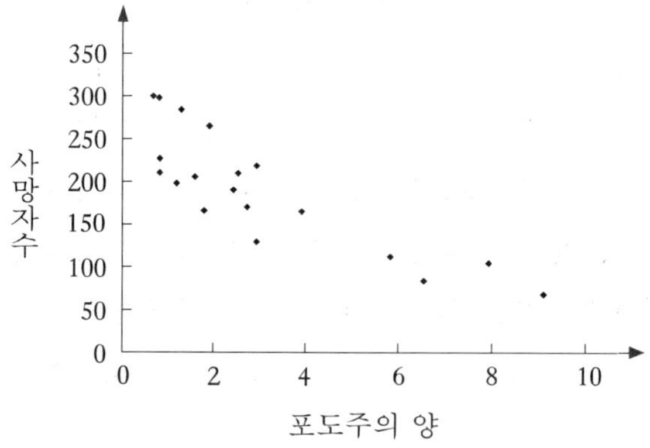

|그림 2.1| 포도주 섭취량과 심장질환 사망자 수의 산점도

(분석) <그림 2.1>에서 산점도는 직선 형태를 띠고 있으며, 이때의 직선은 기울기가 음인 형태이다. 따라서 두 변수간에는 '다소 강한 음의 직선관계를 가지고 있다'고 할 수 있는 것이다. 즉, 포도주의 섭취량이 많으면 많을수록 심장질환으로 인한 사망률은 점점 줄어들게 된다고 할 수 있다. 그러나 이것은 포도주의 섭취량이 심장질환으로 인한 사망률을 줄이는 직접적인 원인이 된다고 할 수는 없다. 왜냐 하면, 포도주의 섭취량이 많다는 것은 그만큼 소득이 높다는 것을 나타내고, 소득이 높으면 그만큼 의학적인 치료를 많이 받게 되므로 이러한 것이 심장질환으로 인한 사망률을 줄이는 하나의 요인이 될 수 있기 때문이다. ■

산점도 작성 예2 연료 소모량은 차량의 속도와 관련이 있다. H자동차회사에서는 새로 출시된 2,000cc 승용차의 경제속도를 측정하기 위하여 100km인 거리를 속도(단위: km/h)를 달리하여 소모된 연료량(단위: ℓ/100km)을 측정하였다. 측정 결과는 <표 2.2>와 같다. 산점도를 작성한 후, 이를 이용하여 속도와 연료 소모량의 관계와 승용차의 경제속도를 알아보도록 하자.

|표 2.2| 속도별 연료 소모량

속도	소모 연료량	속도	소모 연료량	속도	소모 연료량
10	21.00	60	5.90	110	9.03
20	13.00	70	6.30	120	9.87
30	10.00	80	6.95	130	10.79
40	8.00	90	7.57	140	11.77
50	7.00	100	8.27	150	12.83

(산점도의 작성) 설명변수인 속도를 x축, 반응변수인 소모 연료량을 y축으로 하여 놓고 측정값들을 좌표위에 점으로 표시하면 <그림 2.2>와 같은 산점도를 얻을 수 있다.

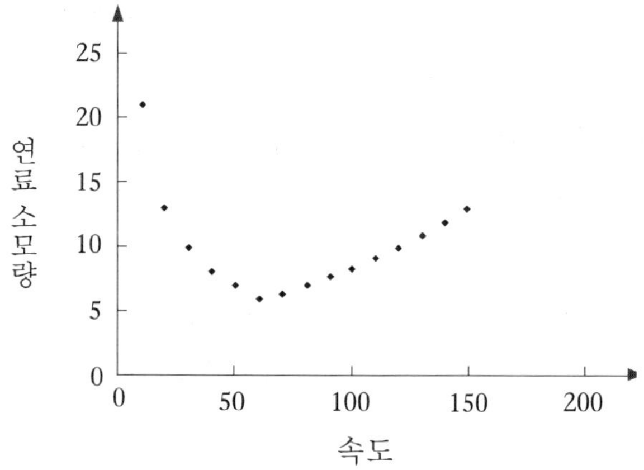

|그림 2.2| 속도와 소모 연료량의 산점도

(분석) <그림 2.2>에서 관측된 값들은 직선이 아니라 하나의 곡선 형태를 이루고 있음을 알 수 있다. 즉, 연료 소모량은 속도가 증가하면 어느 속도까지는 감소하다 그 속도를 초과하게 되면 연료 소모량은 오히려 증가하고 있다. 이러한 사실은 속도와 연료 소모량 간에는 포물선 형태의 관계가 있다는 것을 의미하는 것이다. 즉, 차량을 운행할 때 적절한 속도를 유지하게 되면 연료를 절약할 수 있다는 것을 입증하고 있는 것이다. 산점도로부터 승용차의 경제속도는 시속 60km라고 할 수 있다.

어떤 산점도는 <그림 2.1> 또는 <그림 2.2>와는 아주 다른 형태로 나타나게 된다. 즉, 반응변수에 대한 측정이 특정한 설명변수 값에서 여러번 반복하여 이루어지는 경우로서 다음 예가 그러한 경우에 해당된다.

산점도 작성 예3 농부들은 작물을 재배할 때 모종을 심는 간격과 양에 대하여 고민을 하게 된다. 심는 모종의 양이 많다고 해서 수확량이 반드시 많아지는 것은 아니다. 일정한 크기의 면적에 모종을 너무 많이 할 경우 모종들이 자라면서 서로의 영양분과 수분을 뺏어가기 때문에 작물은 튼튼하게 성장하지 못하여 결과적으로 수확량은 줄어들게 될 것이다. <표 2.3>은 m^2당 심는 모종의 개수에 따른 수확량을 4년 동안 조사한 결과이다. 산점도를 작성한 후, 이를 이용하여 심는 모종의 개수와 수확량간에 어떠한 관련성이 있는지를 알아보도록 하자.

|표 2.3| m^2당 심는 모종의 개수에 따른 특수작물 수확량

모종수/m^2당	1998	1999	2000	2001	평균
12	150.1	113.0	118.4	142.6	131.0
16	166.9	120.7	135.2	149.8	143.2
20	165.3	130.1	139.6	149.9	146.2
24	·	134.7	138.4	156.1	143.1
28	·	·	119.0	150.5	134.8
평균	160.8	124.6	130.1	149.8	

(산점도의 작성) 여기서 모종의 개수를 x축에, 수확량을 y축에 놓고 관측한 값들을 좌표위에 점으로 표시하면 <그림 2.3>과 같은 산점도를 얻을 수 있다.

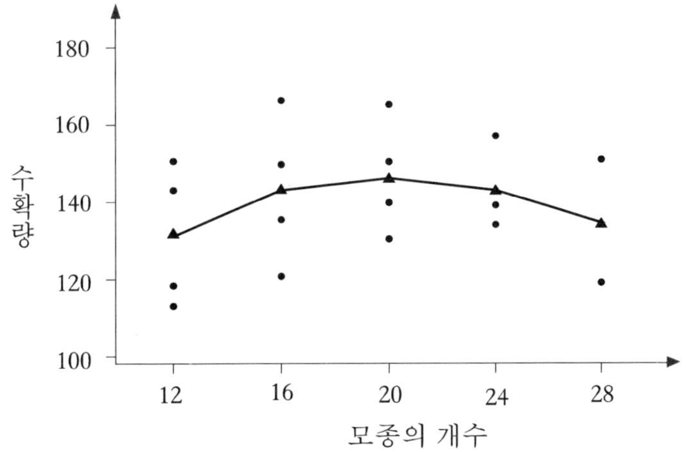

|그림 2.3| 모종수와 특수작물 수확량의 산점도

(분석) <그림 2.3>에 주어진 산점도를 보면 설명변수의 각 수준에서 수직방향으로 점들이 나타나 있다. 이러한 점들은 년도별 수확량으로 설명변수의 각 수준에서 수확량이 어떻게 변화하고 있는지를 나타내고 있다. 이때 모종의 개수와 수확량간의 관계는 각 수준에서의 평균값을 계산한 후, 그 값(▲ 모양)들을 선으로 연결하여 나타난 모양을 이용하여 분석하게 된다. 산점도에 그려진 선은 직선이 아니라 곡선 형태를 띠고 있다. 따라서 수확량은 처음에는 모종의 개수에 비례하여 증가하다 모종의 개수가 일정한 양을 초과하게 되면 수확량은 반대로 줄어들게 됨을 알 수 있다. 산점도로부터 수확량을 최대로 하기 위해서는 m^2당 평균 20개의 모종을 심는 것이 가장 바람직한 것으로 나타나고 있다. ■

3. 상관계수의 정의와 특성

3.1 상관계수의 정의

<그림 2.4>에 주어져 있는 산점도 (b)는 산점도 (a)보다 직선적인 관련성이 더 강한 것처럼 보인다. 하지만 산점도 (a)와 (b)는 똑같은 자료를 이용하여 $xy-$좌표축의 척도만 달리하여 그린 것이다. 하지만 이처럼 산점도를 이용하여 두 변수의 관련성을 분석할 때 좌표축의 척도에 의해서 분석이 달라질 수 있다. 그러나 이러한 문제는 두 변수간의 관계를 하나의 숫자로 표현하여 해결할 수 있으며, 이때 사용되는 도구가 바로 **상관계수**(correlation coefficient)인 것이다.

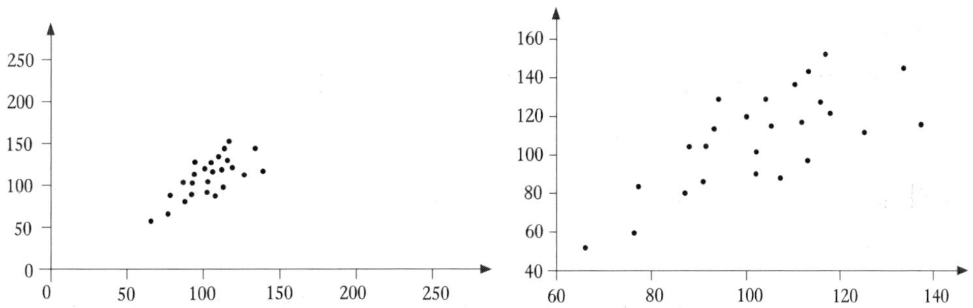

(a) (b)

|그림 2.4| 동일한 자료를 x와 y축의 척도만 달리하여 그린 산점도

<u>상관계수 r</u>

두 변수 x와 y 사이의 직선적인 관련성에 대한 방향과 강도를 나타내는 측도로서, 계산 공식은 다음과 같다.

$$r = \frac{1}{n-1}\sum_{i=1}^{n}\left(\frac{x_i - \overline{x}}{s_x}\right)\left(\frac{y_i - \overline{y}}{s_y}\right)$$

여기서 $\overline{x}$, s_x, $\overline{y}$, s_y는 변수 x와 y의 평균과 표준편차를 각각 나타낸다.

참고사항

상관계수 r은 각 변수에 대하여 표준화된 값의 곱의 형태이므로 단위를 가지지 않는다. 여기서 표준화란 각 관측값과 평균값과의 차이를 표준편차로 나누는 것을 말하며, 이때 분모와 분자의 단위는 서로 상쇄되어 없어지므로 상관계수 r은 단위를 갖지 않게 되는 것이다.

3.2 상관계수 r의 특성

(1) 변수의 구분이 필요없다. 즉, 어떤 변수를 x 또는 y로 놓드라도 r의 값은 항상 동일하다.

(2) r을 계산하기 위해서는 두 변수 모두 양적변수이어야 한다.

(3) r은 측정 단위에 영향을 받지 않는다.

(4) r의 값이 +이면 두 변수는 양의 상관관계(정비례 관계)를, −이면 음의 상관관계(반비례 관계)를 가지고 있음을 나타낸다.

(5) r의 값은 항상 +1과 −1 사이에 있다. 따라서 r의 값이 0에 가까울수록 두 변수 사이에는 직선적인 관계가 약하다는 것을, r의 값이 +1 또는 −1에 가까울수록 직선적인 관계가 강하다는 것을 나타낸다. r이 +1 또는 −1이라는 것은 모든 점들이 정확하게 하나의 직선위에 놓이게 된다는 것을 의미한다.

(6) r은 두 변수 사이의 직선적인 관련성에 대한 정도만을 측정한다. 따라서 두 변수가 곡선관계를 가지고 있을 경우에는 r로서 설명할 수 없게 된다.

(7) 평균과 표준편차처럼 r은 몇 개의 극단값에 의하여 민감하게 영향을 받게 된다. 따라서 산점도로부터 극단값이 발견될 경우 r을 사용함에 있어 주의를 기울여야 한다.

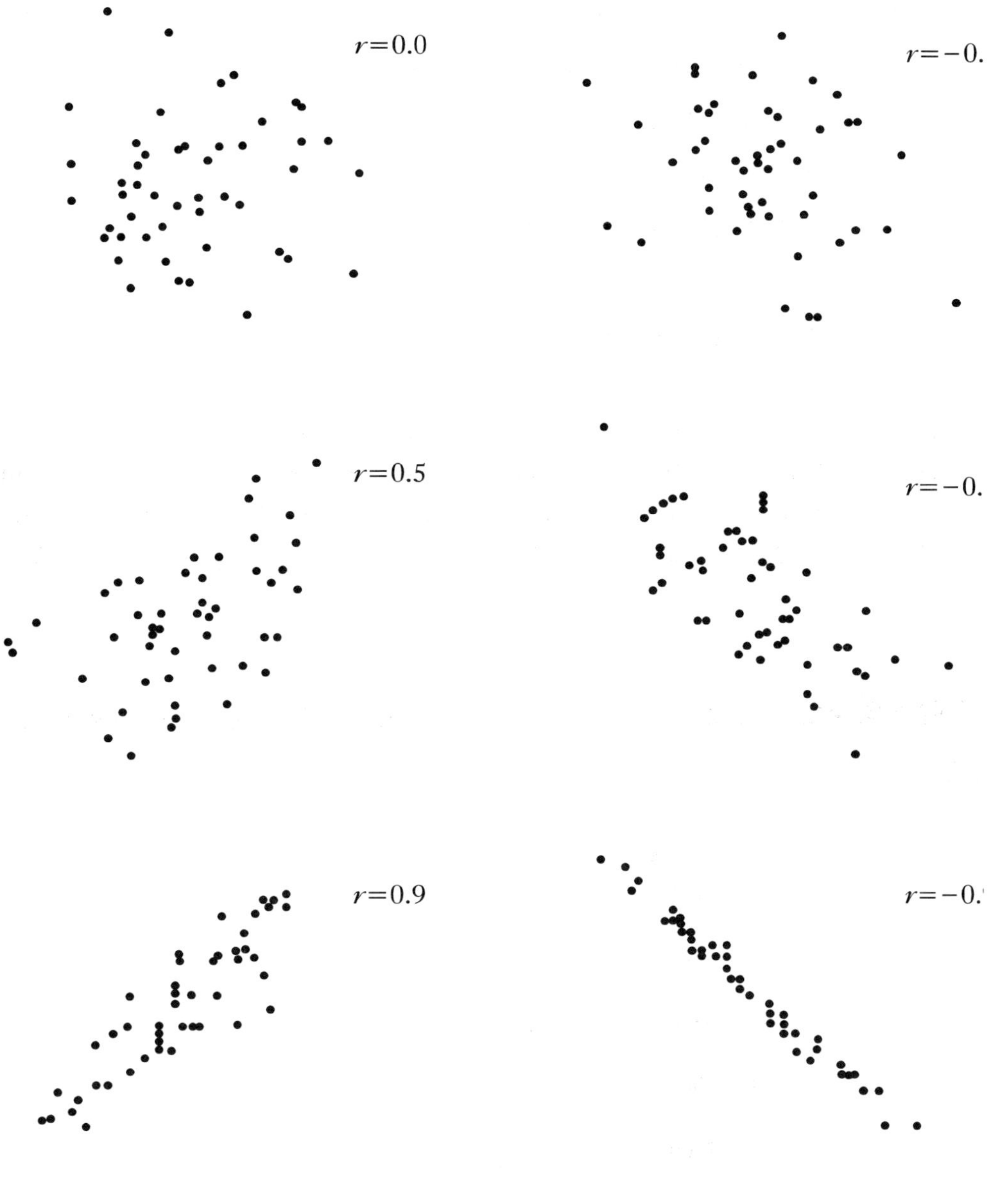

|그림 2.5| 여러 r값에 대한 산점도

상관계수의 계산 예 일반적으로 농작물의 생산량은 수확 시기에 따라 차이가 나

는 경우가 대부분이다. 수확시기에 따라 쌀의 수확량이 어떻게 변화하는지에 대한 연구 결과가 한 학자에 의하여 발표되었다(임문룡, 1975). 연구에서 사용된 자료는 <표 2.4>와 같으며, 이를 이용하여 산점도와 상관계수를 구한 후 수확시기와 수확량간에 어떠한 관계가 있는지를 알아보도록 하자. <표 2.4>에서 x는 꽃이 피어 수확할 때까지의 기간(단위: 일), y는 쌀의 수확량(단위: 헥타르당 kg)을 각각 나타낸다.

|표 2.4| 수확기간에 따른 쌀의 수확량

x	y	x	y	x	y	x	y
16	2508	24	3057	32	3823	40	3517
18	2518	26	3190	34	3646	42	3214
20	3304	28	3500	36	3708	44	3103
22	3423	30	3883	38	3333	46	2776

(산점도의 작성) x축을 수확기간, y축을 수확량으로 하여 작성한 산점도는 <그림 2.6>과 같다.

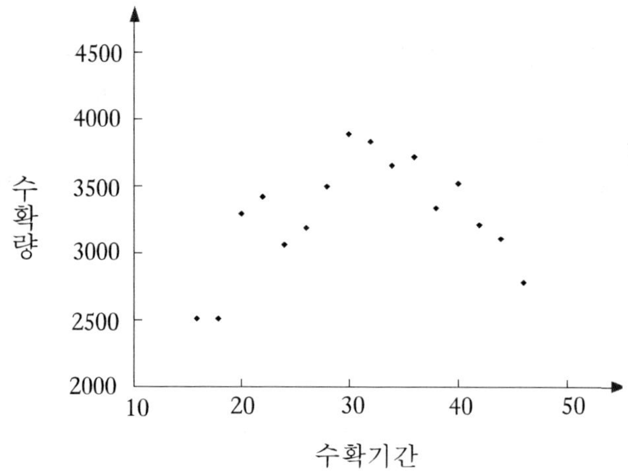

|그림 2.6| 수확기간과 수확량에 대한 산점도

(상관계수값의 계산) <표 2.4>로부터 $\bar{x} = 31$, $\bar{y} = 3281.44$, $s_x = 9.52$, $s_y = 418.58$이므로

$$r = \frac{1}{16-1}\sum_{i=1}^{n}\left(\frac{x_i - 31}{9.52}\right)\left(\frac{y_i - 3281.44}{418.58}\right) = 0.274$$

가 된다.

(분석) 상관계수값 $r = 0.274$는 0에 가까운 값이므로, 수확기간과 수확량간에는 다소 약한 상관관계가 있다고 할 수 있다. 그러나 산점도를 살펴보면, 점들은 직선 형태가 아니라 강한 곡선관계를 가지고 있음을 알 수 있다. 즉, x값이 증가함에 따라 y값은 처음에는 증가하지만 $x = 30$을 기준으로 y의 값이 감소하는 경향을 보이고 있으며, 그 형태는 포물선과 비슷한 모양을 띠고 있다. 따라서 꽃이 피어 수확할 때까지의 기간과 농작물 사이에는 강한 포물선 관계를 가지고 있다고 할 수 있는 것이다. 즉, 꽃이 핀 후 약 30일이 될 때까지 수확량은 수확시기에 따라 증가하지만 30일이 지나면 수확시기에 따라 수확량은 점차 감소하게 된다고 할 수 있다. ■

4. 회귀직선의 의미와 사용

산점도는 두 변수의 관련성을 시각적으로 파악할 수 있게 해주는 반면에, 상관계수는 두 변수의 직선적인 관련성을 숫자로 나타내어 준다. 만약 산점도와 상관계수로부터 두 변수 사이에 직선적인 관계가 있다고 판단될 경우 이들의 관계는 하나의 직선식으로 표현될 수 있으며, 이때 사용되는 직선을 **회귀직선**(regression line)이라 한다. 회귀직선은 두 변수 사이의 관계를 수식으로 설명할 뿐만 아니라, 한 변수로부터 다른 변수를 예측하는 데 사용된다.

> **회귀직선**
>
> 설명변수 x가 변화함에 따라 반응변수 y가 어떻게 변하는지를 나타내는 직선식
>
> $$y = \alpha + \beta x$$
>
> 를 회귀직선이라 하며, 여기서 절편 α는 $x = 0$일 때 y의 값을, 기울기 β는 x가 한 단위 변화함에 따른 y의 변화량을 각각 나타낸다.

회귀직선식의 의미와 사용 예 아이들의 키는 개개인에 따라 그 성장하는 속도가 다르다. 하지만 아이들의 출생 개월 수와 성장속도간의 관계는 하나의 수식을 사용하여 나타낼 수 있다. <표 2.5>는 18개월에서 29개월 된 아이들의 키(단위: ㎝)를 측정하여 개월 수에 따른 평균값을 계산하여 정리한 것이다. 이를 이용하여 출생 개월 수와 키간의 관계를 수식으로 표현하여 알아보도록 하자.

|표 2.5| 아이들의 출생 개월 수별 평균키

개월 수	18	19	20	21	22	23	24	25	26	27	28	29
키	76.1	77.1	78.1	78.2	78.8	79.7	79.9	81.1	81.2	81.8	82.8	83.5

(산점도와 상관계수) x축을 개월 수(설명변수), y축을 키(반응변수)로 하여 산점도를 그리면 <그림 2.7>과 같다. 산점도로부터 출생 개월 수와 키 사이에는 매우 강한 직선 관계에 있음을 알 수 있다. 상관계수값을 계산하면 $r = 0.994$로서 거의 1에 가깝다. 이러한 결과로부터 '출생 개월 수와 키 사이에는 매우 강한 양의 직선관계에 있다'고 할 수 있다.

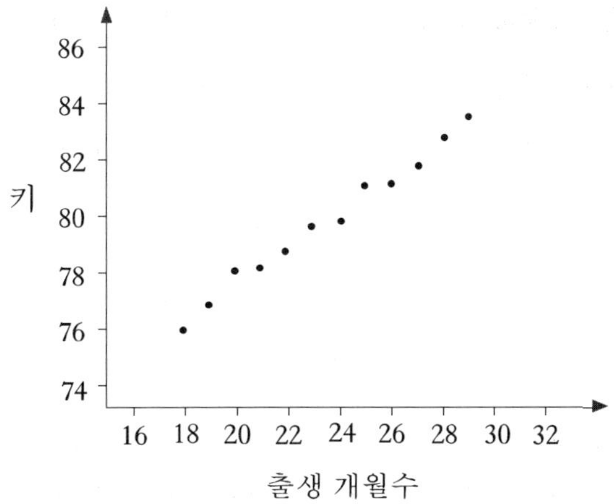

|그림 2.7| 아이들의 출생 개월 수와 키에 대한 산점도

산점도에서 점들이 직선 형태로 흩어져 있을 경우 이러한 점들에 적합하다고 판단되는 직선을 그려 두 변수의 관련성을 하나의 수식으로 나타낼 수 있다. 물론 모든 점들을 정확히 통과하는 직선이란 있을 수 없으므로 주어진 자료에 적합한 직선은 모든 점들에 가능한 가깝도록 그려진 직선이 되는 것이다. 이때 적합된 직선식은 하나의 변수에 대해서 다른 한 변수가 어떻게 반응하고 있는지를 묘사해주며, 이 직선식이 두 변수간의 관련성을 설명하는 하나의 수학모형 즉, 회귀직선이 되는 것이다.

(회귀 직선식의 계산) <표 2.5>에 주어진 자료에 적합한 회귀직선식은 4절에서 설명되는 최소제곱법 공식을 이용하여 구할 수 있다. 구하는 과정은 4절을 참고하기 바란다.

$$\text{회귀직선식 : 키} = 64.93 + 0.635 \times \text{개월수}$$

(기울기와 절편의 의미) 회귀직선식에서 기울기 $b = 0.635$ 는 아이들의 키가 평균적으로 매월 약 0.6cm씩 성장하고 있음을, 절편 $a = 64.93$ 은 아이들의 출생 시의 키가 64.93cm임을 나타내는 것이다. 그러나 아이들은 동일한 키를 가지고 태어나는 것이 아니기 때문에 절편 a 는 직선식의 일부라는 사실을 제외하고 여기서 중요한 의미를 가지지 않는다.

(회귀직선식을 이용한 예측값의 계산) 회귀직선은 특정한 하나의 설명변수값에 대해서 반응변수의 값이 어떻게 될 것인지를 예측하는데 사용될 수 있다. 따라서 출생 후 아이가 32 개월이 되었을 때 예측되는 키는 회귀직선식에서 개월수 대신에 32를 대입하면 된다.

$$
\begin{aligned}
\text{키} &= 64.93 + 0.635 \times \text{개월수} \\
&= 64.93 + (0.635 \times 32) \\
&= 85.25(\text{cm})
\end{aligned}
$$

회귀직선식으로부터 계산된 예측값이 얼마나 정확한지에 대한 여부는 관측값들이 회귀직선으로부터 얼마나 가까이 혹은 멀리 떨어져 있는지에 따라 결정된다. <그림 2.8>에서 보는 바와 같이 관측값들은 회귀직선에 아주 가까이 밀집되어 있으므로 여기서의 예측은 매우 정확하다고 할 수 있다. 만약 관측값들이 회귀직선으로부터 멀리 떨어져 있다면, 이때의 회귀직선은 두 변수의 관련성에 대한 설명은 해주고 있지만 그 예측값에 대한 신뢰성은 많이 떨어지게 된다.

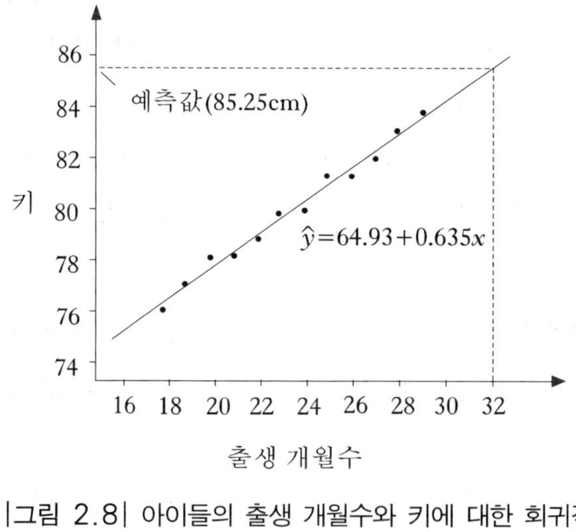

|그림 2.8| 아이들의 출생 개월수와 키에 대한 회귀직선

참고사항

아이들이 20세가 되었을 때 키가 평균적으로 얼마나 성장할 것인지 회귀직선식을 이용하여 예측해 보도록 하자. 20년은 개월 수로 240개월이므로 회귀직선식에서 개월수 대신에 240을 대입하면

$$
\begin{aligned}
\text{키} &= 64.93 + 0.635 \times \text{개월 수} \\
&= 64.93 + (0.635 \times 240) \\
&= 217.33\text{cm}
\end{aligned}
$$

가 된다. 하지만 여기서 예측된 키 217.33cm라는 것은 옳다고 할 수 없다. 왜냐하면, 주어진 자료는 18개월부터 29개월까지의 키를 측정한 결과이며, 240개월이라는 것은 29개월로부터 아주 멀리 떨어진 값이기 때문이다. 사람의 키는 항상 일정한 속도로 자라는 것이 아니라 연령대에 따라 성장하는 속도에 많은 차이가 있다. 따라서 주어진 자료의 범위로부터 멀리 떨어진 값을 예측하는 모형으로 회귀직선식을 사용하는 것은 적절하지 않다고 할 수 있다.

5. 최소제곱 회귀직선식의 계산

산점도에 적합한 회귀직선을 육안으로 판단하여 그린다고 할 때 사람에 따라 직선은 서로 다르게 그려질 수가 있다. 특히 점들이 넓게 흩어져 있을 경우에는 더욱 그러하다. 그렇다면 추측에 의존하지 않으면서 산점도에 적합한 회귀직선을 구하는 방법은 없을까? 산점도에 주어진 모든 점들을 동시에 통과하는 직선이란 있을 수 없다. 하지만 모든 점들에 대해서 가장 가까운 직선은 존재한다.

특정한 x 값에서의 y 값을 예측할 때 회귀직선식을 사용하며, 이때의 예측값은 y 축 위에 나타난다. 따라서 예측값이 정확하기 위해서는 회귀직선은 y축 방향 즉, 수직방향에서 관측값과 예측값 사이의 차이를 가능한 적게 되도록 만드는 직선이 되어야 한다. 회귀직선에서의 오차를 수직방향에서 관측값과 예측값의 차이로 정의하는 이유가 바로 여기에 있는 것이며, 오차를 가능한 작게 만드는 회귀직선이 바로 주어진 자료에 적합한 직선이 되는 것이다. <그림 2.9>는 3개의 관측값을 이용하여 이러한 개념을 설명하고 있다. <그림 2.9>에서 회귀직선은 두 점(23개월과 25개월에서의 관측값)과 한 점(24개월에서의 관측값) 사이를 지나고 있으며, 회귀직선으로부터 관측값들까지의 수직거리는 점선으로 주어져 있다. 좋은 회귀직선이란 이러한 수직거리를 가능한 적게 되도록 만드는 것이며, 이러한 직선을 구하는 방법을 **최소제곱법**(method of least squares)이라고 한다.

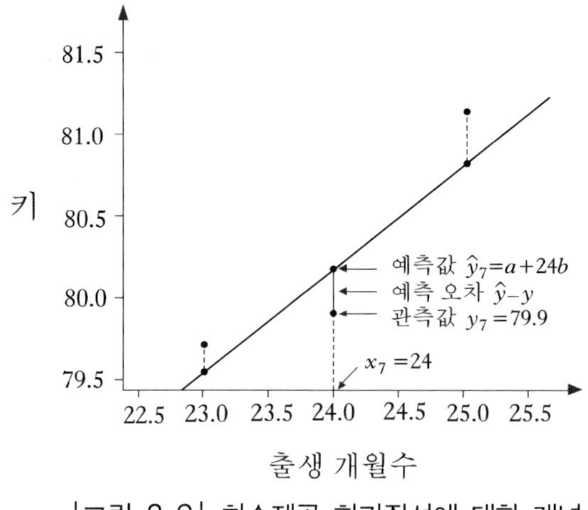

|그림 2.9| 최소제곱 회귀직선에 대한 개념

최소제곱 회귀직선

회귀직선으로부터 수직거리의 제곱합이 최소가 되도록 만든 직선식

$$\hat{y} = a + bx$$

을 최소제곱 회귀직선이라 하며, 여기서 기울기 $b = r\frac{s_y}{s_x}$, 절편 $a = \bar{y} - b\bar{x}$ 이다.

참고사항

〔최소제곱 회귀직선에 대한 수학적인 설명〕

변수 x와 y에 대한 n개의 관측값을 $(x_1, y_1), (x_2, y_2), \cdots, (x_n, y_n)$이라 하고, 이러한 관측값에 적합한 하나의 직선을 $\hat{y} = a + bx$라고 하자. 이때 특정한 값 x_i에 대한 예측값은 $\hat{y_i} = a + bx_i$가 된다. 일반적으로 관측값 y_i와 예측값 $\hat{y}_i$는 차이가 있으며, 두 값의 차이 $y_i - \hat{y_i}$를 예측오차(predicted error) 또는 잔차(residual)라고 한다. 최소제곱법은 이러한 예측오차들의 제곱합 $\Sigma(y_i - a - bx_i)^2$이 최소가 되도록 하는 직선을 구하는 방법으로서, 다음과 같은 과정을 거쳐 최소제곱 회귀직선식이 구해지게 된다. 즉, 오차제곱합을 a와 b에 대하여 각각 편미분하면

$$\frac{\partial}{\partial a}\sum(y_i - a - bx_i)^2 = -2\sum(y_i - a - bx_i)$$

$$\frac{\partial}{\partial b}\sum(y_i - a - bx_i)^2 = -2\sum x_i(y_i - a - bx_i)$$

가 되고, 이 식을 각각 0으로 놓은 후 정리하여 얻은 정규방정식

$$na + b\sum x_i = \sum y_i$$

$$a\sum x_i + b\sum x_i^2 = \sum x_i y_i$$

으로부터 a와 b는 다음과 같이 구해지게 된다.

$$b = r\frac{s_y}{s_x}, \qquad a = \bar{y} - b\bar{x}$$

여기서 $\bar{x}$, s_x, $\bar{y}$, s_y는 x와 y에 대한 평균과 표준편차를, r은 x와 y의 상관계수를 각각 나타낸다.

회귀직선식의 계산 예1 <표 2.5>에 주어진 자료로부터 아이들의 출생 개월 수에 대한 키의 최소제곱 회귀직선식을 계산해 보자.

(회귀직선식의 계산) x와 y에 대한 평균과 표준편차를 각각 계산하면

$$\bar{x}=\frac{1}{n}\sum x_i=\frac{1}{12}(18+\cdots+29)=23.5$$

$$s_x=\sqrt{\frac{1}{n-1}\sum(x_i-\bar{x})}=\sqrt{\frac{1}{12-1}[(18-23.5)^2+\cdots+(29-23.5)^2}=3.606$$

$$\bar{y}=\frac{1}{n}\sum y_i=\frac{1}{12}(76.1+\cdots+83.5)=79.85$$

$$s_y=\sqrt{\frac{1}{n-1}\sum(y_i-\bar{y})}=\sqrt{\frac{1}{12-1}[(76.1-79.85)^2+\cdots+(83.5-79.85)^2}=2.302$$

$$r\doteq\frac{1}{n-1}\sum\left(\frac{x_i-\bar{x}}{s_x}\right)\left(\frac{y_i-\bar{y}}{s_y}\right)$$

$$=\frac{1}{12-1}\left[\left(\frac{18-23.5}{3.606}\right)\left(\frac{76.1-79.85}{2.302}\right)+\cdots+\left(\frac{29-23.5}{3.606}\right)\left(\frac{83.5-79.85}{2.302}\right)\right.$$

$$=0.994$$

이고, 이러한 값들로부터 회귀직선식의 기울기 a와 절편 b를 계산할 수 있다.

$$b=r\frac{s_y}{s_x}=0.9944\times\frac{2.302}{3.606}=0.635\text{cm/개월}$$

$$a=\bar{y}-b\bar{x}=79.85-(0.6348)\times(23.5)=64.93\text{cm}$$

따라서 구하고자 하는 최소제곱 회귀직선식은 다음과 같다.

$$\hat{y}=64.93+0.635x$$

■

회귀직선식의 계산 예2 수도권으로의 인구 집중이 가속화되면서 농촌지역의 인구가 크게 줄고 있는 것으로 나타나고 있다. 통계청이 발표한 '2005년 인구주택 총 조사'에 따르면 서울·인천·경기 등 수도권 인구는 2000년보다 6.5%가 증가한 22,742,000명으

로 전체 인구의 48.1%를 차지하고 있는 것으로 조사되었다. 이에 비하여 농촌지역의 인구는 4,770,000명으로 5년 전에 비해 855,000명(-15.2%)이나 감소한 것으로 나타났다. 그리고 '시·도별 장래인구 특별추계'에 따르면 수도권(서울·경기·인천)의 인구는 2010년에는 24,572,000명으로 전국 인구 49,220,000명의 49.9%에 도달하고 2030년에는 53.9%까지 증가할 것으로 전망되었다. 반면에 농촌지역이 많은 강원·충청남북·전라남북·경상남북 지역의 인구는 2010년에 13,923,000명으로 전국 인구의 28.3%로 떨어지고 2030년에는 25%까지 감소할 것으로 예측되었다.

농촌인구의 감소는 농촌을 고령화 사회로 만들뿐만 아니라 지역 구조를 붕괴시켜 농촌지역의 경제를 점점 침체시키게 만든다. 농촌인구의 감소는 한국뿐만 아니라 미국에서도 지난 수십년 동안 계속되어 왔다. <표 2.6>은 1935년부터 1980년까지 미국의 농촌인구 변화에 대한 자료이다(단위: 백만명). 주어진 자료를 이용하여 미국의 농촌 인구를 설명하고 예측할 수 있는 회귀직선식을 구해보도록 하자.

|표 2.6| 미국 농촌의 년도별 인구수

년 도	1935	1940	1945	1950	1955	1960	1965	1970	1975	1980
인구수	32.1	30.5	24.2	23.0	19.1	15.6	12.4	9.7	8.9	7.2

(산점도의 작성)

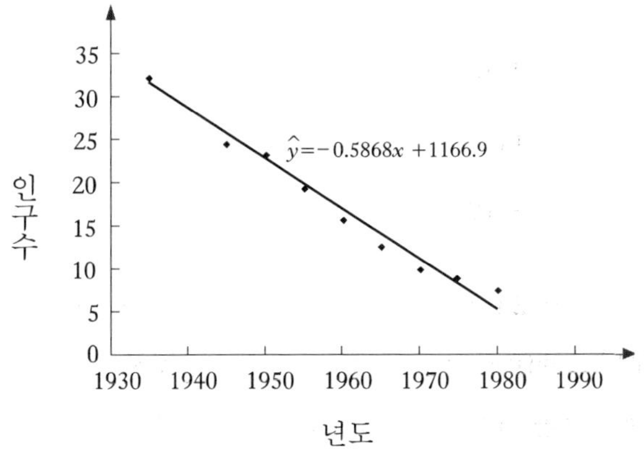

|그림 2.10| 년도와 인구수의 산점도

(분석) 산점도로부터 년도와 인구수 사이에는 기울기가 음인 직선 관계를 가지고 있음을 알 수 있다. 상관계수를 계산해 보면 $r=-0.9884$로서 '년도와 인구수 사이에는 강한 음의 상관관계가 있다'고 할 수 있다. 즉, 해가 갈수록 농촌인구는 점점 감소해 가고 있다는 것이다.

(회귀직선식의 계산) 설명변수(년도)를 x, 반응변수(인구수)를 y로 할 때 x와 y의 평균과 표준편차를 계산하면 $\bar{x}=1957.5$, $s_x=15.1382$, $\bar{y}=18.29$, $s_y=8.9867$이다. 따라서 회귀직선식의 기울기와 절편은

$$b=r\frac{s_y}{s_x}=-0.9884\times\frac{8.9867}{15.1382}=-0.5867$$

$$a=\bar{y}-b\bar{x}=18.29-(-0.5867)\times(1957.5)=1166.927$$

이므로, 구하고자 하는 최소제곱 회귀직선식은 다음과 같다.

$$\hat{y}=1166.927-0.5867x$$

(2010년의 농촌인구 예측) 회귀직선식에서 $b=-0.5867$이므로 이 기간 동안 평균적으로 매년 약 58만명씩 농촌인구는 감소되었다고 할 수 있다. 그리고 계산된 회귀직선식으로부터 2010년의 농촌인구를 예측해 보면

$$\begin{aligned}\hat{y}&=1166.927-0.5867x\\&=1166.927-(0.5867)\times(2010)\\&=-12.34(\text{백만명})\end{aligned}$$

이 된다. 2010년의 인구가 -12,000,000명이란 것은 있을 수 없는 일이다. 이러한 결과가 나타난 것은 1935년부터 1980년 사이의 자료로부터 구해진 회귀직선식을 이 범위로부터 멀리 떨어진 년도의 예측값을 구하는데 사용하였기 때문이다.

6. 결정 계수

상관계수 r은 설명변수 또는 반응변수와 무관하게 그 값은 항상 동일하다. 그러나 최소제곱 회귀직선은 관측값으로부터 직선까지 y축 방향에서 거리를 최소로 하는 직선이다. 따라서 회귀직선에서는 설명변수와 반응변수가 서로 다른 역할을 하게 되므로 두 변수의 구분을 명확히 하여야 한다.

<그림 2.11>은 우주가 팽창해 가고 있다는 발견을 하는데 있어 중요한 역할을 한 산점도이다. 여기서 점들은 우주천문학자 허블(Hubble, 1922)이 지구로부터 24개의 나사선 은하계까지의 거리와 이들이 지구로부터 멀어져가는 가속도를 관측한 값들이다. 허블은 설명변수를 거리, 반응변수로 가속도로 한 회귀직선을 이용하여 지구로부터 은하계까지의 거리(단위: Mpc)와 이들이 지구로부터 멀어져 가는 가속도(단위: km/sec)는 $r = 0.7842$인 양의 상관관계를 가지고 있으며, 지구로부터 멀리 떨어진 은하계일수록 더 빠른 속도로 멀어져 가고 있다고 설명하였다(천문학자들은 지구로부터 은하계까지의 거리와 은하계가 지구로부터 멀어져가는 가속도간에는 실제로 완전한 선형관계에 있으며, 관측값들이 이렇게 흩어져 나타나는 것은 측정이 정확하지 않기 때문이라고 생각한다).

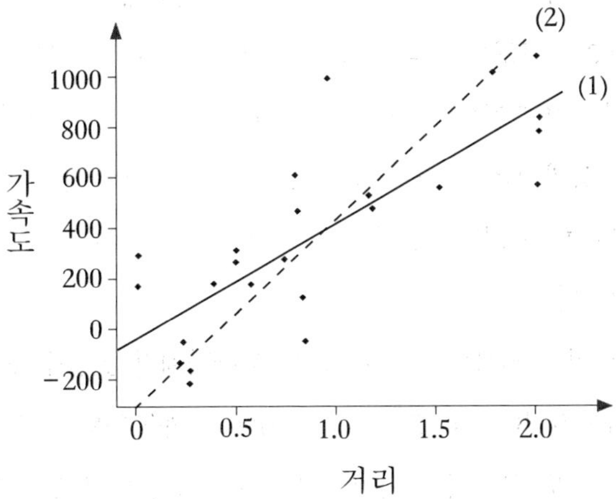

|그림 2.11| 지구로부터 24개 은하계까지의 거리와 가속도에 대한 허블의 관측값

<그림 2.11>의 산점도에 주어진 두 개의 직선은 각기 서로 다른 회귀직선을 나타낸다. 회귀직선 (1)은 설명변수를 거리, 반응변수를 가속도로 둔 회귀직선이고, 회귀직선 (2)는 이와 반대로 설명변수를 가속도, 반응변수를 거리로 둔 회귀직선이다. 거리와 가속도에 대한 상관계수는 하나뿐이지만 회귀에서는 어느 변수를 설명변수로 하느냐에 따라 서로 다른 회귀직선이 주어지게 된다. 따라서 회귀직선에서는 두 변수 중 어느 변수를 설명변수로 할 것인지를 명확히 구분해주어야만 한다.

결정계수 R^2의 의미

상관계수에서는 설명변수와 반응변수를 구분할 필요가 없지만 회귀직선에서는 두 변수를 명확히 구분하여야 한다. 하지만 상관과 회귀 사이에는 서로 관련성이 있다. 그 중 하나는 회귀직선의 기울기를 계산할 때 상관계수 r을 알아야 한다는 것이다. 그러나 상관과 회귀가 가지고 있는 보다 더 중요한 관련성은 상관계수가 나타내는 직선적인 관련 정도를 회귀직선식이라는 함수식을 사용하여 설명할 수 있으며, 이러한 설명은 상관계수 r을 제곱한 값 R^2을 이용하여 이루어진다는 것이다.

r이 1 또는 -1이라는 것은 모든 관측값들이 정확히 하나의 직선위에 놓이게 된다는 것을 의미한다. 이때 $r=\pm 1$을 제곱하면 R^2은 1이 되고, $R^2=1$라는 것은 두 변수가 정확히 $y=a+bx$라는 함수관계에 있다는 것을 나타내게 된다. 즉, $R^2=1$이라는 것은 추정된 회귀직선식 $\hat{y}=a+bx$에 의하여 두 변수의 관계가 완전하게 설명된다는 것을 의미하게 되는 것이다. 만약 $r=0.7$ 또는 $r=-0.7$이면 $R^2=0.49$가 되고, 이것은 회귀직선식 $\hat{y}=a+bx$에 의하여 두 변수간의 관계가 약 50%정도 설명되어진다는 것을 나타낸다. $r=0$ 즉, 두 변수간에 상관관계가 없을 경우 R^2의 값도 0이 된다. 따라서 $R^2=0$이라는 것은 두 변수간의 상관관계가 회귀직선식 $\hat{y}=a+bx$에 의하여 전혀 설명이 되지 않는다는 것을 의미하게 되는 것이다.

R^2의 값은 0과 1 사이에 있으며 두 변수간에 상관관계가 높을수록 R^2의 값은 1에, 상관관계가 낮을수록 0에 가까워진다. 즉, R^2의 값이 0에 가까울수록 두 변수간의 관계를 설명하는데 있어 회귀직선식은 쓸모없는 식이 되어버리고, R^2의 값이 1에 가까울수록 두 변수의 관

계를 설명하는데 있어 회귀직선식은 매우 유용한 식이 된다고 할 수 있다. R^2은 이론적으로 반응변수 y의 변화량 중에서 최소제곱 회귀직선식 $\hat{y}=a+bx$에 의하여 설명되어지는 변화량의 비율로 정의되며, 이때 R^2을 **결정계수**(coefficient of determinant)라 부른다.

결정계수 R^2

반응변수 y의 변화량 중에서 회귀직선 $\hat{y}=a+bx$에 의하여 설명되는 변화량의 비율

$$R^2=\frac{\text{회귀식에 의하여 설명되는 변동}}{\text{전체 변동}}=\frac{\hat{y}\text{의 분산}}{y\text{의 분산}}$$

참고사항

아이들의 평균키와 출생 개월수에 대한 예에서 상관계수는 $r=0.994$이었다. 이때 결정계수 $R^2=0.989$이므로 회귀직선식 $\hat{y}=64.93+0.635x$는 키에 대한 전체 변동의 98.9% 즉, 대부분을 설명하고 있다는 것을 나타낸다. 이것은 평균키와 개월수간의 직선적인 관계가 회귀직선식 $\hat{y}=64.93+0.635x$에 의하여 잘 표현되어진다는 것을 의미하는 것이다.

제 3 장

표본의 추출

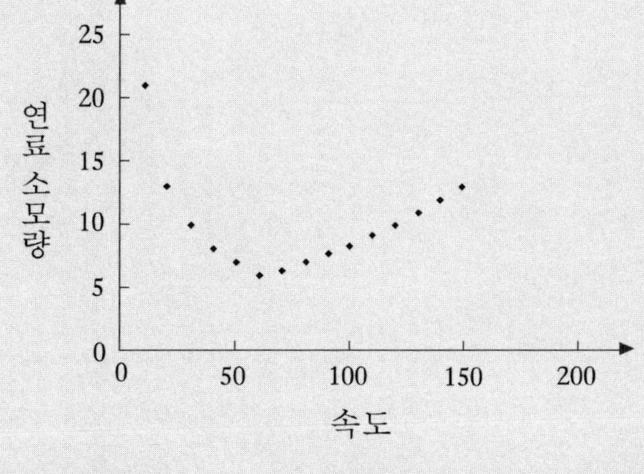

현대 통계학의 설립자 네이먼(Jerzy Neyman: 1894~1981)

네이먼은 피셔와 더불어 현대통계학의 설립자로 꼽힌다. 그는 확률론, 가설검정, 신뢰구간, 수리통계학 등 통계학의 여러 분야에 걸쳐 커다란 기여를 하였을 뿐 아니라 표본조사에 대한 이론도 개발하였다.

네이먼은 러시아에서 태어났으나 어릴적에는 프랑스와 독일에서 교육을 받았다. 1912년 카라코브 대학에서 물리학과 수학을 공부하였으며, 졸업 후에는 농업연구소에서 근무를 하였다. 1924년 런던의 칼리지 대학으로 옮겨온 네이먼은 피어슨(K. Pearson) 밑에서 연구를 하면서 피셔(R. A. Fisher), 고셀(W. S. Gosset)과 활발한 교류를 하였다. 1938년 네이먼은 미국 캘리포니아 버클리 대학의 교수로 초청되었으며, 교수로 재직하면서 버클리 통계연구소를 설립하였다. 정년퇴임 이후 네이먼은 저술 업적이 그동안의 2배가 될 정도로 생애 마지막까지 적극적인 연구 활동을 펼쳤다. 네이먼은 통계학적 추론을 위하여 처음으로 신뢰구간을 사용하였을 뿐만 아니라, 새로운 관점에서 가설검정을 재정립하는 데 크게 기여를 하였다.

1. 자료의 조사와 발생 오차

1.1 전수조사와 표본조사

우리 주변에서 일어나는 각종 사회현상 또는 자연현상에 대한 사실을 규명하기 위하여 자료를 수집하여 조사하게 된다. 이때 자료를 얻는 방법으로는 전체 자료를 하나도 빠짐없이 전부 조사하는 **전수조사**(census)와 전체 자료 중 일부분만을 조사한 후 그것을 이용하여 전체를 추측하는 **표본조사**(sample survey)가 있다. 표본조사의 경우 조사하고자 하는 대상 전체를 **모집단**(population)이라 부르고, 조사하기 위해서 뽑힌 전체의 일부분을 **표본**(sample)이라 부른다. 예를 들어 한국의 20대 남성의 평균 신장을 알아보기 위하여 각 시, 도에서 500명의 20대 남성을 뽑아 조사한다고 하자. 이때 모집단은 한국의 20대 남성 전체이며, 표본은 각 시, 도에서 뽑은 500명의 20대 남성이 되는 것이다.

모집단의 특성은 전수조사를 하게 되면 가장 정확히 알 수 있다. 하지만 모든 대상을 조사하는 것이 불가능하거나 또는 가능하더라도 엄청난 비용과 시간을 필요로 하는 경우가 대부분이다. 따라서 우리는 모집단의 일부인 표본을 추출한 후 그것을 이용하여 모집단의 특성을 추출하게 되는 것이다.

표본조사를 해야 할 경우의 예 **(1) 조사대상이 무한일 경우**: 예를 들어 백혈병에 대한 획기적인 치료방법이 개발되었다고 하자. 이때 그 치료법에 대한 효과를 조사한다고 할 때, 그 대상자로는 현재 백혈병을 앓고 있는 환자뿐만 아니라 과거에 백혈병을 앓다 사망한 사람들과 앞으로 백혈병에 걸릴 사람까지 포함해야 할 것이다. 하지만 이미 백혈병으로 사망한 사람과 앞으로 발생할 사람에 대해서는 현실적으로 조사가 불가능하다. 따라서 이러한 경우에는 현재 백혈병을 앓고 있는 환자 중에서 일부를 선택하여 그 치료법에 대한 효과 여부를 조사하게 되는 것이다.

(2) 조사대상이 파괴될 경우: 예를 들어 어떤 전구회사에서 전구의 평균수명을 조사하기 위하여 그 회사에서 생산되는 모든 전구를 켜놓고 수명이 다할 때까지의 시간을 측정한

다고 하자. 이때 그 회사에서 생산되는 전구의 평균수명은 정확히 측정할 수 있겠지만 측정이 끝난 후 판매할 수 있는 전구는 하나도 남지 않게 될 것이다. 이러한 경우에는 그 회사에서 생산되는 전구 중 일부를 표본으로 추출한 후, 전구 수명이 다할 때까지의 시간을 측정하여 평균수명을 추정하게 되는 것이다. ■

1.2 표본오차와 비표본오차

표본조사는 모집단 전체가 아니라 모집단의 일부인 표본을 추출하여 조사하는 것이기 때문에 오차가 항상 발생하게 된다. 이와 같이 대상 전부를 조사하지 않고 표본을 추출함에 의해서 발생하는 오차를 **표본오차**(sampling error)라고 한다.

표본오차의 예 5명의 어린이로 구성되어 있는 모집단에서 각각의 어린이가 용돈을 1만원, 2만원, 1만원, 2만원, 3만원을 가지고 있었다고 하자. 이 모집단에서 2명의 어린이를 표본으로 추출하였을 때 뽑힌 2명의 어린이가 용돈을 각각 1만원, 3만원을 가지고 있었다고 하자. 이때 전체 어린이가 가지고 있는 용돈의 평균은

$$\frac{1}{5}(1+2+1+2+3)= 1.8\text{만원}$$

이 되고, 표본으로 뽑힌 2명의 용돈 평균은

$$\frac{1}{2}(1+3)= 2\text{만원}$$

이 된다. 여기서 전체 어린이의 용돈 평균(모평균)과 표본으로 뽑힌 2명의 용돈 평균(표본평균)의 차이인 2천원이 표본오차가 되는 것이다. ■

표본오차는 모집단의 일부인 표본으로부터 얻은 자료를 통하여 모집단의 특성을 추론하는 과정에서 생기는 오차이다. 따라서 전수조사를 하게 된다면 표본오차는 당연히 없어지게 된다. 그러나 전수조사를 하여도 오차는 발생한다. 이때의 오차를 **비표본오차**(nonsampling error)라고 하며, 그 발생 원인으로는 여러 가지가 있을 수 있다. 일반적으

로 비표본오차는 다음과 같은 요인에 의하여 발생되고 있다. 즉, 조사 목적 및 범위가 불분명하거나(예를 들어 실업률 조사에서 실업자의 정의가 잘못되었을 때) 혹은 조사 목록이 불완전하여 일부가 누락 또는 중복되었을 경우에 비표본오차가 발생하게 된다. 이외에도 조사원의 훈련부족으로 인하여 면접, 측정, 관찰 등이 부정확하거나 자료의 측정, 수집, 처리 과정에서의 오류가 있을 경우에도 비표본오차는 발생하게 된다.

표본오차

모집단 전체를 조사하지 않고 표본추출로 인하여 발생하는 오차를 말한다.

비표본오차

표본 추출 이외의 요인에 의하여 발생하는 오차를 말한다.

일반적으로 표본의 크기를 증가시키면 표본오차를 줄일 수 있어 모집단의 특성값에 대한 보다 더 정확한 값을 추정할 수 있다. 하지만 이것은 비표본오차를 고려하지 않을 경우에만 가능하다. 왜냐하면 표본의 크기를 증가시키면 표본오차는 감소하지만 비표본오차는 오히려 표본의 크기에 비례하여 커지기 때문이다. 따라서 표본의 크기를 무작정 크게 한다고 해서 항상 바람직한 것은 아니다. 일반적으로 표본의 크기 결정은 비용과 허용하는 표본 오차의 크기를 고려하여 결정한다.

참고사항

선거철이 되면 방송사 또는 신문사에서 후보자들의 지지율에 대한 여론조사를 한다. 이때 K방송국에서 대통령 후보자 A와 B에 대한 지지율을 조사하여 다음과 같이 여론조사결과를 방송하였다고 하자.

"전국의 성인 남녀 1,000명을 대상으로 전화 조사한 결과, A후보의 지지율은 45%, B후보의 지지율은 38%로 나타났다. 이때 조사의 신뢰수준은 95%, 표본오차는 ± 5%이다."

여기서 이야기하고 있는 신뢰수준과 표본오차는 무엇을 의미하는지 알아보도록 하자.

표본오차 ± 5% A후보의 실제 지지율 p는 전국의 성인 남녀를 전부 조사하기 전에는 그 값을 정확히 알 수 없다. 하지만 어느 정도일지 구간으로는 예측이 가능하며 이러한 예측과 관련하여 신뢰수준과 표본오차를 사용한다. 방송사에서 발표한 A후보의 지지율을 이용하여 신뢰수준과 표본오차의 의미를 알아보도록 하자.

1,000명의 표본으로부터 조사된 A후보의 지지율 $\hat{p}$은 45%이다. 이때 주어진 표본오차 ± 5%를 고려하게 되면 A후보의 실제 지지율 p는 45±5%, 즉 40%와 50% 사이에 있을 것으로 예측이 된다. 그러나 여기서 한 가지 유념해야 할 사실은 표본으로부터 측정되는 지지율 $\hat{p}$은 뽑히는 표본에 따라 틀리므로 예측되는 A후보의 실제 지지율 p도 표본에 따라 변하게 된다는 것이다. 예를 들어 1,000명의 표본을 다시 뽑았을 때 A후보의 지지율이 55%이었다고 할 때, A후보의 실제 지지율 p는 55±5% 즉, 50%와 60% 사이에 있을 것으로 그 예측이 변하게 된다. 그러면 표본을 뽑을 때 마다 변하게 되는 이러한 예측 중에서 어떤 것을 A후보의 지지율 p에 대한 예측으로 맞다고 해야 할 것인가? 라는 의문이 생기게 된다. 이러한 의문을 해결해 주기 위하여 제공되는 정보가 바로 신뢰수준 95%인 것이다.

신뢰수준 95% 전국의 성인 남녀 1,000명을 반복하여 뽑아 A후보의 실제 지지율 p가 포함되어 있을 것으로 예측되는 구간들을 구한다고 하자. 이때 신뢰수준 95%의 의미는 예측된 구간들 중 95%에 해당하는 구간들이 실제 A후보의 지지율 p를 포함하고 있고, 나머지 5%에 해당하는 구간들은 실제 지지율 p를 포함하고 있지 않다는 것을 확신할 수 있는 정도를 의미한다. 따라서 A후보의 실제 지지율이 45±5%, 즉 40%와 50% 사이에 있을 것이라고 한 예측도 그러한 정확도를 가지고 있는 예측중의 하나이며, 실제 A후보의 지지율 p가 40%와 50% 사이에 있는지는 알 수가 없는 것이다. 방송사에서 어떤 특정한 후보의 지지율을 예측할 때 하나의 표본으로부터 조사된 결과를 이용하여 발표를 하므로, 발표하는 지지율에서 서로 차이가 있게 된다. 이때 각 방송사에서 예측한 구간 중 어느 것이 옳다고 이야기할 수는 없다. 뿐만 아니라 각 방송사에서 예측한 구간이 그 후보의 실제 지지율 p를 포함하고 있는지도 알 수 없다. 단지 우리가 확신할 수 있는 것은 각 방송사들이 동일한 방법으로 표본을 반복하여 뽑아 그 후보의 지지율을 예측한다고 할 때, 신뢰수준이 95%일 경우 예측된 구간의 95% 정도가 그 후보의 실제 지지율 p를 포함하고 있을 것이라고 보는 것이다. 즉, 표본조사를 통하여 내린 결정에 대해 95%의 신뢰도를 가지고 있다는 것을 의미하는 것이라고 보면 된다.

2. 표본추출 방법

표본은 모집단의 일부이다. 따라서 표본을 대상으로 조사한 결과와 모집단을 대상으로 조사한 결과간에는 차이가 있기 마련이며, 이러한 차이를 줄이기 위하여 모집단을 잘 대표하는 표본을 뽑는다는 것은 매우 중요하다. 모집단으로부터 표본을 추출하는 방법으로 단순랜덤추출법, 층화추출법, 집락추출법, 계통추출법 등이 있다.

2.1 단순랜덤추출법

단순랜덤추출(simple random sampling) 또는 랜덤추출이란 모집단을 구성하고 있는 원소가 표본으로 뽑힐 확률이 같도록 표본을 추출하는 방법을 말한다. 이러한 방법은 뽑힐 기회가 동등하고 하나의 원소가 뽑히는 것이 다른 원소가 뽑히는 것에 영향을 주지 않기 때문에 모집단을 잘 대표할 수 있는 표본이 추출될 가능성이 높다고 할 수 있다. 모집단으로부터 표본이 랜덤추출되도록 하기 위해서 일반적으로 난수표(table of random numbers)를 이용하거나 또는 컴퓨터를 이용하여 난수를 만들어 사용한다. 난수표란 0에서 9까지의 숫자를 특별한 규칙성이 없이 흩어 놓은 표로서 부록의 <표 1>에 그 예가 주어져 있다. 난수표에 대한 구체적인 설명은 3절을 참고하기 바란다.

<u>단순랜덤추출법</u>

모집단을 구성하고 있는 원소가 표본으로 뽑힐 확률이 같도록 표본을 추출하는 방법을 단순랜덤추출법이라 한다.

단순랜덤 추출의 예 300명의 직원이 근무하고 있는 어느 전자회사에서 10명의 직원을 뽑아 회사 발전방안에 대한 의견을 수렴한다고 하자. 이때 회사 발전방안은 전체 직원의 의견이 골고루 반영되어야 하므로 표본으로 뽑히는 직원은 전체 직원을 잘 대표할 수 있도록 뽑아야 한다. 하지만 표본을 어느 특정한 날 직원식당에서 뽑는다고 하면 그날 그 장소에 있지 않은 직원은 뽑히는 대상에서 제외된다. 이러한 경우에는 난수표를 이용하여 표본을 랜덤으로 추출하면 그러한 문제는 해결할 수 있는 것이다. 여기서 단순랜덤 추출법에 의하여 표본을 추출하는 절차를 알아보도록 하자.

(단계 1) 전체 직원에게 1에서 300까지 번호를 부여한다.

(단계 2) 부록의 난수표 <표 1>에서 임의의 한 열을 선택한다. 만약 두 번째 열을 선택하였다면, 전체 직원의 수가 300명이므로 앞에서 세 자리수를 읽어 내려간다.

168 003 478 509 064 183 142 386 466
527 278 669 947 157 655 146 716 127

(단계 3) 난수가 301 이상 되거나 반복적으로 나타난 숫자는 버리고 나머지 중에서 차례로 10개를 선택한다.

168 003 064 183 142 278 157 146 127 226

(단계 4) 선택된 10개의 번호에 해당하는 직원이 표본에 해당되며, 이를 이용하여 회사 발전방안에 대한 의견을 조사하면 된다. ■

복원추출과 비복원추출

단순랜덤추출법에 의한 표본추출은 두 가지 과정으로 이루어질 수 있다. 먼저 모집단에서 한 개의 원소를 뽑은 다음 두 번째 원소를 뽑기 전에 첫 번째 뽑힌 원소를 모집단에 다시 포함시켜 추출하는 과정을 생각할 수 있으며, 이러한 방법을 **복원추출**(random sampling with replacement)이라 한다. 복원추출의 경우 첫 번째 원소가 뽑힐 확률과 두 번째 원소가 뽑힐 확률은 같으며, 두 번째 뽑히는 원소는 앞에서 뽑힌 결과에 영향을 받지 않게 된다. 다음으로 생각할 수 있는 추출 과정은 모집단에서 원소 한 개를 뽑은 다음, 뽑힌 원소를 모집단에 다시 포함시키지 않고 두 번째 원소를 뽑는 방법이며 이와같은 방법을 **비복원추출**(random sampling without replacement)이라 한다. 비복원추출의 경우 첫 번째 원소가 뽑힐 확률은 두 번째 원소가 뽑힐 확률과 다르고, 두 번째 뽑히는 원소는 첫 번째 뽑힌 결과에 영향을 받게 된다.

크기가 N인 모집단으로부터 n개의 표본을 복원추출에 의하여 뽑는다고 할 경우 표본을 뽑는 방법의 수는 총 N^n가지가 되며, 이때 각각이 표본으로 뽑힐 확률은 $1/N^n$로 동일하다. 하지만 n개의 표본을 비복원추출에 의하여 뽑을 경우 표본을 뽑는 총 방법의 수는 ${}_NC_n$가지가 되고, 이때 각각이 표본으로 뽑힐 확률은 $1/{}_NC_n$이 된다.[5)]

<u>복원추출</u>

숫자가 서로 다른 n개의 공이 들어있는 상자에서 한 개의 공을 랜덤으로 뽑아 숫자를 확인한 후 다시 집어넣고, 그리고 두 번째 공을 뽑아 또 다시 번호를 확인한 후 다시 집어넣는 방법으로 원하는 수만큼의 공을 추출하는 과정을 말한다.

<u>비복원추출</u>

상자에서 한 개의 공을 랜덤으로 뽑고 나머지 $n-1$개에서 두 번째 공을 뽑으며, 다음에는 남아있는 $n-2$개 중에서 세 번째 공을 뽑는 방법으로 원하는 수만큼의 공을 추출하는 과정을 말한다.

복원추출과 비복원추출의 예 A, B, C 3장의 카드로 이루어진 모집단에서 2장의 카드를 복원과 비복원으로 추출한다고 하자. 이때 복원과 비복원추출에 의하여 뽑힐 수 있는 표본의 종류와 이들 각각에 대한 확률을 계산해보자.

---

5) ${}_NC_n$은 N개 중에서 n개를 순서를 고려하지 않고 뽑는 방법의 가짓수이며 $\binom{N}{n}$으로 표기하기도 한다. 계산 공식은 $\binom{N}{n}=\dfrac{N!}{n!(N-n)!}$이다.

(복원추출의 경우) 모집단 {A, B, C}에서 크기가 2인 표본을 복원으로 추출할 경우 가능한 표본의 가짓수는 $9(=3^2)$가 되며, 이때 각각이 표본으로 뽑힐 가능성은 동일하므로 확률은 1/9이 되는 것이다.

(A, A), (A, B), (A, C), (B, A), (B, B), (B, C), (C, A), (C, B), (C, C)

(비복원추출의 경우) 모집단 {A, B, C}에서 크기가 2인 표본을 비복원으로 추출할 경우 가능한 표본의 가짓수는 $3(={}_3C_2)$이며, 이때 각각이 표본으로 뽑힐 가능성은 동일하므로 그 확률은 1/3이 된다.

(A, B), (A, C), (B, C)

※ 여기서 원소 A가 표본으로 뽑히는 경우는 (A, B), (A, C)의 두 가지일 때 뿐이므로 그 확률은 2/3가 된다. 또한 원소 B가 표본으로 뽑히는 경우도 (A, B), (B, C)의 두 가지가 있으므로 그 확률 역시 2/3로 동일하다. 마찬가지로 원소 C가 표본으로 뽑히는 경우도 (A, C), (B, C)의 두 가지가 있으므로 확률 역시 2/3로 동일함을 알 수 있다. 따라서 비복원으로 표본을 추출하는 방법에서도 원소 A, B, C 각각이 표본으로 뽑힐 확률은 동일하다. ■

참고사항

표본은 모집단을 잘 대표할 수 있도록 뽑혀져야 한다. 하지만 복원추출에 의하여 표본을 뽑을 경우 이미 뽑힌 원소가 다시 모집단에 포함되기 때문에 모집단에 대한 정보를 파악하는데 다소 문제가 발생하게 된다. 예를 들어 모집단이 두 개의 원소로 이루어져 있다고 가정하자. 이때 모집단으로부터 한 개의 표본을 뽑고 난 후 뽑힌 원소를 다시 모집단에 포함시키지 않는다면 두 번째 뽑히는 원소는 자동적으로 모집단에 대한 정보를 완전하게 제공하게 된다. 하지만 복원추출로 두 번째 원소를 뽑을 경우 처음에 뽑힌 원소가 다시 뽑히게 된다면 모집단과 다른 정보가 제공된다. 따라서 모집단을 잘 대표하는 표본을 뽑는다는 관점에서 볼 때 복원추출보다는 비복원추출에 의한 방법으로 표본을 뽑는 것이 바람직하다.

2.2 층화추출법

강원도에 있는 어느 소도시의 가구당 한 달 평균 육류소비량이 얼마나 되는지 알아보고자 할 경우 단순랜덤추출법에 의한 표본추출은 바람직하지 않다. 왜냐하면 그 도시의 가구별 소득수준은 다양한데 만약 단순랜덤추출법에 의하여 표본을 뽑는다면 어느 특정한 소득수준의 가구가 많이 추출될 수 있어 올바른 추정값을 얻을 수 없게 되기 때문이다. 이러한 경우에는 전체 가구를 소득수준에 따라 몇 개의 집단으로 분류한 다음, 각 집단에서 일정한 크기의 표본을 추출하여 그 표본들로부터 평균 육류소비량을 계산하는 것이 바람직하다. 이와 같이 모집단을 서로 중복되지 않는 몇 개의 층(집단)으로 분할한 후 각 층에서 정해진 크기의 표본을 랜덤추출법에 의하여 추출하는 방법을 **층화추출**(stratified sampling)이라고 한다. 층화추출법에서 층을 나누는 기본원리는 층 내의 원소들은 가능한 동질적이 되도록 하고, 층간에는 서로 이질적이 되도록 하여야 한다.

층화추출법

모집단을 서로 유사한 것 끼리 묶어 몇 개의 층으로 분할한 후 각 층에서 일정한 크기의 표본을 랜덤으로 추출하는 방법을 층화추출법이라 한다.

N개의 모집단으로부터 뽑고자 하는 표본 전체의 크기가 n일 때 각 층에 몇 개씩의 표본을 배분할 것인지는 추정값의 정도를 결정하는데 중요한 역할을 한다.

비례배분 층화추출에 의한 표본의 크기 결정

각 층내의 변동에 대한 사전정보가 없거나 또는 모든 층에 대하여 층내 변동이 같다고 판단될 경우에는 전체 표본 n을 층의 크기에 비례하게 배분하는 것이 원칙이다. 즉, 모집단을 k개의 층으로 나누었을 때 i번째 층에서 뽑아야 할 표본의 개수 n_i는 다음과 같이 계산한다.

$$n_i = n \times \frac{N_i}{N} \qquad i = 1,\ 2,\ \cdots,\ k$$

여기서 N은 모집단의 크기, N_i는 i층의 크기, n은 표본의 크기를 각각 나타낸다.

비례배분 층화추출의 예 수도권에 있는 S중학교의 전체 학생수는 300명이다. 여기서 50명의 학생을 표본으로 뽑아 전체 학생들의 평균키를 추정한다고 하자. 일반적으로 중학생들의 키는 같은 학년내의 변동보다 학년간의 변동이 크다. 따라서 이러한 경우에는 전체 학생을 각 학년별로 층화한 후 각 학년 내에서 표본을 랜덤추출하면 보다 더 정확한 추정값을 얻을 수 있다. 50명의 학생을 비례배분 층화추출법에 의하여 추출하기 위해서는 다음과 같은 절차를 거쳐야 한다.

(단계 1) 전체 학생을 1학년, 2학년, 3학년 세 개의 층으로 나눈다.

(단계 2) 각 층에서 뽑아야 할 표본의 크기 n_i를 다음 공식에 의하여 결정한다.

$$n_i = 50 \times \frac{i\text{학년 학생수}}{300} \qquad i = 1,\ 2,\ 3$$

(단계 3) 계산된 표본의 크기만큼 각 학년별로 단순랜덤추출법에 의하여 뽑는다.

(단계 4) 뽑혀진 50명의 키를 조사하여 그 평균을 계산한다. ■

최적배분 최적추출

층화추출의 주된 목적은 추정량의 분산을 최소로 하여 보다 정확하게 모집단의 특성값을 추정하는 데 있다. 따라서 각 층의 분산 σ_i와 크기 N_i를 알고 있다면 분산과 층의 크기가 큰 경우에는 표본수를 많이 배분하고, 분산과 층의 크기가 작을 경우에는 표본수를 적게 배분하는 것이 타당하다. 이와 같이 각 층의 분산과 크기에 대한 정보가 주어질 경우 전체 표본을 층의 분산과 크기에 비례하도록 배분하는 방법을 **최적배분**이라 한다. 최적배분에 의하여 각 층에서 뽑아야 할 표본의 개수 n_i는 다음과 같이 계산한다.

$$n_i = n \times \frac{N_i \sigma_i}{\sum_{i=1}^{k} N_i \sigma_i} \qquad i = 1,\ 2,\ \cdots,\ k$$

최적배분 층화추출의 예 최근 경제 불황으로 인하여 건설업체들이 연쇄적으로 도산할 위기에 있으며, 이로 인하여 건설회사에 근무하는 많은 근로자들이 실업자로 전락할 처지에 놓여 있다. 정부에서는 이에 대한 대책을 연구하고 있는 중이며, 이의 일환으로 건설회사에 근무하고 있는 근로자들의 의견을 청취하고자 한다. 정부에서는 조사를 위한 시간과 비용문제를 고려하여 100명의 근로자를 뽑아 의견을 수렴할 계획이며, 표본은 건설회사의 규모가 다양하기 때문에 근로자수를 고려하여 <표 3.1>과 같이 4개 집단으로 분류하여 뽑기로 하였다. 각 집단에서 뽑아야 할 표본의 수를 최적배분법에 의하여 계산해 보도록 하자.

|표 3.1| 건설회사 규모에 따른 분류 현황

회사규모 (근로자 수)	회사수(N_i)	근로자 수	표준편차(σ_i)
1000명 미만	752	181,560	38
1000명~2000명 미만	225	234,291	25
2000명~3000명 미만	58	271,616	29
3000명 이상	29	273,582	32
계	1,064	961.049	

(표본 크기의 계산) 먼저 $\sum N_i \sigma_i$를 계산하면

$$\sum N_i \sigma_i = (752 \times 38) + (225 \times 25) + (58 \times 29) + (29 \times 32) = 36,811$$

따라서 각 집단에서 뽑아야 할 표본의 크기는 다음과 같이 계산된다.

$$n_1 = 100 \times \frac{752 \times 38}{36,811} \approx 78$$

$$n_2 = 100 \times \frac{225 \times 25}{36,811} \approx 15$$

$$n_3 = 100 \times \frac{58 \times 29}{36,811} \approx 5$$

$$n_4 = 100 \times \frac{29 \times 32}{36,811} \approx 2$$

층화추출법의 장점은 모든 층에서 표본이 추출되므로 모집단을 잘 대표하는 표본이 추출될 가능성이 높으며, 또한 각 층별로 추정값을 계산할 수 있으므로 층간의 비교가 가능하다는 것이다. 반면에 모집단을 몇 개의 층으로 나누기 위해서는 모집단에 대한 사전 정보가 필요하며, 또한 층을 나누는데 있어 별도의 시간이 소요된다는 단점이 있다. ■

2.3 집락추출법

모집단이 자연적으로 집단을 형성하고 있거나 또는 인위적으로 집단화되어 있을 경우 이러한 집단(집락이라 함)을 추출단위[6]로 하여 몇 개를 랜덤으로 추출한 후 추출된 집단 전부를 조사하거나 또는 추출된 집단에서 일정한 크기의 표본을 추출하여 조사하는 방법을 **집락추출**(cluster sampling)이라 한다. 예를 들어 어느 과학고 3학년이 6개 반으로 편성되어 있다고 할 때, 이 중에서 2개반을 랜덤으로 추출한 후 뽑힌 2개반 학생 전체를 표본으로 하거나 또는 뽑힌 2개반을 모집단으로 간주하여 표본을 랜덤추출하는 경우가 이에 해당된다. 집락추출법은 조사과정이 간편하고 비용을 절감할 수 있는 장점은 있으나 표본으로 뽑힌 집단들간의 차이로 인하여 다른 추출법에 비하여 표본오차가 크게 될 가능성이 있다.

6) 단순랜덤추출법에서는 조사단위 그 자체가 추출단위가 되나 집락추출법에서는 조사단위의 모임인 집락이 추출단위가 된다.

집락추출법

모집단이 자연적이든 인위적이든 집락을 형성하고 있을 때 집락들 중 몇 개를 표본으로 랜덤추출한 후, 추출된 집락을 전부 조사하거나 또는 추출된 집락에서 표본을 추출하는 방법을 집락추출법이라 한다.

집락추출의 예 경기도 일산시에 거주하는 상당수의 주민들은 대중교통 또는 자가용을 이용하여 서울로 출퇴근함에 따라 다른 생활비에 비하여 교통비의 지출이 많은 편이다. 이에 일산시청에서는 주민들의 가구별 월 교통비 지출액을 집락추출법을 이용하여 알아본다고 하자. 이때 다음과 같은 절차를 거치면 된다.

(단계 1) 반을 추출단위로 하기 위하여 일산시의 모든 반에 대한 명부를 작성한다(여기서는 반이 집락이 됨).

(단계 2) 정해진 개수만큼의 반을 랜덤으로 추출한다.

(단계 3) 추출된 반 내의 모든 가구들을 대상으로 월 교통비를 조사한 후 평균을 계산한다. ■

참고사항

층화추출과 집락추출의 차이는 다음과 같다. 첫째, 층화추출은 모든 층(집단)에서 표본이 추출되지만 집락추출에서는 추출된 몇 개 집단 그 자체가 표본이 된다. 둘째, 층화추출과 집락추출은 다 같이 모집단을 몇 개의 집단(층 또는 집락)으로 구분하지만, 층화추출은 각 층내의 분산을 최소화하기 위하여 동질적인 것끼리 묶어서 층을 만든다. 따라서 층간에는 이질적, 층내는 동질적이 되도록 해야 한다. 반면에 집락추출은 추출된 집락만을 전수조사 또는 표본조사 하므로 집락간에는 서로 동질적, 집락내는 서로 이질적이 되도록 해야 한다.[7)]

● 다단계 집락추출

여러 단계에 걸쳐 집락을 랜덤으로 추출한 후, 그 집락 안에서 표본을 랜덤추출하는 방법을 **다단계 집락추출**(multi-stage cluster sampling)이라 한다. 예를 들어 서울에 있는 대학교 학생들의 의식조사를 할 경우, 먼저 대학을 선정하고, 선정된 대학에서 과를 다시 선정한 후, 선정된 과에서 학생을 뽑는 방법이 바로 이러한 경우에 해당된다.

다단계 집락추출의 예 최근 각종 단체들이 서울 시내 한복판에서 시위를 개최함에 따라 심한 교통체증 유발과 함께 많은 시민들에게 불편을 제공하고 있다. 이에 서울시에서는 이러한 집회에 대한 시민들의 의식조사를 일부시민을 대상으로 조사하고자 한다. 이때 다단계 집락추출법으로 표본을 추출하고자 할 경우, 다음과 같은 절차를 거치게 된다.

(단계 1) 서울시의 25개구 중에서 몇 개구를 랜덤으로 선정한다(여기서 구가 집락이며, 제 1 추출단위가 됨).

(단계 2) 선정된 구에서 몇 개의 동을 랜덤으로 추출한다(여기서 동이 집락이며, 제 2 추출단위가 됨).

(단계 3) 추출된 동에서 몇 개의 통을 랜덤으로 추출한다(여기서 통이 집락이며, 제 3 추출단위가 됨).

(단계 4) 통에서 정해진 크기만큼의 가구를 랜덤으로 추출한다. 여기서 가구가 최종 추출단위이면서 조사단위가 된다. ■

2.4 계통추출법

계통추출법은 일정한 간격을 두고 표본을 추출하는 방법으로서 간편하고 쉽기 때문에

---

7) 집락추출은 각 집락들이 모집단의 특성을 골고루 가진다고 판단될 경우 사용하는 것이 바람직하다.

대규모 조사에서 주로 많이 사용된다. 표본 추출간격은 모집단의 크기 N을 표본의 크기 n으로 나눈 값 N/n이 된다. **계통추출**(systematic sampling)은 추출방법이 간단하고 모집단 전체에서 골고루 표본을 뽑을 수 있다는 장점을 가지고 있으나, 모집단이 주기적으로 배열되어 있을 경우에는 편중된 표본을 얻게 된다. 따라서 모집단의 구성원소를 배열할 때에는 랜덤으로 하여야 하고, 첫 번째 표본은 반드시 랜덤하게 추출되어야 한다. 계통추출법은 전화번호부, 연감, 군번, 학번, 선거인 명부 등을 이용하여 표본을 얻고자 할 경우에 많이 사용되고 있다.

> **계통추출법**
>
> 모집단을 구성하고 있는 원소들의 목록에서 첫 번째 표본을 랜덤으로 추출한 후, 두 번째 표본부터는 일정한 간격을 두고 추출하는 방법

계통추출의 예 H자동차 회사에서는 지난해 생산되어 판매된 차량에 대한 고객 만족도를 조사하기 위하여 구매 고객 50,000명 중 1,000명을 표본으로 뽑아 조사하려고 한다. 이때 단순랜덤추출법에 의하여 표본을 추출할 경우, 1에서 50,000 사이의 숫자 중에서 1,000개를 난수표를 이용하여 뽑아야 한다. 이러한 일은 지루하면서 시간이 많이 걸리는 일이다. 이러한 경우에는 계통추출법을 사용하는 것이 바람직하다. 계통추출을 통한 1,000명의 표본추출은 다음과 같은 요령에 의하여 이루어진다.

(단계 1) 50,000명의 구독자를 한글 자모순에 의하여 정리한다.

(단계 2) 표본 추출간격을 50(=50,000/1,000)으로 결정한다.

(단계 3) 1번부터 50번 사이에서 랜덤으로 한 숫자를 뽑는다.

(단계 4) 뽑힌 숫자가 예를 들어 35라고 할 때 이를 기준으로 매 50번째의 구독자를 표본으로 택한다. 즉 35, 85, 135, …49,985번째의 고객을 표본으로 선택하면 되는 것이다. ■

3. 난수와 난수표의 사용

모집단에서 표본을 뽑을 때 '랜덤'으로 추출하는 것은 중요하다. 여기서 '랜덤'이란 모집단을 구성하고 있는 어떠한 원소도 뽑힐 가능성이 동일하며, 하나의 원소가 뽑히는 것이 다른 원소가 뽑히는 것에 영향을 주지 않도록 보장된 추출방법을 말한다. 이러한 랜덤성을 보장하기 위한 방법 중 하나로 이용되고 있는 것이 난수표이다. 이 절에서는 난수가 무엇이며, 난수는 어떻게 만들어지는지, 그리고 만들어진 난수표를 어떻게 사용하는지에 대해서 알아보도록 하겠다.

3.1 난수와 난수표의 의미

난수(random numbers)란 0, 1, 2, ⋯, 9 등 10개의 수 각각이 뽑힐 가능성이 동일하며, 반복하여 수를 뽑을 경우 나중에 뽑히는 수는 먼저 뽑힌 수와는 아무런 관련성이 없도록 만들어진 과정을 통해서 생성된 수를 말한다. 그리고 이러한 과정을 통하여 생성된 수를 표로 정리하여 놓은 것을 **난수표**(table of random numbers)라 한다.[8] TV의 주택복권 추첨에서 0에서 9까지의 숫자를 적어놓은 원판을 회전시켜 화살을 발사한 후, 화살이 명중한 원판의 번호를 읽는 과정은 난수를 생성하는 과정과 동일하다고 할 수 있다. 즉, 여기서 0에서 9까지의 수 각각은 뽑힐 가능성이 동일하며, 원판을 돌리는 시행은 서로 독립적이라고 할 수가 있다.

<표 3.2>에 주어진 것은 난수표의 한 예이다. 여기서 난수는 5개가 한 묶음으로 되어 마치 00000부터 99999까지의 숫자가 나열되어 있는 것처럼 보인다. 하지만 이것은 표를 읽기 쉽도록 하기 위한 것일 뿐이므로, 숫자를 읽어들일 때에는 00000부터 99999로 보기보다는 모든 숫자가 연결된 것으로 생각하는 것이 바람직하다.

---

8) 난수표란 0에서 9까지의 숫자를 특별한 규칙성이 없이 흩어 놓은 표라고 할 수 있다.

|표 3.2| 난수표의 예

행＼열	(1-5)	(6-10)	(11-15)	(16-20)	(21-25)	(26-30)	(31-35)
001	60578	06483	28733	37867	07936	98710	98539
002	91240	18312	17441	01929	18163	69201	31211
003	97458	14229	12063	59611	32249	90466	33216
004	35249	38646	34475	72417	60514	69257	12489
005	38980	46600	11759	11900	46743	27860	77940
006	10750	52745	38749	87365	58959	53731	89295
007	36247	27850	73958	20673	37800	63835	71051
008	70994	66986	99744	72438	01174	42159	11392
009	99638	94702	11463	18148	81386	80431	90628
010	72055	15774	43857	99805	10419	76939	25993

3.2 난수를 얻는 방법

숫자표

난수표를 얻는 방법은 여러 가지가 있지만 그 중 가장 손쉬운 방법으로는 각 숫자가 뽑힐 확률이 동일하며, 뽑히는 숫자 간에는 서로 독립이라는 두 가지 조건이 만족된다고 판단되는 숫자표로부터 난수를 얻는 것이다. 이러한 숫자표의 예로서는, 수학 교과서 부록에서 쉽게 볼 수 있는 로그표, 제곱근표 또는 전화번호부나, 달력, 연감 등을 꼽을 수 있다. 하지만 이러한 표에 포함되는 값들은 어떤 특정한 목적에 따라 만들어지기 때문에 그 숫자들은 어떤 형태를 이루고 있을 가능성이 있으므로 사용에 주의를 기울여야 한다. 전화번호부 같은 경우 어떤 특정회사들의 전화번호는 0 또는 1이 많이 들어가 있으므로 전화번호부를 이용하여 난수를 얻고자 할 때에는 적어도 그러한 전화번호들은 제거할 필요성이 있으며, 달력과 연감 등에 기록되어 있는 숫자들은 일반적으로 주기적인 경향을 띠고 있는 경우가 대부분이다.

원판

난수를 얻는 또 다른 방법으로는 주택복권의 당첨번호를 추첨하는 것과 같이 원판을 10등분하여 0에서 9까지의 숫자를 각각 기록하여 회전시킨 후, 화살을 발사하여 화살이 명중한 숫자를 기록하는 방법이 있다.

컴퓨터

많은 컴퓨터 소프트웨어는 난수를 발생시키는 프로그램을 가지고 있으며, Excel과 SAS 프로그램에서는 다음과 같은 요령으로 사용하면 된다.

EXCEL의 사용 예 메뉴 표시줄의 [도구]-[데이터분석]-[난수생성]을 차례로 클릭한 후 난수생성 대화상자에서 '변수의 개수(반복횟수를 의미)', '난수의 개수(필요한 개수를 입력)', '분포의 종류(여기서는 분포를 선택)', '난수시드(초기값을 입력)', '출력옵션'을 지정하여 '확인'을 클릭하면 요구하는 난수가 생성되어 출력된다.

SAS의 사용 예 [편집창]에서 다음과 같이 프로그램을 작성하면 된다.

※ (0, 1) 구간에서 50개의 난수 생성을 위한 SAS 프로그램

```
DATA sample ;
DO n=1 To 50 ;
    x=RANUNI(18735) ;
OUTPUT ;
END ;
RUN ;
PROC PRINT DATA=sample NOOBS ;
VAR x ;
RUN ;
```

기타 방법

위의 방법 이외에도 카드를 이용하거나 또는 잘 섞여진 바구니로부터 번호가 적혀있는 공을 뽑는 방법 등이 있다. 하지만 이러한 방법들은 시간이 너무 많이 소요되므로 일반적으로 컴퓨터를 이용하여 난수를 많이 생성한다.

3.3 난수표의 사용 예

동전을 던지는 실험의 시뮬레이션

난수표를 이용하면 우연성과 관련된 실험을 시뮬레이션 할 수 있어 빠른 시간내에 원하는 확률을 구할 수 있다. 예를 들어 동전을 던지는 실험을 난수표를 이용하여 시뮬레이션 해보도록 하자. 난수표는 0에서 9까지의 10개의 숫자로 구성되어 있으며, 각 숫자가 일어날 확률은 1/10이다. 그리고 10개의 숫자 중 짝수(여기서 0은 짝수로 처리함)와 홀수가 각각 5개이므로, 짝수 또는 홀수가 일어날 확률은 각각 1/2이 된다. 한 개의 동전을 던졌을 때 앞면 또는 뒷면이 나타날 확률도 각각 1/2이므로 이것은 동전을 던지는 것과 동일한 상황이 되는 것이다. 따라서 난수표로부터 난수를 읽어들여 짝수일 때에는 H(앞), 홀수일 때에는 T(뒤)로 기록하면 동전을 던질 때와 동일한 결과를 얻게 된다. 예를 들어 난수표로부터 10개의 난수 9 4 7 8 8 1 4 9 2 7을 얻었다고 할 때 시뮬레이션을 통한 결과는 다음과 같이 된다.

T H T H H T H T H T

이것은 실제 동전을 던져 나타난 결과를 하나하나 기록하는 것보다 훨씬 빠르며, 또한 동전의 앞면과 뒷면이 나올 가능성이 똑같은 균일한 동전이냐 아니냐, 또는 동전을 던질 때 공정하게 던졌느냐 던지지 않았느냐 하는 등의 시비에 대해서도 염려할 필요가 없게 된다.

그렇다면 동전을 3번 던졌을 때 3번 모두 앞이 나올 확률은 어떻게 구할 수 있을까? 이 문제는 3개로 짝지어진 50개의 난수를 읽어 각 짝을 위에서와 같이 H와 T로 바꾸어 기록하면 된다. 예를 들어 <표 3.2>에서 3번째 행을 선택하여 각 열에서 세 자리씩 숫자를 읽어 나가면 다음과 같이 된다.

974 142 120 596 322 904 332 352 386 ⋯

따라서 동전을 3번 던졌을 때 나타난 결과는

TTH THH THH TTH THH THH TTH TTH THH ⋯

가 되며, 이러한 시뮬레이션 결과를 정리하면 <표 3.3>과 같다고 하자.

|표 3.3| 동전을 3번 던지는 실험을 50회 반복하였을 때 앞이 나타난 결과

H의 수	0	1	2	3
도수	6	14	20	10

앞이 한 번도 나타나지 않거나 3번 모두 앞일 가능성은 동일하므로 각 확률은 6과 10의 평균을 전체 횟수로 나눈 값 즉, 0.16(=8/50)이 된다. 그러나 이들의 정확한 확률값은 0.125(=1/8)이며, 여기서 구한 0.18은 0.125와 다소 차이가 있다. 하지만 시뮬레이션을 100번, 1000번, 10,000번 등 그 시행횟수를 늘리면 0.125에 아주 가까운 값을 얻을 수 있을 것이다. 그리고 앞이 한번 또는 두 번 나타날 가능성 역시 동일하므로 각 확률은 14와 20의 평균을 전체 횟수로 나눈 값 즉, 0.34(=17/50)가 된다. 하지만 이들의 정확한 확률값은 0.375(=3/8)이다.

주사위를 던지는 실험의 시뮬레이션

주사위의 각 면에는 1에서 6까지의 숫자가 기록되어 있으며, 각각이 일어날 확률은 1/6로 동일하다. 이러한 경우에는 난수표로부터 난수를 읽어 들인 후 0, 7, 8, 9 등 4개의 수를 무시하면 된다. 예를 들어 <표 3.2>의 첫 번째 행에서 6번째 열을 선택하였을 경우 위에서 아래로 첫째 자리 숫자를 읽어 내려가면 다음과 같다.

0 1 1 3 4 5 2 6 9 1 6 8 4 8 6 2 7 6

여기서 0, 7, 8, 9인 숫자를 버리면 주사위를 던진 결과는 다음과 같이 된다.

1 1 3 4 5 2 6 1 6 4 6 2 6

순서의 결정

어떤 집단 속에 포함되어 있는 사람들을 대상으로 랜덤하게 순서를 정하고자 할 경우 난수표를 이용하면 된다.

난수표를 이용한 순서의 결정 예 A 방송국에서는 한류열풍을 일으키고 있는 연예인들 중에서 배용준, 최지우, 이영애, 김정은, 권상우 등 5명을 매주 한명씩 초청하여 각각의 활동 경험담을 들어보는 프로그램을 준비하고 있다. 이때 초청 순서를 랜덤하게 정한다고 할 때 어떻게 난수표를 이용하는지 알아보도록 하자.

난수표는 0에서 9까지 10개의 숫자로 구성되어 있으므로 5명에게 다음 표와 같이 2개씩 숫자를 부여한다. 그런 후에 난수표로부터 임의의 한 열 또는 한 행을 선택하여 숫자를 읽어 들여 초청 순서를 결정하면 된다.

|표 3.4| 연예인 별 할당 번호

이 름	배용준	최지우	이영애	김정은	권상우
할당 번호	1, 2	3, 4	5, 6	7, 8	9, 0

예를 들어 주사위를 두 번 던져 3과 4가 나왔다고 하면 <표 3.2>의 난수표로부터 3행 4열을 시작으로 옆으로 가면서 숫자를 차례대로 읽어 들이면 된다.

5 8　　1 4 2 2 9　　1 2 0 6 3

첫 번째 숫자 5는 이영애에게 부여되었므로 이영애를 첫 번째 초청 대상자로, 두 번째 숫자 8은 김정은에게 부여된 숫자이므로 김정은을 두 번째 초청 대상자로, 세 번째 수는 1이므로 배용준을, 네 번째는 4이므로 최지우를 초청 대상자로 각각 배정하면 된다. 그러나 다섯 번째 숫자 2는 배용준에게 할당된 숫자이지만 이미 배용준은 초청 순서가 결정되었기 때문에 2는 무시하고 그 다음 숫자를 읽어 들이면 된다. 그 다음 숫자 2 역시 무시하고 그 다음 숫자를 읽어 들이면 9가 되므로 권상우가 마지막 초청자가 되는 것이다. [9)]

9) 여기서는 10개의 수 모두를 5명에게 두 개씩 할당하여 사용할 수 있었다. 하지만 만약 6사람을 랜덤하게 순서를 정한다고 할 경우에는 한 사람에게 하나의 숫자를 부여한 후, 나머지 4개의 숫자를 무시하면 된다.

참고사항

5명의 순서를 결정하는 총 방법의 수는 120 (=5!) 가지가 있다. 그렇다면 여기에서처럼 난수표를 이용하는 과정 속에서 120가지 각각이 뽑힐 확률은 왜 똑같다고 이야기할 수 있을까?

어떤 특정한 한 가지 순서, 예를 들어 배용준-최지우-이영애-김정은-권상우 순으로 뽑힐 확률을 계산해 보자. 0에서 9까지의 각 숫자가 뽑힐 확률은 1/10이므로 두 개의 숫자가 뽑힐 확률은 1/5 (=2/10) 이 된다. 따라서 배용준이 첫 번째 초청자가 될 확률은 1/5이다. 일단 첫 번째 초청자로 배용준이 결정되면 1과 2의 숫자는 무시되므로 남은 숫자는 8개가 되며, 이때 각 숫자가 뽑힐 확률은 1/8이 된다. 그리고 최지우에게 부여된 수는 3과 4이므로 최지우가 두 번째 초청자가 될 확률은 1/4 (=2/8) 이 되는 것이다. 배용준과 최지우가 결정되면 남은 숫자는 6개 이므로, 각각이 뽑힐 확률은 1/3 (=2/6) 이 되고, 이러한 방식으로 각각의 확률이 결정되면 배용준-최지우-이영애-김정은-권상우 순서로 초청자가 결정될 확률을 다음과 같이 계산된다.

$$\frac{1}{5}\times\frac{1}{4}\times\frac{1}{3}\times\frac{1}{2}\times\frac{1}{1}=\frac{1}{5!}$$

동일한 요령으로 다른 순서에 대해서 확률 계산을 하면 동일한 값을 얻을 수 있다. 따라서 120가지의 순서 각각이 뽑힐 확률은 똑같다고 할 수 있는 것이다.

제 4 장

확률의 이해

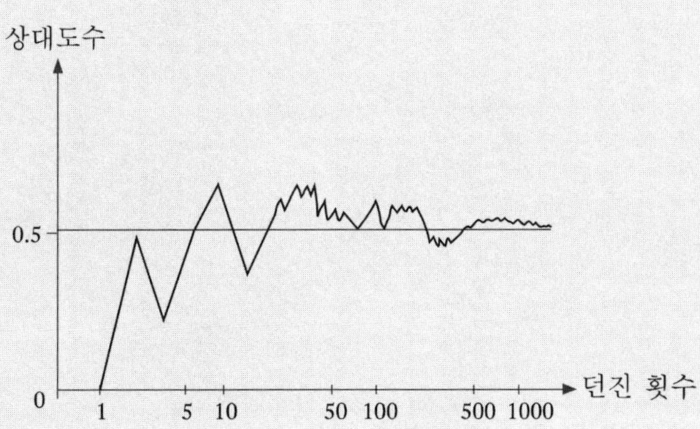

자료 분석의 철학자 투키(John W. Tukey: 1915~2000)

투키는 미국 브라운 대학에서 화학를 공부하였으나 그 후 수학으로 방향을 바꾸어 1937년 프린스턴 대학에서 수학박사 학위를 취득하였다. 그리고 2차대전 동안, 그 당시 유명한 통계학자 브라운(G. W. Brown), 윈스(C. P. Winsor), 딕슨(W. Dixon), 윌크스(S. S. Wilks), 그리고 코크란(W. G. Cochran) 등과 함께 총의 명중도와 폭격기의 폭탄 투하에 대한 정확도 분석 등의 연구를 하면서 통계학으로 방향을 바꾸었다. 전쟁 이후, 투키는 프린스턴대학으로 돌아와 교수와 학자로서 활동을 하면서 의사들이 환자에게 사용하는 마취제의 안전성과 관련된 문제, 인간 성행위에 대한 킨지 연구, 대기 수준과 환경오염 등에 관한 문제를 통계학적으로 연구하는 데 많은 관심을 가졌었다.

투키는 2차대전 동안 전쟁과 관련된 문제를 처리하면서 자료를 효과적으로 표현할 수 있는 도구로써 상자그림(box plot)과 줄기-잎 그림(stem-and-leaf plot)을 고안하였으며, 또한 다중비교(multiple comparison)를 위한 공식도 개발하였다. 투키는 통계학 분야에 커다란 기여를 하였지만, 그가 이룬 가장 중요한 업적은 자료 분석 방법을 발전시켜 통계학자들의 사고방식을 바꿔놓았다는 점이다.

1. 기본 용어의 이해

우리는 반복된 실험이나 관측, 또는 과거의 경험을 통해서 어떤 사건이 발생할 가능성을 사전에 예측할 수 있으며, 이러한 예측을 수학적으로 표현하기 위하여 확률을 사용한다. 확률에 대한 개념은 우리들에게 전혀 생소한 것이 아니라 일상생활의 대화에서 자주 접하게 된다. 예를 들어 심장이식 수술을 성공할 확률이 0.9라든지, 기상청에서 이번 주말에 비가 올 가능성이 60%라고 하는 것 등이다. 확률에 대한 기본 개념을 정확하게 이해하기 위해서는 랜덤 실험, 표본공간, 그리고 사건이라는 용어에 대한 이해가 필요하다.

● 랜덤 실험

확률에 대한 기본 개념과 용어는 동전이나 주사위 또는 카드 등 일반적으로 우리 주변에서 쉽게 접할 수 있는 물건들을 이용하여 소개되어지곤 한다. 예를 들어 빨간색과 파란색의 주사위 두 개를 던진다고 가정해 보자. 이때 어떤 사람은 빨간색 주사위에서는 3, 파란색의 주사위에서는 6이 나올 것으로 생각할 수 있으며, 다른 사람은 빨간색과 파란색 주사위 모두에서 6이 나올 것으로 생각할 수도 있다. 여기서 우리는 주사위 두 개를 던질 때 나타날 수 있는 가능한 결과는 모두 36가지라는 것을 이미 알고 있다. 하지만 주사위를 실제로 던지기 전까지는 그 중에서 어떤 결과가 나타날지 아무도 알지 못한다. 이러한 현상하에서 이루어지는 실험을 **랜덤 실험**(random experiment) 또는 **통계적 실험**(statistical experiment)이라고 한다. 즉, 랜덤 실험이란 실험으로부터 얻을 수 있는 모든 가능한 결과는 알고 있지만 어느 것을 얻게 될지 실험을 실행하기 전에 알지 못하는 하나의 과정을 말한다.

● 표본공간과 사건

골프 게임에서 '심리적 사기저하'란 말이 있다. 예를 들어 골프선수 A가 골프선수 B에게 게임에서 한 번도 이긴 적이 없다고 하자. 이때 A는 앞으로 하게 될 게임에서도 B에게

질 가능성이 크다고 한다. 왜냐 하면, A는 여태껏 게임에서 졌던 것으로 인하여 B에게 벌써 심리적으로 위축되어 있기 때문이다. 여기서 골프선수 A와 B가 이전까지의 시합결과를 무시하고 단 두 번의 시합으로 강자를 가린다고 하자. 이때 A와 B 두 선수가 실제 시합을 하기 전까지는 어떤 결과가 일어날 지 아무도 알 수 없다. 하지만 A에게 일어날 수 있는 가능한 결과들이 무엇인지는 미리 예상할 수 있다. 즉, 시합에서 이기는 경우를 W, 비기는 경우를 T, 지는 경우를 L이라 표기할 때 A에게 일어날 수 있는 모든 가능한 결과는 다음과 같게 된다.

{WW, WT, WL, TW, TT, TL, LW, LT, LL}

이와 같이 랜덤 실험에서 일어날 수 있는 모든 가능한 결과들을 모아놓은 집합을 **표본공간**(sample space)이라고 한다. 만약 두 번의 시합 중에서 A가 두 번 모두 이길 확률 즉, {WW}일 확률을 알고 싶다든지 또는 A가 두 게임 중 한 번만 이길 확률 즉, {WT, WL, TW, LW}일 확률을 알고 싶다고 하자. 이러한 경우 우리는 사건에 대해서 이야기를 하게 된다. **사건**(event)이란 랜덤 실험에서 얻을 수 있는 모든 결과들 중에서 특별히 관심을 가지는 결과들의 집합을 말한다.[1)]

표본공간

랜덤 실험에서 나타날 수 있는 모든 가능한 결과들의 집합을 말한다.

사건

표본공간내의 결과들 중 특별히 관심을 가지는 결과들의 집합을 말한다.

하나의 표본공간 내에서 어떤 사건들이 주어지게 되면 다음과 같은 정의를 이용하여 새로운 사건들을 만들어낼 수 있다.

1) 수학적 의미로서 사건은 표본공간의 부분집합을 말한다. 일반적으로 표본공간은 S, 사건은 영문 대문자 A, B, C 또는 동일한 영문자로 E_1, E_2, ⋯ 등으로 표기한다.

정의) 두 사건 A와 B가 있을 때

(1) 합사건($A \cup B$) : 적어도 A와 B 어느 하나에 속하는 모든 결과를 포함하는 사건

(2) 적사건($A \cap B$) : 두 사건 A와 B에 동시에 속하는 모든 결과를 포함하는 사건

(3) 여사건(A^c) : 사건 A에 속하지 않는 모든 결과를 포함하는 사건

(4) 공사건($\varnothing$) : 결과를 포함하지 않는 사건 즉, 가능하지 않은 사건

(5) 배반사건 : 두 사건 A와 B가 공통인 결과를 포함하고 있지 않을 때 즉, $A \cap B = \varnothing$ 일 때 두 사건 A와 B는 서로 배반사건이라 한다.

A와 B의 골프시합에서 A가 한번 지는 사건을 E_1, 두 번 모두 지는 사건을 E_2라 할 때

$$E_1 = \{\text{WL, TL, LW, LT}\}$$

$$E_2 = \{\text{LL}\}$$

이 된다. 이때 A가 적어도 한 번 지는 사건은

$$E_1 \cup E_2 = \{\text{WL, TL, LW, LT, LL}\}$$

이고, 여기서 $E_1 \cap E_2 = \varnothing$ 이므로 E_1과 E_2는 서로 배반사건이 된다.

2. 확률의 정의

2.1 고전적 정의

17세기 당시의 주사위는 6개의 면에 서로 다른 결과가 나타나도록 표시를 한 후, 각 면이 나타날 가능성이 거의 동일하도록 제작되었다. 따라서 수학자들은 각 면이 나타날 확률은 1/6이 된다고 생각하였으며, 만약 나타날 수 있는 결과가 N가지이고 각각이 나타날 가능성이 똑같다고 할 경우 어느 하나의 결과가 일어날 확률은 당연히 $1/N$이라고 생각하였다. 이러한 개념으로 라플라스(P. Laplace)에 의하여 고전적 정의라고 알려진 확률 계산법이 정의되었으며, 학자들은 이러한 정의 아래에서 확률 문제를 해결하였다.

<u>고전적 정의</u>

n개의 결과를 포함하는 표본공간 $S=\{s_1, s_2, \cdots, s_n\}$에서 각 결과가 일어날 가능성이 동일하다면, f개의 결과를 포함하고 있는 사건 A의 확률은

$$P(A)=\frac{f}{n}$$

고전적 정의에 의하면 확률은 단순히 표본공간에 있는 전체 결과의 개수와 관심을 가진 사건 속에 포함된 결과의 개수를 세어 계산하면 된다. 여기서 중요한 것은 표본공간내의 모든 결과들이 발생할 가능성은 똑같아야 한다는 것이다. 동전을 던진다든지 주사위를 굴린다든지, 또는 고루 섞인 52장의 카드로부터 카드 한 장을 뽑는 것은 각각의 결과가 발생할 가능성이 동일한 실험의 전형적인 예가 된다.

참고사항

고전적 정의를 적용할 수 없는 경우 고전적 정의는 각 결과들이 발생할 가능성이 동일하다고 간주되는 상황에 적합한 확률 계산법이다. 하지만 보험료를 산정하는 경우 고전적 정의를 적용할 수 없다. 예를 들어 자동차 보험회사에서 보험료를 산정할 때 25세 청년과 45세 중년의 사고율이 동일하다고 보지 않는다. 왜냐하면, 45세 중년이 교통사고를 일으킬 가능성은 일반적으로 25세 청년보다 작기 때문이다. 이러한 이유로 45세 중년의 기본 보험료는 25세 청년의 기본 보험료에 비하여 싸게 책정되어지는 것이다.

고전적 정의에 의해서 확률을 계산할 수 없는 또 다른 예로는 기하학적인 특징을 가진 상황을 들 수 있다. 예를 들어 가로 30cm, 세로 30cm인 정사각형 판자에 반경이 10cm인 원을 그린 후, 화살을 쏘아 원안에 맞으면 10점, 원의 바깥에 맞으면 5점을 얻는 게임을 한다고 하자. 이때 화살이 원의 안과 바깥에 명중할 가능성이 동일하다고 생각하는 것은 옳지 않다. 이러한 경우 화살이 원안에 명중할 확률은 전체 사각형 면적에 대한 원의 면적 비로 계산하는 것이 타당할 것이다. 즉,

$$\frac{\text{원의 면적}}{\text{정사각형의 면적}} = \frac{\pi r^2}{a^2} = \frac{\pi(10)^2}{30^2} = \frac{314}{900} \approx 0.35$$

2.2 상대도수적 정의

일찍부터 과학자들은 랜덤 실험을 할 때 어떤 사건은 상대적으로 많이 발생하고 어떤 사건들은 적게 발생하나 그러한 실험을 많이 반복하면 할수록 그 결과는 어떤 하나의 규칙을 가지고 나타난다는 것을 발견하였다. 예를 들어 동전 한 개를 10번 던져 앞면이 나타나는 횟수를 관측하는 실험에서 <표 4.1>과 같은 결과가 나타났다고 하자.

|표 4.1| 동전을 10번 던지는 실험에서 앞면이 나타난 횟수

던진 횟수	1	2	3	4	5	6	7	8	9	10
앞면의 횟수	0	1	2	3	3	3	4	5	5	5
상대도수	0	0.5	0.667	0.75	0.6	0.5	0.571	0.625	0.556	0.5

여기서 한 가지 의문점은 균등한 동전이라면 앞면이 나타날 확률이 0.5가 되어야 하는데 위의 표에서 보면 반드시 그렇지 않다는 것이다. 그렇다면 앞면이 나타날 확률이 0.5가 아니라는 것인가? 그렇지는 않다. 동전을 2번 던질 경우 정확하게 앞면과 뒷면이 한 번씩, 10번 던질 경우 정확히 5번은 앞면, 5번은 뒷면이 나온다는 것이 아니라 던지는 횟수를 무수히 반복하였을 때 앞면과 뒷면이 거의 반반씩 나온다는 것이다. <표 4.1>에서 던지는 횟수가 적을 경우에는 앞면이 나타나는 상대도수의 변화폭이 큰 반면에, 던지는 횟수가 많아질수록 그 변화폭은 조금씩 줄어들고 있음을 알 수 있다.

<그림 4.1>은 1,000번을 던졌을 때 앞면이 나타나는 상대도수가 어떻게 변하는지를 보여주고 있다. <그림 4.1>에서 앞면이 나타나는 상대도수는 불규칙적으로 변하고 있지만 0.5라는 하나의 점으로 점점 접근해가고 있음을 알 수 있다.

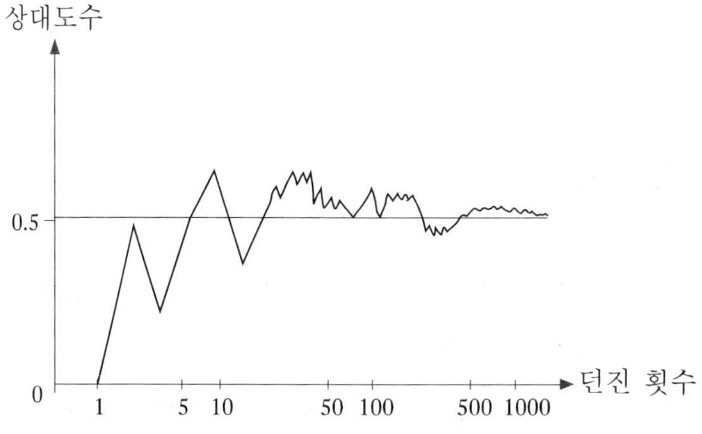

|그림 4.1| 동전 1,000번 던지는 실험을 반복하였을 때 앞면이 나타나는 상대도수의 변화

참고사항

프랑스의 뷰폰(Count Buffon)은 4,040번의 동전을 던져 2,048번 앞면을 얻어 앞면이 나타날 상대도수는 2,048/4,040=0.5069가 됨을 확인하였으며, 1900년 경 영국의 통계학자 피어슨(Karl Pearson)은 24,000번의 동전을 던져 앞면을 12,012번 얻어 그 상대도수는 0.5005가 됨을 알았다. 그리고 남아프리카 수학자인 퀘리(John Kerrich)는 2차 세계대전 당시 독일군의 포로가 되어 수용소에서 생활을 하는 동안 10,000번의 동전을 던져 5,067번 앞면을 얻어 그 상대도수는 0.5067이 됨을 확인하였다. 동전을 던지는 실험에서 앞면이 나타날 확률이 0.5라는 것은 무한히 많은 반복실험에서 전체의 반이 일어난다는 의미이며, 이것이 바로 상대도수적 정의에 의한 확률의 개념인 것이다.

상대도수적 정의에 의한 확률은 이론적이라기보다는 경험적인 관측에 근거를 두고 있다. 따라서 학자들은 확률을 수많은 실험이나 관측 또는 조사를 통하여 나타날 수 있는 것으로 묘사하면서 고전적 정의가 가지고 있는 문제점을 피하고자 하였다. 이에 따라 학자들은 실험을 동일한 방법으로 무한히 반복하였을 때 어떤 사건이 일어나는 상대도수가 하나의 특정한 값으로 수렴하게 된다면, 그 값이 바로 주어진 사건에 대한 확률이라고 정의하였다.

상대도수적 정의

동일한 조건하에서 실험을 수없이 반복할 때 사건 A 의 상대도수 f/n 가 어떤 값에 수렴할 경우, 이 값을 사건 A 의 확률이라 한다. 즉, $P(A) = \lim_{n \to \infty} \frac{f}{n}$

2.3 주관적 정의

고전적 정의 또는 상대도수적 정의에 따라 확률을 계산하는 것과는 달리, 현실에서 나타나는 결과들에 대하여 사람들은 저마다 다르게 확률을 부여할 수 있다. 예를 들어 프로골퍼 박세리가 금년도 LPGA에서 적어도 3번 이상 우승할 확률이라든지, 민사재판에서 원고가 승소할 확률, 또는 A라는 사람이 앞으로 2년 이내에 결혼할 확률 등은 개인적인 평가나 지식, 그리고 개인이 가지고 있는 정보 상태에 따라 달라진다. 이와 같이 개인이 가지고 있는 지식과 경험, 그리고 정보에 따라 결정되는 확률을 주관적 확률이라 한다.

주관적인 확률은 의사결정과 관련된 연구와 분석에서는 유용하게 사용될 수 있는 반면에, 너무나 개인적이고 반복이 불가능하기 때문에 그 사용에 있어 제한점을 가진다.

주관적 정의

개인이 가지고 있는 지식과 경험, 그리고 정보에 따라 결정되는 확률을 말한다.

2.4 공리적 정의

고전적 정의 또는 상대도수적 정의를 이용하여 실생활에서 확률을 계산하고자 할 때 심각한 문제점이 따르게 된다. 비록 간단한 실험일지라도 수백 번 또는 수천 번을 반복하여 확률을 계산해야한다고 하면 아무리 부지런한 사람이라도 그러한 일을 피하고 싶어 할 것이다. 이와 같은 문제점을 해결하기 위한 하나의 대안으로 확률을 수학적이고, 논리적인 체계위에서 정의한 후, 이러한 정의로부터 확률의 성질을 기술하는 것을 고려할 수 있다. 이러한 생각하에 콜모고로브(A. N. Kolmogorov)는 확률을 다음과 같이 정의하였다.

공리적 정의

(1) 어떤 주어진 사건 A 에 대하여, $P(A) \geq 0$

(2) 어떤 실험에 대한 표본공간을 S 라고 할 때, $P(S) = 1$

(3) 서로 배반인 사건 $E_1, E_2, \cdots$ 에 대하여

$$P(E_1 \cup E_2 \cup \cdots) = P(E_1) + P(E_2) + \cdots$$

확률의 공리적 정의로부터 다음과 같은 성질이 성립하게 되며, 이러한 성질은 확률계산을 간단하게 만든다.

확률의 성질

두 사건 A와 B가 주어졌을 때

(1) $P(A \cup B) = P(A) + P(B) - P(A \cap B)$

(2) $P(A^c) = 1 - P(A)$

(3) $A \subset B$이면 $P(A) \leq P(B)$

(4) $P(\varnothing) = 0$

확률의 계산 예 주사위를 두 번 던지는 실험에서 두 눈의 합이 7 또는 11이 될 확률과 두 눈의 합이 3보다 클 확률을 계산해 보도록 하자.

(표본공간의 구성) 주사위를 두 번 던졌을 때 나타날 수 있는 모든 결과는 36(=6×6)가지이며, 표본공간은 다음과 같이 구성된다.

$$
\begin{aligned}
S = \{&(1, 1), (1, 2), (1, 3), (1, 4), (1, 5), (1, 6) \\
&(2, 1), (2, 2), (2, 3), (2, 4), (2, 5), (2, 6) \\
&(3, 1), (3, 2), (3, 3), (3, 4), (3, 5), (3, 6) \\
&(4, 1), (4, 2), (4, 3), (4, 4), (4, 5), (4, 6) \\
&(5, 1), (5, 2), (5, 3), (5, 4), (5, 5), (5, 6) \\
&(6, 1), (6, 2), (6, 3), (6, 4), (6, 5), (6, 6)\}
\end{aligned}
$$

(확률의 계산) (1) 두 눈의 합이 7 또는 11이 될 확률

사건 A와 B를 두 눈의 합이 각각 7과 11이 되는 사건이라 할 때

$$A = \{(1, 6), (2, 5), (3, 4), (4, 3), (5, 2), (6, 1)\}$$

$$B = \{(5, 6), (6, 5)\}$$

이고, 이때 $A \cap B = \varnothing$ 이 된다. 따라서 두 눈의 합이 7 또는 11이 될 확률은 다음과 같이 계산된다.

$$\begin{aligned} P(A \cup B) &= P(A) + P(B) - P(A \cap B) \\ &= \frac{6}{36} + \frac{2}{36} - 0 \\ &= \frac{8}{36} = \frac{2}{9} \end{aligned}$$

(2) 두 눈의 합이 3이상이 될 확률

두 눈의 합이 2가 되는 사건을 C 라고 하면 $C = \{(1,\ 1)\}$이다. 따라서 두 눈의 합이 3 이상이 될 확률은 1에서 두 눈의 합이 2가 되는 확률을 빼면 된다. 즉,

$$\begin{aligned} P(C^c) &= 1 - P(C) = 1 - \frac{1}{36} \\ &= \frac{35}{36} \end{aligned}$$

■

3. 조건부 확률

3.1 조건부 확률의 정의

주사위를 한 번 던질 때 홀수가 나올 확률은 1/2이다. 하지만 주사위를 던졌을 때 나타난 수가 4이상이라는 사실을 알고 있다고 할 경우, 그것이 홀수일 확률은 1/2이 되지 않는다. 왜냐 하면, 나타난 눈의 수가 4 이상이라는 상황에서는 나타날 수 있는 가능한 결과는 {1, 2, 3, 4, 5, 6}이 아니라 {4, 5, 6}으로 바뀌기 때문이다. 이와 같은 문제를 해결하기 위해서 필요한 것이 바로 **조건부 확률**(conditional probability)이다.

<u>조건부 확률</u>

한 사건 A가 일어난 후 어떤 사건 B가 일어날 확률을 사건 A에 대한 사건 B의 조건부 확률(conditional probability)이라 하며, 다음과 같이 정의한다.[2)]

$$P(B \mid A) = \frac{P(A \cap B)}{P(A)} \quad \text{단, } P(A > 0)$$

<그림 4.2>에서 조건부 확률은 사건 A가 일어나는 부분 중에서 사건 B가 차지하는 부분 $A \cap B$의 비율이 됨을 설명하고 있다. 즉, 조건부 확률에서는 최초의 공간에서 주어진 조건에 맞는 공간으로 표본공간이 축소되어 나타난다.

2) 조건부 확률은 $P(B \mid A)$로 표기하며, $P(B \mid A)$에서 '$\mid$'의 오른쪽에 나타나는 사건은 이미 발생한 사건이기 때문에 사전에 주어진 하나의 정보로 간주할 수 있다.

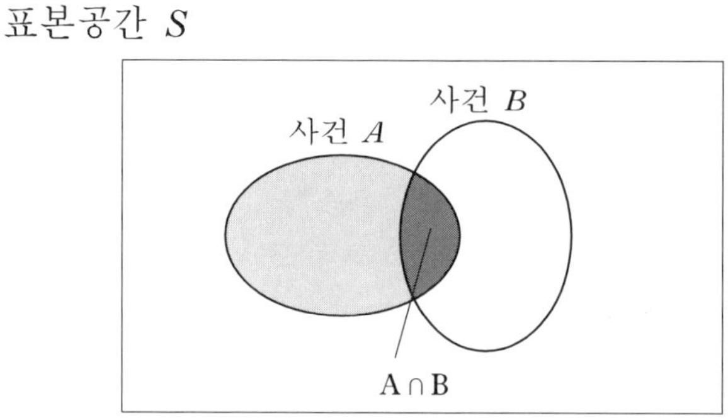

|그림 4.2| 조건부 확률 $P(B \mid A)$의 의미

조건부 확률의 개념 예 카드 한 벌은 스페이드, 클로버, 하트, 다이아몬드 등 4종류의 무늬로 이루어져 있으며, 각 무늬는 A, 2, 3, 4, 5, 6, 7, 8, 9, 10, J, Q, K(J, Q, K는 그림임)의 숫자를 가지고 있다. 따라서 카드 한 벌은 총 52장의 카드로 이루어져 있는 것이다. 조건부 확률에 대한 기본적인 개념을 잘 섞은 52장의 카드 중에서 한 장의 카드를 뽑는 문제를 이용하여 알아보도록 하자.

(조건부 확률의 계산) 52장의 카드 중에서 한 장을 뽑았을 때 그것이 짝수 즉, 2, 4, 6, 8, 10, Q일 확률은 6/13(=24/52)이다. 그러나 뽑힌 카드가 그림 즉, J, Q, K라는 조건이 주어졌다고 할 때, 그것이 짝수일 확률은 1/3이 된다. 이것을 확률 표기를 사용하여 표현해 보도록 하자.

E를 카드가 짝수일 사건, R을 카드가 그림일 사건이라 할 때

$$P(E \cap R) = \frac{4}{52} = \frac{1}{13}, \qquad P(R) = \frac{3}{13}$$

이 된다. 따라서 뽑힌 카드가 그림이라는 조건이 주어지고 난 후 그것이 짝수일 확률 $P(E|R)$는 정의에 의하여 다음과 같이 계산되어진다.

$$P(E|R) = \frac{P(E \cap R)}{P(R)} = \frac{1/13}{3/13} = \frac{1}{3}$$

여기서 $P(E)$와 $P(E|R)$의 차이점은, $P(E)$는 카드 52장 전체에서 짝수가 뽑힐 확률을 나타내며, $P(E|R)$은 그림이 그려진 카드로 그 범위가 제한된 가운데서 짝수가 뽑힐 확률을 나타낸다. ■

3.2 조건부 확률의 적용

진단 또는 예측과 관련된 문제에서 조건부 확률은 중요하게 사용되어진다. 예를 들어 자동차 정비사가 오실로스코프를 이용하여 엔진과 연결된 여러 부분에 대한 파장을 확인하여 차량에 이상이 있는 곳을 파악한다든지 또는 기상학자가 온도, 기압골, 풍향과 풍속 등을 이용하여 기후를 예측한다든지 할 경우에 조건부 확률이 사용된다. 그러나 무엇보다도 조건부 확률이 가장 중요하게 사용되는 경우는 의사들이 환자의 건강상태를 진단할 때라고 할 수 있다.

많은 질병들은 현실적으로 관측이 불가능하거나 관측이 가능하더라도 정확하게 그 병명을 알아내기가 쉽지가 않다. 따라서 의사들은 환자의 정확한 병명을 알아내기 위하여 먼저 각종 검사 결과와 몸무게, 혈압 등 필요한 사항을 측정하여 종합한 후에 그 정보에 근거하여 환자의 병명에 대한 판단을 내리게 되는 것이다.

조건부 확률의 적용 예1 결핵에 걸렸는지를 진단하기 위해 과거에는 **골드기준법**(gold standard method)이 널리 사용되었다. 골드기준법은 환자로부터 세포를 떼어낸 뒤 그 세포 속에 결핵 박테리아가 자라는지 여부를 확인하는 방법으로, 최종 판정을 내리기까지는 약 10~15일 정도 소요된다. 일반적으로 골드기준법은 세포 배양을 위해서 다소 위험한 외과적인 절차를 거쳐야 하며, 또한 시간과 비용이 많이 드는 방법으로 알려져 있다. 그러나 새로이 개발되어 현재 많이 사용되고 있는 **DNA검사법**은 유전자 분석을 통하여 결핵균을 검출하고 분석하는 방법으로서, 골드기준법에 비하여 비용과 시간면에서 매우 효율적일 뿐만 아니라 검사가 간편하다는 장점을 가지고 있다.

1998년 미국의 한 의학 학술지에 종전의 골드기준법과 새로이 개발된 DNA 검사법을 비교한 연구 논문이 발표되었다(Albadalejo, 1998). 이 연구에서 연구자는 호흡기 이상을 호소하는 207명의 환자를 대상으로 DNA 검사법과 골드기준법에 의한 검사 결과를 비교하였으며, 그 결과는 <표 4.2>와 같다

|표 4.2| 골드기준법과 DNA 검사법에 의한 결핵 검사 결과

골드기준법 / DNA 검사법	결핵에 걸림	결핵에 안걸림
양성으로 나타남	14	0
음성으로 나타남	12	181

(두 검사법의 비교) <표 4.2>에서 도수를 상대도수로 바꾸어 다시 정리한 것이 <표 4.3>이다. 이를 이용하여 두 검사법을 비교해 보도록 하자.

|표 4.3| 도수를 상대도수로 바꾼 검사 결과

골드기준법 / DNA 검사법	결핵에 걸림	결핵에 안걸림	전체
양성으로 나타남	0.0676	0.0000	0.0674
음성으로 나타남	0.0580	0.8744	0.9324
전체	0.1256	0.8744	1.0000

DNA 검사에서는 환자가 결핵에 걸려 있을 경우 양성으로 나타나며, 결핵에 걸려 있지 않을 경우에는 음성으로 나타난다. <표 4.3>으로 부터 DNA 검사에서 양성반응을 보인 환자는 골드기준 검사에서 결핵에 걸린 것으로 나타나 두 검사법은 정확히 일치하고 있음을 알 수 있다. 하지만 DNA 검사에서 음성반응을 보인 환자는 골드기준 검사법에서도

대부분 결핵에 걸리지 않은 것으로 나타났지만 일부는 결핵에 걸려있는 것으로 나타났다. 즉, 골드기준 검사에서 결핵에 걸리지 않은 것으로 판정된 환자들은 DNA검사에서도 모두 음성반응을 보였지만, 골드기준 검사에서 결핵에 걸린 사람들 중 일부에게서 음성반응을 보인 환자도 나타났다. 그러나 전체적으로 볼때 두 검사법은 커다란 차이가 없다고 볼 수 있다.

(조건부 확률의 계산과 해석) T를 환자가 결핵에 걸려 있는 사건, N을 DNA 검사가 음성반응을 보이는 사건이라 할 때 결핵검사를 받은 환자 한명을 랜덤으로 뽑았다고 하자. 이때 뽑힌 환자가 DNA 검사 결과 음성으로 나타났다면, 이 환자가 결핵에 걸려 있을 확률 $P(T|N)$은

$$P(T|N) = \frac{P(T \cap N)}{P(N)} = \frac{0.0580}{0.9324} = 0.0622$$

가 된다. <표 4.3>에서 골드기준 검사를 받은 환자 중 결핵에 걸려 있을 확률은 0.1256이었다. 그러나 DNA 검사에 의해서 제공된 추가 정보 즉, 검사 결과 환자가 음성반응을 보였다고 할 때 그 환자가 결핵에 걸려 있을 확률은 0.0622가 되었다. 즉, DNA검사에서 음성반응을 보인 환자 100명 중 6명은 골드기준 검사에서 결핵에 걸려 있는 것으로 나타난다는 것을 의미한다.

일반적으로 DNA 검사에서의 양성반응은 결핵에 걸려 있는 것으로, 음성반응은 결핵에 걸려 있지 않은 것으로 판정한다. 따라서 DNA 검사에서 일단 음성으로 나타났다는 것은 결핵에 걸려 있지 않다는 것을 의미하기 때문에 골드기준 검사(0.1256)에 비하여 결핵에 걸려 있을 가능성은 반(0.0676)으로 줄어들게 되는 것이다. 이러한 결과로 볼 때, DNA검사에서 음성반응이 나타난 환자들은 골드기준 검사에서 결핵에 걸린 것으로 나타난 환자들에 비하여 다소 안도감을 가질 수 있을 것이다. ■

조건부 확률의 적용 예2 어느 마을에서 전체 주민의 10%가 어떤 질병에 감염되었으나, 그 질병의 감염 여부는 겉으로는 식별이 되지 않는다고 한다. K의학 연구소에

서는 이 질병의 감염여부를 알아내기 위하여 전체 주민을 대상으로 검사를 한 결과, 그 질병에 걸린 사람의 90%가 양성반응($0.1 \times 0.9 = 0.09$)을 보였고, 질병에 걸리지 않은 사람의 5%가 양성반응($0.9 \times 0.05 = 0.045$)을 보였다고 한다. 주민들 중에서 랜덤으로 뽑은 한 사람이 검사에서 양성반응을 보였다고 할 때, 이 사람이 질병에 걸려있을 확률을 조건부 확률을 이용하여 계산해 보도록 하자.

(조건부 확률의 계산과 해석) 문제에서 주어진 내용을 하나의 표로 정리하면 <표 4.4>와 같게 된다.

|표 4.4| 질병 유무에 대한 반응 검사 결과

질병유무 / 검사결과	질병에 걸림	질병에 안걸림	전체
양 성	0.090	0.045	0.135
음 성	0.010	0.855	0.865
전 체	0.100	0.900	1.000

여기서 뽑힌 사람이 질병을 가지고 있는 사건을 E, 검사 결과 양성반응을 보이는 사건을 F라고 정의하면, $P(F) = .135$, $P(E \cap F) = .090$이 된다. 따라서 사건 F가 일어났다는 것을 알고 있는 상황에서 사건 E가 일어날 확률 $P(E|F)$은 조건부 확률의 정의에 의하면 다음과 같이 계산된다.

$$P(E|F) = \frac{P(E \cap F)}{P(F)} = \frac{0.090}{0.135} \approx 0.667$$

즉, 검사에 대한 정보를 얻기 전에는 이 사람이 질병에 걸려있을 확률은 $P(E) = 0.100$으로 낮았다. 하지만 검사 결과가 양성이라는 것이 일단 알려지고 난 후에는 이 사람이 질병에 걸려있을 확률은 0.667로 크게 증가하였다(만약 검사하기 전이나 검사하고 난 후의 확률에서 차이가 없다면 질병에 대한 검사는 할 필요가 없을 것이다). ■

조건부 확률의 적용 예3 인터넷을 이용한 통신이 활발해지면서 좋은 점 중의 하나는, 전 세계적으로 널리 흩어져 있는 사람들이 채팅방을 통하여 서로가 관심을 가지고 있는 주제에 대해서 다양한 의견을 교환할 수 있다는 것이다. 그러나 이러한 인터넷 통신의 부작용으로 나타나고 있는 것은 자기와 의견이 같지 않은 사람들에 대해서는 극단적인 비방과 욕설이 난무하고 있다는 것이다. 이러한 사실과 관련된 연구 논문(Dsilva, 1998)이 미국의 한 학술지에 수록되었다. 논문에서 연구자는 '다른 사람들로부터 비난을 받는다는 것은 자신이 스스로 다른 사람들로 하여금 그만큼 비난하게 만들고 있는 것은 아닌가?'라고 생각하면서 개인적인 비난과 관련된 문제점에 대해서 연구를 하였다. 연구에서 사용된 자료는 <표 4.5>와 같다. 이를 이용하여 비난을 받아온 사람이 다른 사람을 비난할 확률과 다른 사람을 비난해 온 사람이 비난을 받을 확률을 각각 계산해 보도록 하자.

|표 4.5| 개인적인 비난과 관련된 조사 결과

	비난을 받았음	비난을 받지 않았음	전 체
다른 사람을 비난함	19	8	27
다른 사람을 비난하지 않음	23	143	166
전 체	42	151	193

(비난을 받아온 사람이 다른 사람을 비난할 확률) A를 다른 사람을 비난하는 사건, B를 다른 사람으로부터 비난을 받아온 사건이라 할 때 각 사건에 대한 확률은 다음과 같다.

$$P(A) = \frac{27}{193} = 0.1399,\ P(B) = \frac{42}{193} = 0.2176,\ P(A \cap B) = \frac{19}{193} = 0.0984$$

채팅방을 이용하는 사람 중에서 랜덤으로 한 사람을 뽑는다고 하자. 만약 뽑힌 사람이 다른 사람으로부터 비난을 많이 받아왔다고 할 때 이 사람이 다른 사람을 비난할 확률을 계산하면

$$P(A|B) = \frac{P(A \cap B)}{P(B)} = \frac{0.0984}{0.2176} = 0.4524$$

가 된다. 따라서 개인적으로 다른 사람으로부터 비난을 받아온 사람들 중 45% 정도가 다른 사람을 비난하고 있다고 할 수 있다.

(다른 사람을 비난해 온 사람이 비난을 받을 확률) 다른 사람을 비난해 온 사람이 다른 사람으로부터 비난을 받을 확률 $P(B|A)$는

$$P(B|A) = \frac{P(B \cap A)}{P(A)} = \frac{P(A \cap B)}{P(A)} = \frac{0.0984}{0.1399} = 0.7037$$

이다. 따라서 다른 사람을 비난해 온 사람들 중 70% 정도는 다른 사람으로 부터 비난을 받고 있다고 할 수 있다. 이러한 사실로부터 다음과 같이 결론을 내릴 수 있다. 즉, 다른 사람으로부터 비난을 받아온 사람이 다른 사람을 비난하는 것 보다는 평소 다른 사람을 많이 비난해 온 사람이 다른 사람으로부터 비난을 받을 가능성이 더 높다고 할 수 있다. ■

4. 두 사건의 독립성

동전을 두 번 던지는 실험에서 첫 번째 던진 동전에서 앞면이 나오는 사건을 A, 두 번째 던진 동전에서 앞면이 나오는 사건을 B라고 할 때 <그림 4.3>에서 보는 바와 같이 $P(B|A)=1/2=P(B)$이다. 여기서 두 확률이 같은 이유는 두 번째 동전을 던질 때의 상황이 첫 번째 던질 때의 상황과 변화가 없기 때문이다. 즉, 두 번째 동전에서 앞면이 나오는 사건은 첫 번째 동전에서 앞면 또는 뒷면이 나오는 것과 무관하게 $P(B|A)=P(B)$가 성립하는 것이다. 이와 같이 사건 A가 일어난 것이 다음 사건 B가 일어나는 것에 아무런 영향을 미치지 않을 때 두 사건 A와 B는 서로 독립(mutually independent)이라 한다.

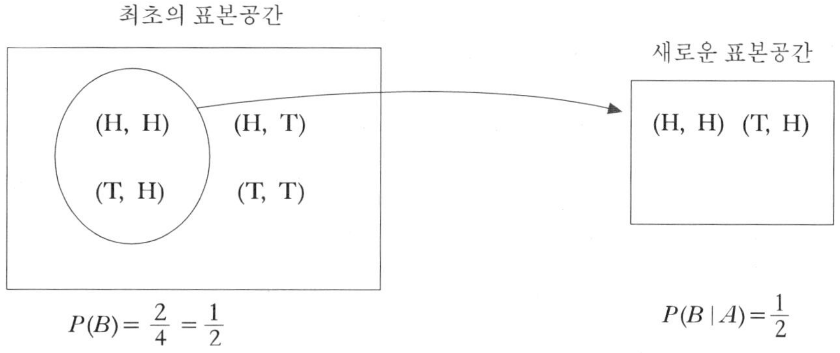

|그림 4.3| $P(B)$와 $P(B|A)$

<u>두 사건의 독립</u>

두 사건 A와 B에 대하여

$$P(A\cap B)=P(A)\cdot P(B)$$ [3]

이면 두 사건 A와 B는 서로 독립이라 한다.

---

3) 두 사건 A와 B가 서로 독립이면, 조건부확률의 공식으로부터 다음 관계가 성립된다.
$P(A\cap B)=P(B)P(A|B)=P(A)P(B)$

사건의 독립성에 대한 예1 호주에서 발간되는 신문 "The Mercury"의 1995년 5월 30일자에 다음과 같은 기사가 실렸다. 「최근 2년 이내에 금연을 하여 현재 금연 중이거나 다시 담배를 피우고 있는 사람들 600명을 대상으로 설문조사한 결과, 금연을 하기 위해서 금연 보조기구를 사용하였다고 응답한 사람은 전체의 11%이었다. 그리고 금연 보조기구 없이 금연을 한 사람들 중 70%가 2주 이내에 다시 담배를 피우기 시작하였으며, 금연 보조기구를 이용하여 금연한 사람들 중 60%가 2주 이내에 담배를 다시 피우기 시작하였다$(0.89 \times 0.7 = 0.623)$.」 이 기사를 이용하여 '금연 보조기구를 사용하여 금연을 하는 것과 금연 후 2주 이내에 다시 담배를 피우는 것은 서로 관계가 없다'고 할 수 있는지를 판단해 보자.

(독립성 여부의 판단) 문제에서 주어진 자료를 정리하면 <표 4.6>과 같게 된다.

|표 4.6| 보조기구 사용 여부에 대한 조사 결과

	보조기구 사용	보조기구 사용하지 않음	계
2주 이내 재흡연	0.066	0.623	0.689
2주 이내 비흡연	0.044	0.267	0.311
계	0.110	0.890	1.000

A를 보조기구를 사용하여 금연을 하는 사건, B를 금연 후 2주 이내에 다시 흡연을 하는 사건이라고 할 때

$$P(A) = 0.110,\ P(B) = 0.689,\ P(A \cap B) = 0.066$$

이다. 그리고

$$P(A \cap B) = 0.066 \neq P(A) \cdot P(B) = (0.110) \cdot (0.623) = 0.07348$$

이므로 독립사건의 정의로부터 두 사건은 서로 독립이라고 할 수 없게 된다. 따라서 '금연

보조기구를 사용하여 금연을 하는 것과 금연 후 2주 이내에 담배를 다시 피우는 것은 서로 관계가 있다'고 할 수 있다. ■

독립사건에 대한 개념은 두 가지 이상의 사건들에 대해서도 확장하여 생각할 수 있다. 즉, 어떤 몇 개의 사건들이 일어났다는 사실이 어떤 특정한 사건 또는 다른 여러 사건들이 일어날 확률에 영향을 미치지 못할 경우, 그 사건들은 서로 독립이라고 한다.

여러 사건의 독립

임의의 k개의 사건 $A_1,\ A_2, \cdots,\ A_k$에 대하여

$$P(A_1 \cap A_2 \cap \cdots \cap A_k) = P(A_1)P(A_2) \cdots P(A_k)$$

이면 k개의 사건 $A_1,\ A_2, \cdots,\ A_k$는 서로 독립이다.

여러 사건들의 독립성에 대한 문제는 두 개 이상의 부품으로 구성된 복합적인 시스템의 신뢰도[4]와 관련된 문제, 예를 들어 여러 개의 부품들로 이루어진 기계가 제대로 작동할 수 있는지를 알아보는 문제에서 중요하게 사용된다.

사건의 독립성에 대한 예2 '최초부터 문제가 있는 컴퓨터라면 그 컴퓨터는 사용한 지 몇 시간 지나지 않아 곧 고장나게 될 것이다'라는 말은 '여러 부품들이 복합적으로 구성되어 운영되는 시스템에서 어떤 부품에 문제가 있을 경우, 그 시스템은 머지않아 작동을 멈추게 될 것이고, 첫 몇 시간 동안의 작동에서 문제가 발생하지 않는다면 그 시스템은 안전할 것이다'라는 뜻을 의미한다. 따라서 새 컴퓨터를 구매하고자 하는 사람들은 컴퓨터를 사자마자 바로 컴퓨터를 켜서 몇 시간 동안 그 작동상태를 지켜본 후 이상이 없을 경우에만 구매를 해야 한다. 여러 사건의 독립성에 대한 정의가 컴퓨터 시스템의 정상적인 작

4) 공학분야에서 신뢰도(reliability)는 기계가 고장나지 않을 확률을 의미한다.

동 여부와 연관지어 어떻게 활용될 수 있는지를 알아보도록 하자.

컴퓨터 시스템은 모니터, 마우스, 키보드, 중앙처리 장치(CPU), 저장 장치(디스크 드라이브) 등으로 구성되어 있다. 이러한 구성품을 이용하여 다음과 같이 사건을 정의하자.

$A_1 =$ 모니터가 정상적으로 작동하는 사건

$A_2 =$ 마우스가 정상적으로 작동하는 사건

$A_3 =$ 디스크 드라이브가 정상적으로 작동하는 사건

$A_4 =$ 컴퓨터 프로세스가 정상적으로 작동하는 사건

여기서 네 가지 사건들이 각각 발생할 확률은 서로 독립이며 각각의 확률은 다음과 같이 주어진다고 가정하자.

$$P(A_1) = 0.98, \quad P(A_2) = 0.99, \quad P(A_3) = 0.98, \quad P(A_1) = 0.99$$

여기서 모든 구성품이 정상적일 때 컴퓨터가 이상없이 작동할 확률과 어느 한 구성품에 이상이 있을 경우 컴퓨터가 정상적으로 작동할 확률을 각각 계산해 보도록 하자.

(모든 구성품들이 이상이 없을 경우) 모든 구성품들이 이상이 없을 경우 컴퓨터가 정상적으로 작동할 확률은 다음과 같이 계산된다.

$$\begin{aligned} P(A_1 \cap A_2 \cap A_3 \cap A_4) &= P(A_1)P(A_2)P(A_3)P(A_4) \\ &= (0.98)(0.99)(0.98)(0.99) \\ &\approx 0.94 \end{aligned}$$

여기서 확률이 0.94라고 하는 말은 컴퓨터를 구매하여 바로 작동시험을 하였을 때 위와 같은 부품으로 구성된 컴퓨터의 94%가 정상적으로 작동한다는 것을 의미한다.

(어느 한 구성품에 이상이 있을 경우) 어느 한 구성품에 문제가 있을 경우 컴퓨터가 정상적으로 작동할 확률이 어떻게 변하는지 계산해 보도록 하자. 예를 들어 모니터만 문제가 있고 나머지 부품은 이상이 없을 경우 컴퓨터가 정상적으로 작동할 확률은 다음과 같이 계산한다.

$$\begin{aligned} P(A_1^c \cap A_2 \cap A_3 \cap A_4) &= P(A_1^c)P(A_2)P(A_3)P(A_4) \\ &= (1-0.98)(0.99)(0.98)(0.99) \\ &\approx 0.019 \end{aligned}$$

따라서 모니터가 이상이 있는 부품으로 구성된 컴퓨터가 정상적으로 작동할 확률은 약 2% 밖에 되지 않는다고 할 수 있다. ■

사건의 독립성에 대한 예3 <그림 4.4>와 같이 2개의 라인이 병렬로 구성된 시스템이 있다고 하자. 이때 각 라인을 구성하고 있는 장치들(장치 1과 2, 장치 3과 4)은 직렬상태로 연결되어 있으며, 4개 장치 모두 신뢰도가 0.90이라고 알려져 있다. 그리고 4개 장치는 서로 독립적으로 작동하고 있다고 하자(이러한 시스템의 구조는 일반적으로 발전소에서 가지고 있다. 원자력 발전소에서는 만약의 사태에 대비하기 위하여 2개의 냉각장치를 가지고 있으며, 제 1냉각장치가 고장났을 경우 바로 제 2냉각장치가 작동하도록 되어 있고, 두 냉각장치는 서로 독립적으로 작동되도록 시스템이 구성되어 있는 것이다).

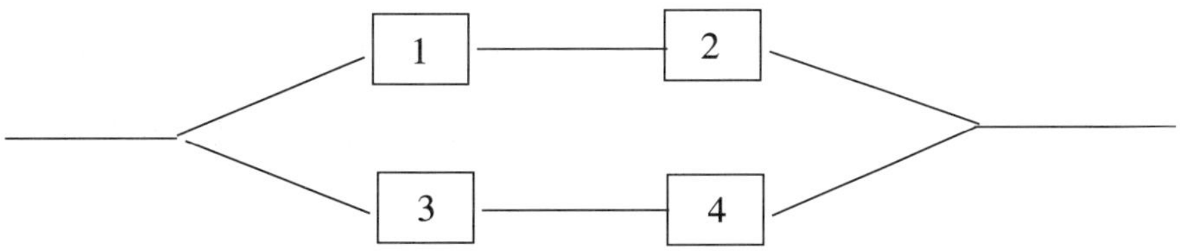

|그림 4.4| 2개의 라인으로 구성된 병렬 시스템의 구조

시스템이 정상적으로 작동할 확률을 계산해보도록 하자.

(시스템이 정상적으로 작동할 확률의 계산) A_1, A_2, A_3, A_4를 각 장치가 정상적으로 작동하는 사건이라 할 때

$$P(A_1) = P(A_2) = P(A_3) = P(A_4) = 0.90$$

이다. 라인 1이 정상적으로 작동하기 위해서는 장치 1과 장치 2가 모두 정상적으로 작동하여야 한다. 따라서 라인 1이 정상적으로 작동할 확률은 다음과 같다.

$$P(A_1 \cap A_2) = P(A_1)P(A_2) = 0.9 \times 0.9 = 0.81$$

마찬가지로, 라인 2가 정상적으로 작동하기 위해서는 장치 3과 장치 4 모두 정상적으로 작동되어야 하므로 라인 2가 정상적으로 작동할 확률은

$$P(A_3 \cap A_4) = P(A_3)P(A_4) = 0.9 \times 0.9 = 0.81$$

이 된다. 주어진 시스템이 정상적으로 작동하기 위해서는 라인 1이 정상적으로 작동하든지 또는 라인 2가 정상적으로 작동하면 된다. 따라서 시스템이 정상적으로 작동할 확률은 다음과 같이 계산된다.

$$\begin{aligned} P[(A_1 \cap A_2) \cup (A_3 \cap A_4)] &= P(A_1 \cap A_2) + P(A_3 \cap A_4) - P[(A_1 \cap A_2) \cap (A_3 \cap A_4)] \\ &= P(A_1)P(A_2) + P(A_3)P(A_4) - P(A_1 \cap A_2)P(A_3 \cap A_4) \\ &= P(A_1)P(A_2) + P(A_3)P(A_4) - P(A_1)P(A_2)P(A_3)P(A_4) \\ &= 0.81 + 0.81 - (0.9)^4 \\ &= 0.9639 \end{aligned}$$

■

5. 조건부 확률의 응용

5.1 전확률 공식

조건부 확률에 대한 정보가 주어져 있을 경우 이를 이용하여 조건이 주어지지 않았을 때의 확률을 계산할 수 있다. **전확률 공식**(formula of total probability)이 바로 이러한 경우에 사용되는 공식이다.

전확률 공식

사건 A_1, A_2, $\cdots$, A_k가 서로 배반이면서 $\Sigma P(A_i) = 1$일 때, 어떤 다른 사건 B에 대하여 다음 관계가 성립한다.

$$P(B) = P(A_1)P(B|A_1) + P(A_2)P(B|A_2) + \cdots + P(A_k)P(B|A_k)$$

전 확률공식의 사용 예 자전거를 탈 때 헬멧을 착용하는 것은 매우 중요하다. 이러한 중요성과 관련된 연구 결과가 한 학자에 의하여 미국에서 발표되었다(Macknin, 1994). 연구는 오하이오 주에 있는 비치우드(Beachwood) 초등학교와 모랜드힐스(Morland Hills) 초등학교 학생들을 대상으로 이루어졌으며, 이 당시 비치우드 시에는 안전교육 프로그램과 헬멧착용에 관한 법이 있는 반면에, 모랜드힐스 시에는 두가지 다 없었다. 논문에서는 비치우드 초등학교 학생들의 68%가, 모랜드힐스 초등학교 학생들의 21%가 자전거를 탈 때 항상 헬멧을 착용하는 것으로 조사되었다. (두 학교의 전체 학생 수는 동일하다고 한다)

전확률 공식이 어떻게 사용되는지를 알아보기 위하여 두 학교 중에서 한 학교로부터 학생 한 명을 랜덤으로 뽑는다고 가정하자. B를 비치우드 초등학교로부터 학생이 뽑히는

사건, M을 모랜드힐스 초등학교로부터 학생이 뽑히는 사건, 그리고 H를 뽑힌 학생이 자전거를 탈 때 항상 헬멧을 착용하는 사건이라고 정의하자. 이때 두 학교의 전체 학생 수는 동일하므로 각각의 학교에서 학생이 뽑힐 확률은 $P(B)=P(M)=0.5$가 된다. 그리고 $P(H|B)=0.68$, $P(H|M)=0.21$이다.

두 학교에서 항상 헬멧을 착용하는 학생들의 비율은 얼마가 될까? 이 질문에 대한 해답을 구하기 위해서는 전확률 공식을 사용하면 된다. 여기서 $P(B)+P(M)=1$이고, $B\cap M=\varnothing$이므로 두 사건은 서로 배반인 사건이다. 따라서

$$\begin{aligned} P(H) &= P(B)P(H|B)+P(M)P(H|M) \\ &= (0.5)(0.68)+(0.5)(0.21) \\ &= 0.445 \end{aligned}$$

가 된다. 즉, 두 초등학교에서 학생들의 약 45%는 자전거를 탈 때 항상 헬멧을 착용하고 있는 것이다. ■

5.2 베이즈 정리

영국 장로교회의 목사인 베이즈(Thomas Bayes, 1702~1761)에 의하여 발견된 베이즈 정리는 조건부확률 $P(B|A)$에서 주어진 상황이 반대로 되었을 때의 확률계산 즉, 주어진 조건과 알고자 하는 사건의 위치를 서로 바꾸었을 때의 확률 $P(A|B)$을 계산하는 공식이다.

<u>베이즈 정리</u>

사건 $A_1, A_2, \cdots, A_k$가 서로 배반이면서 $\Sigma P(A_i)=1$일 때, 어떤 새로운 사건 B에 대하여 다음 관계가 성립한다.

$$P(A_i|B)=\frac{P(A_i)P(B|A_i)}{P(A_1)P(B|A_1)+P(A_2)P(B|A_2)+\cdots+P(A_k)P(B|A_k)}$$

[두 사건 A와 A^c가 서로 배반사건이고 $P(A)+P(A^c)=1$일 때 베이즈 정리의 증명]

베이즈 정리를 사건의 개수가 두 개 즉, A와 A^c인 경우를 이용하여 증명해 보도록 하자. 어떤 새로운 사건 B가 주어진다고 할 때 조건부확률 $P(B|A)$는

$$P(B|A)=\frac{P(A\cap B)}{P(A)}$$

이므로 $P(A\cap B)=P(A)P(B|A)$가 된다.

여기서 $P(A\cap B)=P(B\cap A)$이므로 $P(B\cap A)=P(A)P(B|A)$ 역시 성립한다. 그리고 A와 A^c는 서로 배반사건이고 $P(A)+P(A^c)=1$이므로 전확률 공식에 의하면

$$P(B)=P(B\cap A)+P(B\cap A^c)=P(A)P(B|A)+P(A^c)P(B|A^c)$$

가 된다. 따라서 A와 B의 위치를 서로 바꾸었을 때의 조건부 확률 $P(A|B)$는

$$\begin{aligned}P(A|B)&=\frac{P(B\cap A)}{P(B)}\\&=\frac{P(A)P(B|A)}{P(A)P(B|A)+P(A^c)P(B|A^c)}\end{aligned}$$

가 되는 것이다. ■

베이즈 정리의 사용 예1 미국과 유럽에서 유행하는 질병 중에 라임병이라는 것이 있다. 라임병은 진드기에 의해서 발생되는 질병으로서 발진, 발열, 관절통, 만성 피로감, 부분적인 몸의 마비 등의 증상이 따른다. 라임병의 진단은 쉽지 않으며, 일반적으로 혈액속에 있는 특별한 항체를 찾아내는 검사에 의해서 병의 감염 여부를 진단한다. 라임병과 관련된 연구 결과가 미국의 한 학자에 의하여 발표되었으며(Golightly, 1993), 논문에서는 다음과 같은 표기를 사용하여 사건에 대한 확률을 부여하였다.

$+$ = 혈액검사에서 양성반응

$-$ = 혈액검사에서 음성반응

$L =$ 라임병에 걸려있는 사건

$L^c =$ 라임병에 걸려있지 않은 사건

$P(L) = 0.00207$: 전체 인구 중에서 라임병에 걸려있는 사람의 비율

$P(L^c) = 0.99793$: 전체 인구 중에서 라임병에 걸려있지 않은 사람의 비율

$P(+|L) = 0.937$: 라임병에 걸려있으면서 양성반응을 나타낸 사람의 비율,

$P(-|L) = 0.063$: 라임병에 걸려있으면서 음성반응을 나타낸 사람의 비율

$P(+|L^c) = 0.03$: 라임병에 걸려있지 않으면서 양성반응을 나타낸 사람의 비율

$P(-|L^c) = 0.97$: 라임병에 걸려있지 않으면서 음성반응을 나타낸 사람의 비율

베이즈 정리를 이용하여 혈액검사에서 양성반응이 나타난 사람이 실제 라임병에 걸려있을 확률 $P(L|+)$를 계산해 보도록 하자.

(확률의 계산) 주어진 조건부확률 중에서 $P(+|L)$는 전체 인구로부터 랜덤으로 뽑은 사람이 실제 라임병에 걸려있다고 할 때, 그 사람이 혈액검사에서 양성반응을 보일 확률을 말한다. 여기서 베이즈 정리는 상황이 반대로 바뀌었을 때의 확률을 계산하는 공식이 된다. 즉, 질병에 대한 혈액검사의 결과가 주어지고 난 후에 실제 라임병에 걸려있을 확률을 알아내고자 하는 것이다(이러한 문제는 의학적인 진단을 하는 데 있어서 매우 중요하다고 할 수 있다).

베이즈 정리를 이용하여 조건부확률 $P(L|+)$는 다음과 같이 계산된다.

$$P(L|+) = \frac{P(L)P(+|L)}{P(L)P(+|L) + P(L^c)P(+|L^c)}$$

$$= \frac{(0.00207)(0.937)}{(0.00207)(0.937) + (0.99793)(0.03)}$$

$$= \frac{0.0019}{0.0319}$$

$$= 0.0596$$

혈액검사에서 양성반응을 보인 사람들 중 5.96%가 실제로 라임병에 걸려있다고 할 수 있다.

베이즈 정리의 사용 예2 제주도는 연중 비가 오는 날이 40%, 비가 오지 않는 날이 60%정도가 된다고 한다. 작년도부터 제주도에서는 새로운 기상장비를 도입하여 기상예보를 하고 있는데 그 동안의 기상예보 결과를 분석한 결과, 실제로 비가 왔는데도 비가 오지 않을 것이라고 잘못 예보한 경우가 10%, 실제로 비가 오지 않았을 때 비가 오지 않을 것으로 정확하게 예보한 경우는 70%가 되었다. 비가 오지 않는다고 예보하였을 때 실제로 비가 올 확률을 계산해보도록 하자.

(확률의 계산) 베이즈 정리를 적용하기 위하여 다음과 같이 표기할 때

A = 비가 오는 사건

A^c = 비가 오지 않는 사건

B = 일기예보에서 비가 오지 않는다고 예보하는 사건

각각의 확률은

$$P(A) = 0.4,\ P(A^c) = 0.6,\ P(B|A) = 0.1,\ P(B|A^c) = 0.7$$

따라서 비가 오지 않는다고 예보하였을 때 실제로 비가 올 확률은 다음과 같이 계산된다.

$$P(A|B) = \frac{P(A)P(B|A)}{P(B)} = \frac{P(A)P(B|A)}{P(A)P(B|A) + P(A^c)P(B|A^c)}$$

$$= \frac{(0.4)(0.1)}{(0.4)(0.1) + (0.6)(0.7)} = 0.087$$

따라서 비가 오지 않는다고 예보하였을 때 실제로 비가 올 확률은 8.7%밖에 되지 않으므로 기상예보의 정확도는 높다고 할 수 있다.

6. 통계표를 이용한 확률의 계산 예

연령에 따른 남자와 여자의 사망률과 관련된 통계표로부터 우리는 집단 또는 개인의 수명과 관련된 각종 정보를 얻을 수 있다. 예를 들어 연령별 생존표로부터 새로 태어난 여자아기가 65세까지 생존할 확률이라든지, 동일한 날짜, 동일한 시간에 태어난 45세의 남자와 여자 중 누가 70세까지 살 가능성이 더 높은지, 70세의 남자가 앞으로 5년 더 살 수 있을 확률 또는 내년에 죽을 확률은 얼마인지 등에 관한 정보를 알아낼 수 있다.

<표 4.7>은 통계청에서 발표한 우리나라 사람들의 2003년 연령별 생존자 수에 대한 간이생명표이다. 간이생명표란 특정 연령 X에서의 생존자 수 즉, 동시에 출생한 100,000명이 사망확률에 따라 사망으로 감소할 경우 X세에 도달할 때까지 살아있을 것으로 기대되는 사람 수를 기록한 표를 말한다. 주어진 간이생명표를 이용하여 각종 확률을 어떻게 계산할 수 있는지 그 요령에 대해서 알아보도록 하자.

|표 4.7| 2003년 5세 간격별 간이생명표

연령별	사망확률(전체)	생존자(전체)	남 자	여 자
0	0.00513	100,000	100,000	100,000
1	0.00151	99,487	99,443	99,535
5	0.00104	99,337	99,283	99,395
10	0.00081	99,233	99,164	99,309
15	0.00176	99,153	99,071	99,242
20	0.00243	98,978	98,843	99,126
25	0.00307	98,738	98,531	98,962
30	0.00402	98,434	98,128	98,762
35	0.00648	98,039	97,600	98,505
40	0.01041	97,403	96,719	98,130
45	0.01611	96,389	95,259	97,589
50	0.02381	94,835	92,993	96,793
55	0.03430	92,578	89,702	95,636
60	0.05246	89,403	85,152	93,890
65	0.08344	84,713	78,526	91,115
70	0.13534	77,645	68,990	86,290
75	0.22681	67,136	55,797	77,719
80	0.35946	51,909	39,302	63,122
85	0.52189	33,250	22,327	42,720
90	0.67786	15,897	9,255	21,499
95	0.80121	5,121	2,568	7,190
100세 이상	1.00000	1,018	453	1,467

남자가 55세까지 생존할 확률

확률의 계산 M을 남자가 사망할 나이라고 할 때 55세까지 남자의 생존 인원은 전체 100,000명 중에서 89,702명이다. 따라서 남자가 55세까지 생존할 확률은 다음과 같이 계산된다.

$$P(M \leq 55) = \frac{89,702}{100,000} = 0.89702$$

금년도 1월에 출생한 여자아기가 45세와 60세 사이에 사망할 확률

확률의 계산 W를 여자가 사망할 나이라고 할 때 45세까지 여자의 생존 인원은 97,589명이며, 60세까지의 생존 인원은 93,890명이다. 따라서 구하고자 하는 확률은 다음과 같이 계산된다.

$$P(45 \leq W < 60) = \frac{97,589}{100,000} - \frac{93,890}{100,000} = \frac{3,699}{100,000} = 0.03699$$

남자의 평균수명

확률의 계산 기대값의 정의에 따라 남자 M의 평균수명 $E(M)$은 각 연령에 해당 확률을 곱하여 모두 더하면 된다. 즉,

$$E(M) = \sum_{\text{모든}\, M} M \cdot P(M)$$

<표 4.7>에 주어진 연령대는 5세 간격으로 되어 있다. 따라서 표에 주어진 정보로는 정확하게 남자의 평균 수명 $E(M)$를 계산할 수 없다. 하지만 $E(M)$에 대한 최소값은 구할 수 있다. 즉, $E(M)$을 계산할 때 100세 이상 생존하는 남자($100 \leq M$)는 100세($M = 100$)까지 사는 것으로, 95세와 100세 사이에 사망하는 남자($95 \leq M < 100$)는 95세($M = 95$)까지 사는 것으로, … 등과 같이 M의 값을 정한 후 각 M에서의 확률을 계산하면 다음과 같게 된다.

$$P(100 \leq M) = \frac{453}{100,000} = 0.00453$$

$$P(95 \leq M < 100) = \frac{2,568}{100,000} - \frac{453}{100,000} = \frac{2,115}{100,000} = 0.02115$$

$$P(90 \leq M < 95) = \frac{9,255}{100,000} - \frac{2,568}{100,000} = \frac{6,687}{100,000} = 0.06687$$

$$\vdots$$

$$\vdots$$

$$P(0 \leq M < 1) = \frac{100,000}{100,000} - \frac{99,443}{100,000} = \frac{557}{100,000} = 0.00557$$

이를 이용하여 $E(M)$의 최소값을 구할 수 있다. 즉, 남자의 평균수명은

$$E(M) = 100(0.00453) + 95(0.02115) + 90(0.06687) + \cdots + 0(0.00557) \approx 70.03(\text{세})$$

가 되는 것이다.

참고사항

위에서 계산된 평균값보다 좀 더 근사가 좋은 $E(M)$값의 계산은 구간의 중앙값을 이용하는 것이다. 예를 들어 100세와 95세 사이에 사망하는 남자는 이 구간의 중앙값인 97.5세로($M = 97.5$), 95세와 90세 사이에 사망하는 남자의 경우에는 92.5세($M = 92.5$)로 하는 것이다. 나머지 연령 구간에 대한 중앙값도 이러한 요령으로 구한 다음, 남자의 평균수명을 계산하면 다음과 같다.

$$E(M) = 102.5(0.00453) + 97.5(0.02115) + 92.5(0.06687) + \cdots + 0(0.00557) \approx 73.56(\text{세})$$

● **생년월일이 동일한 45세의 남자와 여자 중 70세까지 살 가능성이 높은 사람은?**

확률의 계산 이 문제는 조건부 확률을 이용하여 해결할 수 있다. 즉, 남자와 여

자 모두 45세 이상 생존한다는 조건하에서 70세까지 살 확률 즉, $P(70 \le M \mid 45 \le M)$과 $P(70 \le W \mid 45 \le W)$을 계산한 후 서로 비교하면 된다.

(남자의 경우) 100,000명 중에서 45세까지 생존한 남자의 수는 95,259명, 70세까지 생존한 남자의 수는 68,990명이므로 45세까지 생존한 남자가 70세까지 생존할 확률 $P(70 \le M \mid 45 \le M)$은 다음과 같다.

$$P(70 \le M \mid 45 \le M) = \frac{68,990}{95,259} = 0.72423$$

(여자의 경우) 100,000명 중에서 45세까지 생존한 여자는 97,589명, 70세까지 생존한 여자의 수는 86,290명이므로 45세까지 생존한 여자가 70세까지 생존할 확률 $P(70 \le W \mid 45 \le W)$은 다음과 같다.

$$P(70 \le W \mid 45 \le W) = \frac{86,290}{97,589} = 0.88421$$

따라서 $P(70 \le W \mid 45 \le W)$이 $P(70 \le M \mid 45 \le M)$보다 크므로, 45세까지 생존한 사람들 중에서는 여자가 남자보다 70세까지 살 수 있을 가능성이 더 높다고 할 수 있다.

● 현재 70세인 남자가 앞으로 5년 더 생존할 수 있을 확률

확률의 계산 70세까지 생존한 사람이 75세까지 생존할 확률을 구하는 문제와 동일하므로 조건부 확률의 정의를 이용하면 된다. 즉, 70세까지 생존한 남자의 수는 68,990명, 75세까지 생존한 남자의 수는 55,797명이므로 70세까지 생존한 남자가 앞으로 5년 더 생존할 수 있을 확률은 다음과 같이 계산된다.

$$P(75 \le W \mid 70 \le W) = \frac{55,797}{68,990} = 0.80876$$

제 5 장

확률분포의 이해

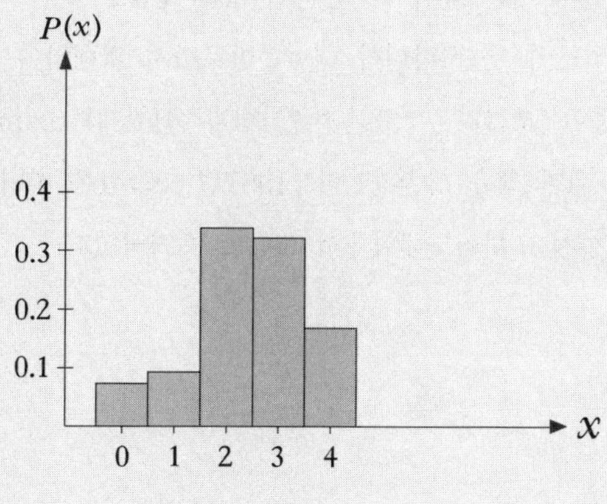

코크란(William G. Cochran: 1909~1980)

코크란은 1909년 스코틀랜드의 루더글랜에서 태어났다. 통계학자로서의 그의 경력은 박사학위도 없는 가운데 영국의 로담스테드 연구소의 연구원으로 일을 하면서 시작되었다. 코크란은 로담스테드 연구소에 근무하는 6년 동안 기후 및 땅의 비옥도 실험, 반복측정을 할 수 없는 실험 및 표본조사 등과 관련된 연구를 예이츠(Yetes)와 공동으로 수행하면서 총 18편의 논문을 발표하였다. 코크란의 연구는 표본조사와 실험을 하는데 있어서 확률화(randomization)가 얼마나 중요한지를 일깨워 주었다.

1939년 코크란은 아이오아 주립대학에서 통계학을 강의하면서 시작하면서 레이몬드 제슨(Raymond Jessen) 교수와 함께 표본추출과 관련된 연구를 시작하였다. 교수로 재직하는 기간 동안 코크란은 미국 센서스 자문위원회의 의장으로 임무를 수행하였다. 그 후 코크란은 해군 통계연구단팀에 소속되어 해전과 명중률에 대한 확률을 연구하였으며, 1945년에는 폭탄투하전략을 개발하였다. 2차대전 후 코크란은 노스캐롤라이나 대학의 통계연구소에 대학원 과정을 만들기 위하여 학교를 옮겼으며, 3년 후에는 다시 죤 합킨스 대학 생물통계학과 과장으로 자리를 옮겼다. 여기서 그는 통계학을 농업분야 뿐만 아니라 의학분야로까지 확대하여 적용하기 시작하였다. 죤 합킨스 대학에 머무는 동안 코크란은 '표본추출기법과 실험계획(sampling Technique and Experimental Designs)'이란 책을 저술하였다. 1957년 코크란은 하버드 대학으로 다시 자리를 옮겨 1976년 은퇴하기 전까지는 하버드대학에서 교수로 재직하였다.

1. 확률모형과 확률변수

확률이란 개념은 어떤 현상이 랜덤하게 일어난다는 사실로부터 시작되며,[5] 확률을 사용하여 랜덤한 현상을 묘사한다는 것은 바로 **확률모형**(probability model)을 만든다는 것을 의미한다. 확률모형은 실험이나 조사에서 나타날 수 있는 모든 결과들의 집합인 표본공간과 표본공간 내의 결과들로 구성되는 사건들의 확률로 표현된다. 따라서 확률모형은 랜덤한 현상을 설명하거나 단순한 사건의 확률로부터 복잡한 사건이 일어날 확률을 계산하는데 유용하게 사용된다.

표본공간은 항상 숫자로써 구성되어 있는 것은 아니다. 실험이나 관측, 또는 조사한 결과는 그 성질에 따라 문자 또는 숫자 등 여러 형태로 나타날 수 있다. 하지만 실험의 결과를 하나의 확률모형으로 표현하기 위해서는 그 결과가 숫자로 주어져야 한다. 예를 들어 한 개의 동전을 3번 던지는 실험에서 앞면을 H, 뒷면을 T라고 나타낼 때, 그 결과는 {HHH, HHT, … , TTH, TTT}와 같이 문자로 나타나게 될 것이다. 여기서 앞면이 나타나는 횟수를 X라고 하면 HHH는 $X=3$, HHT는 $X=2$가 되고, TTH는 $X=1$ 등이 되어 결과적으로 실험에서 나타나게 되는 모든 결과는 0, 1, 2, 3 중 어느 하나로 될 것이며, 실험을 계속할 때마다 X의 값은 그 중 어느 하나로 변하게 된다. 이와같이 실험의 결과를 하나의 숫자로 바꾸어주는 역할을 하는 것을 **확률변수**(random variable)라고 부르며, 일반적으로 X 또는 Y와 같이 영문 대문자로 표기한다.

확률변수

표본공간내의 각 결과를 하나의 실수값으로 대응시켜주는 함수로 정의된다.

---

5) 랜덤(random)한 현상이란 미래에 어떤 결과가 발생할 것인지 알 수는 없지만 발생 가능한 모든 결과에 대해서는 미리 예측할 수 있는 현상으로서, 이러한 예측은 동일한 실험을 수없이 반복시행한 후에 나타나는 상대도수 즉, 확률에 의해 표현될 수 있다. 랜덤한 현상의 전형적인 예로써 동전 또는 주사위를 반복하여 던지는 실험을 들 수 있다.

확률변수가 하나의 랜덤한 현상을 가리킬 때 이 현상에서 나타날 수 있는 모든 결과들은 확률변수가 가질 수 있는 가능한 값으로 변하게 된다(그림 5.1 참조). 그리고 이러한 확률변수의 값 하나하나에 확률이 부여되면 주어진 확률변수에 대한 확률모형이 완성되는 것이다.

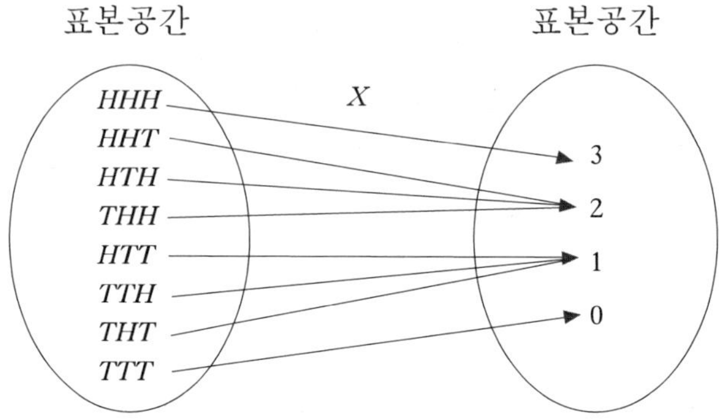

|그림 5.1| 동전을 3번 던지는 실험에서 확률변수 X의 표본공간

2. 이산형 확률변수와 확률분포

2.1 이산형 확률변수의 정의

4장에서 임의의 사건에 대한 확률을 계산하는 방법에 대해서 배웠다. 이때 사건의 확률은 그 사건에 포함된 각 결과들의 확률을 모두 더하여 계산하였으며, 이러한 방법으로 확률 계산이 가능하였던 이유는 실험에서 나타난 결과 하나하나에 확률이 부여되었기 때문이었다. 마찬가지로 확률변수가 가질 수 있는 값 하나하나에도 확률이 부여될 수 있다면 동일한 요령으로 확률변수가 어떤 구간내에 포함되어 있을 확률을 계산할 수 있을 것이다.

확률변수의 값 하나하나에 확률이 부여되기 위해서는 먼저, 확률변수가 가질 수 있는 가능한 값들이 셀 수 있는 값들로 구성되어 있어야 한다. 확률변수가 유한개 또는 무한개의 셀 수 있는 값들로 구성되어 있을 경우, 이러한 확률변수를 **이산형 확률변수**(discrete random variable)라고 부른다.

<u>이산형 확률변수</u>

확률변수의 가능한 값들이 유한개 또는 무한개의 셀 수 있는 값들로 구성되어 있는 경우의 확률변수를 이산형 확률변수라 한다.

2.2 이산형 확률분포와 확률 계산

하나의 랜덤현상을 확률변수를 이용하여 표현할 때 랜덤현상에서 나타나는 모든 결과는 확률변수가 가질 수 있는 값으로 바뀌게 된다. 이때 확률변수가 가질 수 있는 모든 값들과

이에 대응하는 확률을 표나 그림, 또는 함수식을 이용하여 함께 정리하여 놓은 것을 **확률분포**(probability distribution)라 한다. 따라서 이산형 확률변수 X의 확률분포는 X가 가질 수 있는 모든 값과 그 값에 대응하는 확률을 함께 정리하여 놓은 것을 말한다.[6)]

<u>이산형 확률분포</u>

확률변수 X가 가지는 값과 이에 대응하는 확률을 정리하여 놓은 표이다.

X	x_1	x_2	x_3	$\cdots$	x_k[7)]
$P(x)$	p_1	p_2	p_3	$\cdots$	p_k

이때 확률 p_i는 다음 두 조건을 만족하여야 한다.

(1) p_i는 0과 1 사이의 값이어야 한다.

(2) $p_1 + p_2 + p_3 + \cdots + p_k = 1$

확률분포의 계산 예1 S대학교에서는 절대 평가에 의하여 학생들에게 학점을 부여하는 것으로 학칙에 규정되어 있다. 이에 따라 2006년 봄학기에 통계학을 수강한 학생들 중 18%는 A, 32%는 B, 34%는 C, 9%는 D, 그리고 7%는 F를 받았다. 학점을 4점 단위 척도(A=4, B=3, C=2, D=1, F=0)로 할 때 통계학을 수강한 학생들이 받은 학점을 X라고 하자. 이때 확률변수 X의 분포를 표의 형태로 나타낸 후, 그것을 이용하여 랜덤으로 뽑은 한 학생이 B학점 이상을 받았을 확률을 계산해 보자.

(확률분포의 계산) 확률변수 X는 0, 1, 2, 3, 4 중 어느 하나가 될 것이며, 그 확률분포는 <표 5.1>과 같다.

---

6) 확률분포를 함수식으로 나타낼 경우 한 점 x에서의 확률은 $P(x)$ 또는 $f(x)$로 표현되며, 이때의 함수를 확률질량함수(probability mass function)라 한다.

7) 확률변수는 영문대문자로 표현되지만 확률변수가 실제 가지는 특정한 값들은 소문자로 표시한다.

|표 5.1| 학점 X의 확률분포

X	0	1	2	3	4
$P(x)$	0.07	0.09	0.34	0.32	0.18

(확률의 계산) 확률변수 X가 이산형 확률변수일 때, X가 구간 $[a, b]$ 사이에 속할 확률 $P(a \le X \le b)$는 $X=a$에서 $X=b$ 사이의 확률을 모두 더하면 된다. 따라서 랜덤으로 한 학생을 뽑았을 때 그 학생이 B학점 이상을 받았을 확률은 다음과 같이 계산된다.

$$P(X \ge 3) = P(X=3) + P(X=4)$$
$$= 0.32 + 0.18 = 0.5$$

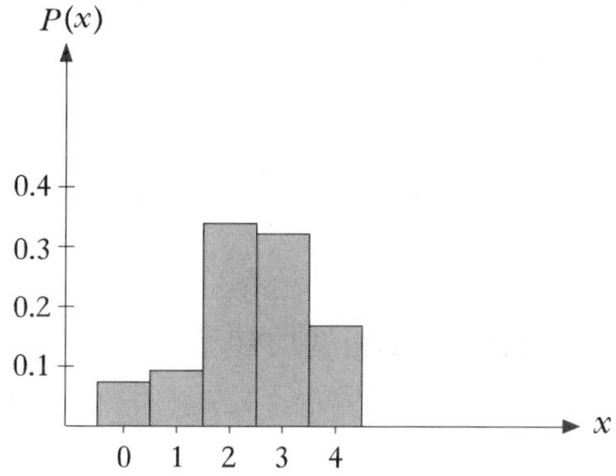

|그림 5.2| 히스토그램으로 나타낸 확률변수 X의 확률분포

확률분포의 계산 예2 동전을 4번 던지는 실험에서 확률변수 X를 앞면이 나타나는 횟수라고 하자. 이때 X의 확률분포를 구하고, 이를 이용하여 앞면이 두 번 이상 나타날 확률을 계산해 보자.

(확률분포의 계산) 동전을 4번 던졌을 때 나타날 수 있는 모든 가능한 결과는 <그림

5.3>에서 보는 바와 같이 16개이며 각 결과로부터 확률변수 X가 가질 수 있는 가능한 값은 0, 1, 2, 3, 4가 됨을 알 수 있다.

		HTTH		
		HTHT		
	HTTT	THTH	HHHT	
	THTT	HHTT	HHTH	
	TTHT	THHT	HTHH	
TTTT	TTTH	TTHH	THHH	HHHH
$X=0$	$X=1$	$X=2$	$X=3$	$X=4$

|그림 5.3| 동전을 4번 던지는 실험에서 앞면이 나타나는 횟수 X

여기서 확률변수 X는 0, 1, 2, 3, 4 등 5개의 값을 갖지만 각각의 확률은 동일하지 않다. 즉, $X=0$는 TTTT일 때 뿐이므로

$$P(X=0)=\frac{1}{16}=0.0625$$

가 되고, $X=1$은 HTTT, THTT, TTHT, TTTH 등 4가지 경우에서 발생하므로

$$P(X=1)=\frac{4}{16}=0.25$$

가 된다. 나머지의 X값에 대한 확률도 동일한 요령으로 계산하면 X의 확률분포는 <표 5.2>와 같게 된다.

|표 5.2| 동전을 4번 던지는 실험에서 앞면이 나타나는 횟수 X의 확률분포

X	0	1	2	3	4
$P(x)$	0.0625	0.25	0.375	0.25	0.0625

(확률의 계산) 확률변수 X를 앞면이 나오는 횟수라고 할 때 앞면의 수와 관련된 어떠한 사건도 X를 사용하여 나타낼 수 있으며, 이러한 사건에 대한 확률은 X의 확률분포로부터 계산할 수 있다. 따라서 앞면이 두 번 이상 나타날 확률은 다음과 같이 계산된다.

$$P(X \geq 2) = P(X=2) + P(X=3) + P(X=4)$$
$$= 0.375 + 0.25 + 0.0625 = 0.6875$$

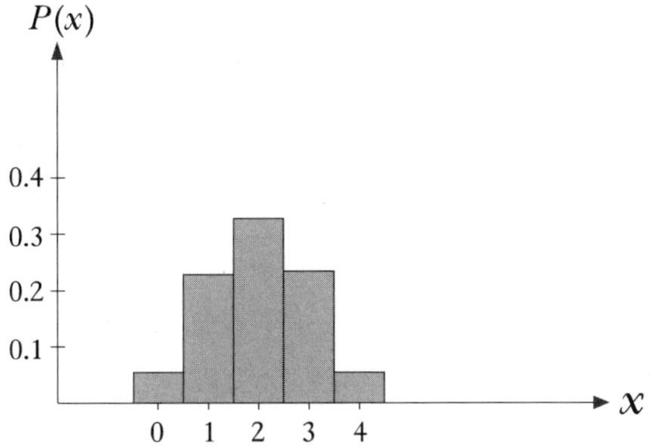

|그림 5.4| 동전을 4번 던지는 실험에서 앞면이 나타나는 횟수 X의 히스토그램

참고사항

〈그림 5.4〉는 확률변수 X의 확률분포를 히스토그램으로 나타낸 것이다. 〈그림 5.4〉에서 확률분포는 정확하게 대칭이다. 하지만 실제로 동전을 던지는 실험에서 앞면이 나타나는 횟수에 대한 상대도수분포는 정확히 대칭이 되지 않는다. 그러나 동일한 실험을 무수히 반복하게 되면 그 상대도수분포는 거의 대칭에 가까운 모양을 띠게 된다. 따라서 위의 예에서 구한 X의 확률분포는 실험에서 상대도수분포가 가지게 될 하나의 이상적인 모형 즉, 이론적인 모형이 되는 것이다.

3. 연속형 확률변수와 확률분포

3.1 연속형 확률변수의 정의

0과 9 사이의 정수 중에서 하나의 숫자를 랜덤으로 뽑는 실험으로부터 뽑힐 수 있는 가능한 수는 0, 1, 2, ⋯, 9 등 10개가 된다. 이때 뽑히는 수를 X라고 하면 확률변수 X는 이산형 확률변수가 되며, 이때 X가 가지는 각 값은 1/10이라는 확률을 가진다. 이제 0과 1 사이에 있는 모든 실수값 중에서 랜덤으로 하나의 값 X를 뽑는 실험을 생각해 보자. 이러한 실험은 <그림 5.5>와 같은 회전판을 이용하면 시각적으로 쉽게 이해할 수 있다. 즉, 회전판에 부착되어 있는 화살표를 돌렸을 때 화살표는 회전판 위를 돌다 0과 1 사이의 어느 한곳에 멈추게 될 것이다. 이때 화살표가 멈추는 곳의 값을 X 라 할 때 X 는 0과 1사이에 있는 하나의 값이 될 것이다. 하지만 여기서 우리는 정확하게 그 값을 구할 수 없다. 왜냐 하면, 0과 1 사이에는 셀 수없이 무한히 많은 값이 존재하므로 특정한 어느 하나의 값을 분리해 낼 수 없기 때문이다. 따라서 이러한 경우에는 화살표가 멈춘 곳의 정확한 값이 아니라 화살표가 어디 사이에 멈추었다고 이야기할 수 밖에 없게된다. 이와 같이 확률변수가 가질 수 있는 값이 무한의 셀 수 없는 값들로 구성되어 있기 때문에 구간으로만 값을 나타낼 수 있을 경우, 이때의 확률변수를 **연속형 확률변수**(continuous random variabvle)라고 한다.

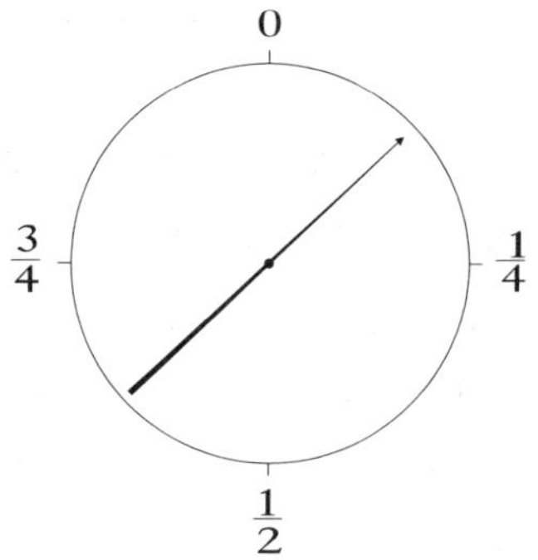

|그림 5.5| 0과 1 사이의 난수 생성 회전판

연속형 확률변수

확률변수의 가능한 값들이 무한의 셀 수 없는 값들로 구성되어 있는 경우의 확률변수를 연속형 확률변수라고 한다.

연속형 확률변수의 전형적인 예로서 키, 몸무게, 시간, 점수, 온도 등을 들 수 있다. 그러나 실제 우리가 일상생활에서 사용하고 있는 이와 같은 확률변수에 대한 측정값들은 측정도구의 한계로 인한 근사값에 불과하다.

3.2 연속형 확률분포와 확률계산

<그림 5.5>의 회전판에서 확률 $P(0.3 \leq X \leq 0.4)$를 계산한다고 하자. 이때 이산형인 난수를 뽑는 실험이라면 0과 1 사이에서 난수 각각이 뽑힐 확률은 동일하므로 구간 [0.3, 0.4] 내에 있는 난수의 개수만큼 해당 확률을 더하면 된다. 그러나 확률변수가 연속형일 경우 0과 1 사이에는 무한개의 값이 존재하므로 위와 같은 요령으로 확률을 계산할 수 없다. 따라서 이러한 경우에는 구간으로 확률을 생각하여 계산할 수밖에 없게 된다.

어떠한 형태의 밀도곡선이라 하더라도 그 곡선 아래의 면적은 1이 된다. 이것은 전체 확률을 다 더하면 1이 된다는 것과 일치한다. 따라서 확률변수가 연속형일 경우 어떤 사건에 대한 확률은 주어진 구간에서 밀도곡선 아래의 면적으로 생각할 수 있다. 연속형 확률변수에서는 어떤 사건에 대한 확률을 구간 내에서 밀도곡선 아래의 면적으로 정의하고 있으며, 이러한 개념하에서 연속형 확률분포는 정의된다.

연속형 확률분포

연속형 확률변수 X의 확률분포는 임의의 구간 $[a,\ b]$에 대하여 $P(a \leq X \leq b) = \int_a^b f(x)dx$ 인 곡선 $f(x)$로 정의된다.[8] 곡선 $f(x)$는 다음 두 조건을 만족하여야 한다.

(1) 모든 x에 대하여 $f(x) \geq 0$이다.

(2) $\int_{-\infty}^{\infty} f(x)dx = 1$ 즉, 밀도곡선 아래의 전체 면적은 1이다.

구간 [a, b]에 속할 확률 $p(a \le X \le b)$는 <그림 5.6>에서 보는 바와 같이 구간 [a, b]에서 밀도곡선 아래의 면적으로 정의된다. 이때 구간의 경계점은 확률 계산에 아무런 영향을 주지 못한다. 왜냐 하면, 한 점에서의 면적은 0이기 때문이다. 따라서 확률변수 X가 연속형일 경우, 한 점 $X=c$에서의 확률은 $P(X=c)=0$이 되므로 다음 관계가 항상 성립한다.

$$P(a \le X \le b) = P(a < X \le b) = P(a \le X < b) = P(a < X < b)$$
$$= \int_a^b f(x)dx$$

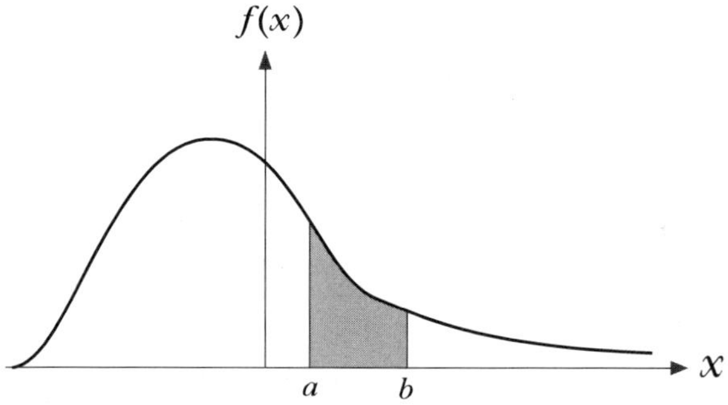

|그림 5.6| 연속형 확률분포에서의 확률의 의미

연속형 확률분포에서의 확률 계산 예 컴퓨터의 균등분포 난수생성 프로그램으로부터 만들어지는 난수는 0과 1 사이의 전 구간에서 고르게 흩어져 나타난다. 이때 무한히 반복하여 만들어진 난수 X는 다음과 같은 밀도곡선 $f(x)$에 의해서 표현되어진다. 즉,

$$f(x) = \begin{cases} 1, & 0 \leq x \leq 1 \\ 0, & \text{기타} \end{cases}$$

균등분포의 밀도곡선은 0에서 1 사이의 구간에서 높이가 1이며, 어떤 사건에 대한 확률은 주어진 구간 내에서 밀도곡선 아래의 면적과 같다. 즉, <그림 5.7 (a)>에서 구간

8) 연속형 확률변수 X의 확률분포는 곡선 $f(x)$에 의하여 표현되며, 이때의 $f(x)$를 확률밀도함수(probability density function)라고 부른다.

(0.3, 0.7)에서 밀도곡선 아래의 면적이 0.4이기 때문에 확률 $P(0.3 \leq X \leq 0.7)$도 0.4가 되는 것이다.

그리고 확률 $P(X \leq 0.5 \text{ or } X > 0.8)$은 겹치지 않은 두 구간으로 구성되어 있으므로 <그림 5.7 (b)>에서 두 구간의 면적을 합한 것과 같게 된다. 즉,

$$\begin{aligned} P(X \leq 0.5 \text{ or } X > 0.8) &= P(X \leq 0.5) + P(X > 0.8) \\ &= 0.5 + 0.2 = 0.7 \end{aligned}$$

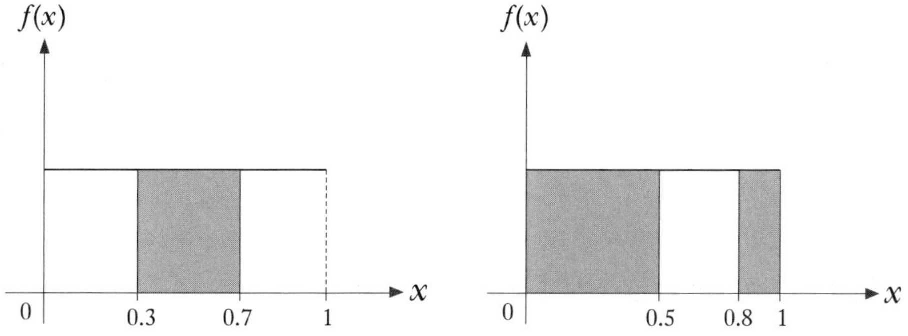

(a) $P(0.3 \leq X \leq 0.7) = 0.4$　　(b) $P(X \leq 0.5 \text{ or } X > 0.8) = 0.7$

|그림 5.7| 균등분포에서의 확률의 의미

4. 확률변수의 평균과 분산

4.1 이산형 확률변수의 경우

● 평균

1장에서 평균 $\overline{X}$는 관측값을 이용하여 계산하였다. 마찬가지로 확률변수 X의 평균 μ_X도 X의 값을 이용하여 계산되어진다. 단지 차이점은 확률변수 X의 값들 각각이 발생할 확률이 동일하지 않기 때문에 이러한 점을 고려하여 평균이 계산되어져야 한다는 것이다.

확률변수의 평균에 대한 기본개념 예 대한민국은 복권공화국이라는 말이 붙을 정도로 시중에서 판매되고 있는 복권의 종류가 다양하며, 또한 그 폐해도 극심하다고 할 수 있다. 확률변수의 평균에 대한 기본 개념을 설명하기 위하여 편의상 당첨금이 백만원이고, 당첨 확률이 0.001인 복권을 가정한다. 복권 한 장의 가격을 만원이라 할 때, 복권 한 장에서 기대할 수 있는 당첨금을 계산해 보도록 하자.

당첨금	0	백만
확률	0.999	0.001

(기대 상금액의 계산) 복권을 한 장 산다고 할 때 기대할 수 있는 금액을 당첨금을 이용하여 계산해 보자. 복권 구매시 기대할 수 있는 당첨금은 0원과 백만원이므로 두 금액의 평균을 계산하면 (0원+백만원)/2=오십만원이 된다. 따라서 만원짜리 복권을 한 장 구매할 경우 기대할 수 있는 당첨금은 오십만원이 된다고 할 수 있다. 하지만 이것은 잘못

된 계산이다. 왜냐하면 평균을 계산할 때 각 당첨금이 발생할 확률을 전혀 고려하지 않았기 때문이다. 즉, 백만원과 0원을 받을 가능성은 동일한 것이 아니라 백만원의 상금을 받을 확률은 1/1,000이고, 당첨금을 받지 못할 확률은 999/1,000로서 백만원의 당첨금을 받을 수 있는 가능성은 극히 낮다. 따라서 이러한 경우에 기대할 수 있는 당첨금은 당첨금과 당첨금이 발생할 확률이 고려되어

$$0(\text{원}) \times \frac{999}{1000} + 1\text{백만}(\text{원}) \times \frac{1}{1000} = 1\text{천}(\text{원})$$

과 같이 계산되어져야 하는 것이다. 이러한 개념에 의하여 정의된 것이 이산형 확률변수 X의 평균이다. ■

이산형 확률변수의 평균

X 의 확률분포가 아래 표와 같을 때 평균 μ_X는 다음과 같이 정의된다.

X	x_1	x_2	x_3	$\cdots$	x_k
$P(x)$	p_1	p_2	p_3	$\cdots$	p_k

$$\begin{aligned}\mu_X &= x_1 p_1 + x_2 p_2 + x_3 p_3 + \cdots + x_k p_k \\ &= \sum_{i=1}^{k} x_i p_i\end{aligned}$$

분산

확률변수 X의 분산은 1장에서 설명된 표본분산 S^2과 유사한 개념으로 정의된다. 즉, 확률변수 X의 분산은 분포의 중심 μ_X로부터 X까지 거리의 제곱 $(X-\mu_X)^2$에 대한 평균으로 정의된다. 하지만 μ_X를 계산할 때와 마찬가지로 이때에도 X의 각 값에 대응하는 확률을 고려해 주어야 한다.

이산형 확률변수의 분산

X 의 확률분포가 아래 표와 같을 때 분산 σ_X^2은 다음과 같이 정의된다.

X	x_1	x_2	x_3	$\cdots$	x_k
$P(x)$	p_1	p_2	p_3	$\cdots$	p_k

$$\begin{aligned}\sigma_X^2 &= (x_1-\mu_X)^2 p_1 + (x_2-\mu_X)^2 p_2 + \cdots + (x_k-\mu_X)^2 p_k \\ &= \sum_{i=1}^{k}(x_i-\mu_X)^2 p_i\end{aligned}$$

확률분포의 평균과 분산 계산 예 동전을 3번 던지는 실험에서 앞면이 나오는 횟수 X의 확률분포를 구한 다음, 평균과 분산을 각각 계산해 보자.

(확률분포의 계산) 동전을 3번 던지는 실험에서 앞면을 H, 뒷면을 T라 할 때 표본공간은 $S=\{HHH, HHT, HTH, THH, HTT, TTH, THT, TTT\}$가 된다. 이때 앞면이 나오는 수 X를 확률변수라고 하면, 표본공간은 $S=\{0, 1, 2, 3\}$으로 바뀌게 되고, 이때 각 값이 일어날 확률은 다음과 같이 계산된다.

$X=0$ 은 TTT일 때뿐이므로 $P(x=0)=\frac{1}{8}=0.125$

$X=1$ 은 HTT, THT, TTH 등 3가지 경우가 있으므로 $P(x=2)=\frac{3}{8}=0.375$

$X=2$ 는 HHT, HTH, THH 등 3가지 경우가 있으므로 $P(x=3)=\frac{3}{8}=0.375$

$X=3$ 은 HHH일 때뿐이므로 $P(x=3)=\frac{1}{8}=0.125$

따라서 확률변수 X의 확률분포는 <표 5.3>과 같게 된다.

|표 5.3| 동전을 3번 던졌을 때 앞면이 나타나는 횟수 X에 대한 확률분포

X	0	1	2	3
$P(x)$	0.125	0.375	0.375	0.125

(평균의 계산)

$$\mu_X = \sum_{x=0}^{3} x\,P(x)$$
$$= 0\times(0.125)+1\times(0.375)+2\times(0.375)+3\times(0.125)$$
$$= 1.5$$

(분산의 계산)

$$\sigma_X^2 = \sum_{x=0}^{3} (x-\mu_X)^2 p_x$$
$$= (0-1.5)^2\times 0.125+(1-1.5)^2\times 0.375+(2-1.5)^2\times 0.375+(3-1.5)^2\times 0.125$$
$$= 0.75$$

■

상대도수분포의 평균 계산 예 동전을 3번 던졌을 때 앞면이 나타나는 횟수 X를 관측하는 실험을 20회 반복하여 실시한 결과, 앞면이 한 번도 나타나지 않은 경우가 2번, 한 번 나타난 경우가 7번, 두 번 나타난 경우가 8번, 세 번 모두 나타난 경우가 3번이었다고 하자. 이때 앞면이 나타나는 횟수 X에 대한 상대도수분포는 <표 5.4>와 같이 작성된다. 20회의 실험으로부터 구해진 상대도수분포를 이용하여 앞면이 나타나는 횟수 X의 평균을 계산해 보자.

|표 5.4| 동전을 3번 던지는 실험을 20회 반복 시 X의 상대도수분포

X	0	1	2	3
상대도수	$\frac{2}{20}$	$\frac{7}{20}$	$\frac{8}{20}$	$\frac{3}{20}$

(평균의 계산) <표 5.4>에 주어진 상대도수를 이용하여 확률변수 X의 평균을 계산하면

$$\begin{aligned}\bar{x} &= \sum x\left(\frac{f_x}{N}\right)\\ &= 0\times\left(\frac{2}{20}\right)+1\times\left(\frac{7}{20}\right)+2\times\left(\frac{8}{20}\right)+3\times\left(\frac{3}{20}\right)\\ &= 1.6\end{aligned}$$

여기서 계산된 평균값(=1.6)은 앞의 예에서 계산된 평균값(=1.5)과는 다소 차이가 있다. 왜냐 하면, 상대도수는 단지 20번 측정하여 얻은 결과이기 때문이다. 만약 실험을 100번, 1,000번, 10,000번 … 등과 같이 점점 횟수를 늘려간다면 그 차이는 점점 줄어들게 되고, 결과적으로 상대도수를 이용하여 계산한 평균값은 1.5로 수렴하게 될 것이다.

■

참고사항

확률의 상대도수적 정의에 따르면 어떤 사건이 발생할 상대도수는 실험을 무한히 반복하였을 때 하나의 값으로 수렴하며, 이때 수렴하게 되는 값을 그 사건에 대한 확률이라고 하였다. 1장의 상대도수를 이용한 평균 계산공식에서 상대도수 f_i/N 대신에 확률 p_i를 사용하면 그것은 바로 확률변수 X의 평균을 계산하는 공식이 된다.

$$\bar{x} = \sum x\left(\frac{f_x}{N}\right) \overset{N\to\infty}{\simeq} \sum x\, p_i = \mu_X$$

확률 p_i는 실험의 반복 횟수와 무관하게 항상 일정하다. 따라서 $\sum x\, p_i$는 무수히 많은 실험을 반복하였을 때 얻을 수 있을 것이라고 기대할 수 있는 값이기 때문에 **기대값**(expected value)이라고 부르며, $E(X)$로 표기한다.

4.2 연속형 확률변수의 경우

● 평균과 분산

확률변수 X가 연속형일 경우의 평균과 분산은 이산형일 경우와 동일하게 정의된다. 하지만 연속형에서는 확률변수 X가 가질 수 있는 값들이 계속 이어지는 무한의 셀 수 없는 값들로 이루어지기 때문에 합 기호($\sum$) 대신에 적분 기호($\int$)를 사용하여 계산해야 한다.

연속형 확률변수의 평균과 분산

확률변수 X가 연속형일 때

$$\text{평균:}\quad \mu_X = \int_{-\infty}^{\infty} x f(x)dx$$

$$\text{분산:}\quad \sigma_X^2 = \int_{-\infty}^{\infty} (x-\mu)^2 f(x)dx$$

확률분포의 평균과 분산 계산 예 A연구소에 근무하는 한 연구원이 50페이지짜리 보고서를 타이핑하는데 걸리는 시간은 2시간에서 4시간 사이라고 알려져 있다. 확률변수 X를 이 연구원이 보고서를 작성하는데 걸리는 시간이라 할 때, 여기서 X는 연속형 확률변수가 된다. 따라서 X는 다음과 같은 밀도곡선 $f(x)$를 가지며, 이때 확률 $P(2.5 \leqq X \leqq 3.5)$와 확률변수 X의 평균과 분산을 각각 계산해 보도록 하자.

$$f(x) = \begin{cases} \frac{1}{2}, & 2 \leqq x \leqq 4 \\ 0, & \text{기타} \end{cases}$$

밀도곡선 $f(x)$의 그래프는 <그림 5.8>에 주어져 있다. <그림 5.8>의 (a)에서 그래프는 $x=2$와 $x=4$ 사이에서 높이가 0.5로 일정하고, 곡선 아래의 면적은 정확히 1이 된다.

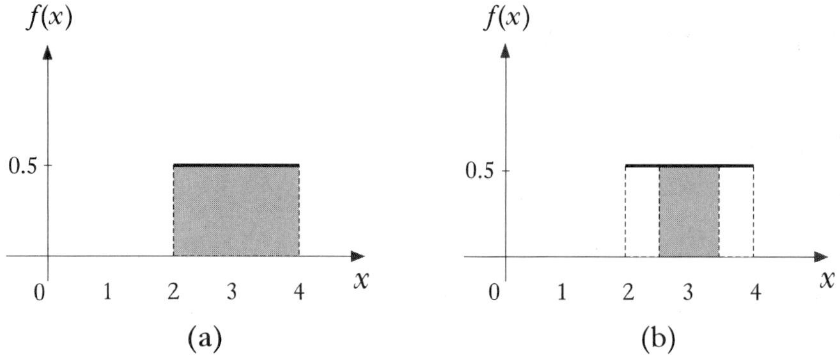

|그림 5.8| 구간 〔2, 4〕에서의 균등분포

(확률의 계산) 확률변수 X가 2.5와 3.5 사이에 포함될 확률 $P(2.5 \leqq X \leqq 3.5)$은 <그림 5.8>의 (b)에서 음영 부분의 면적을 나타낸다. 즉,

$$P(2.5 \leqq X \leqq 3.5) = \int_{2.5}^{3.5} 0.5dx = 0.5$$

여기서 확률이 0.5라는 것은 이 연구원이 타이핑하는 50페이지짜리 보고서들 중 절반(50%) 정도는 2.5시간에서 3.5시간이 걸린다는 것을 의미한다.

(평균과 분산의 계산) 이 연구원이 50페이지짜리 보고서를 타이핑하는데 걸리는 시간의 평균과 분산은 다음과 같이 계산된다.

$$\mu_X = \int_2^4 xf(x)dx = \int_2^4 \frac{1}{2}xdx = 3.0(\text{시간})$$

$$\sigma_X^2 = \int_2^4 (x-\mu_x)^2 f(x)dx \ = \int_2^4 (x-3.0)^2\left(\frac{1}{2}\right)dx = 0.333$$

제 6 장

생활속에서 많이 사용되는 확률분포

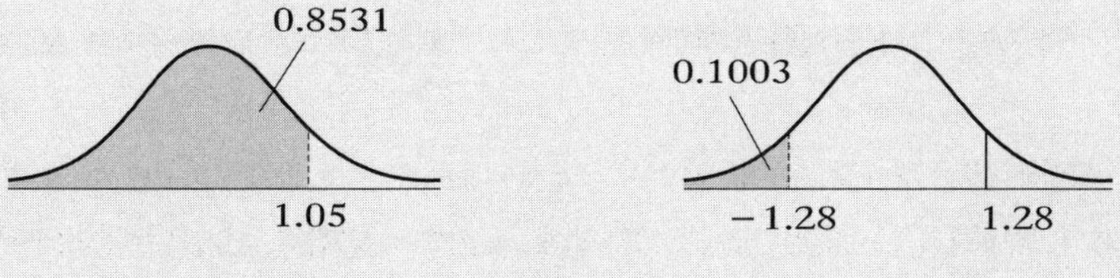

콕스(Gertrude M. Cox: 1900~1978)

미국 아이오아주의 데이툰에서 태어난 콕스는 여성으로 통계학 분야에서 전설적인 업적을 이룬 학자로 널리 알려져 있다. 콕스는 1931년 아이오아 주립대학에서 통계학 석사학위를 수여받았으며, 그 후 캘리포니아 대학의 대학원 조교로 있으면서 심리통계학을 공부하였다. 1933년에는 모교인 아이오아 대학으로 돌아와 새로 설립된 통계연구소의 연구원으로 일하면서 연구소장인 스네덱크(George Snedecor) 교수를 보조하였다. 연구소에서 재직하는 기간 동안 콕스는 통계학 공부를 계속하면서 실험계획 분야에서의 연구를 시작하였다. 그 후 콕스는 실험계획에 대한 전반적인 내용들을 총망라하여 코크란(William G. Cochran)과 공동으로 '실험계획법(Experimental Designs)'이란 책을 집필하였다.

1940년 콕스는 노스캐롤라이나 대학교의 농업대학에 실험통계학과를 설립해주도록 추천을 받았다. 이 당시 스네덱크 교수는 노스캐롤라이나 대학교에 5명의 학자를 추천하면서 '만약 당신의 대학에서 개설하고자 하는 통계학과의 학과장으로 여성도 무방하다면 나의 참모들 중에 콕스 교수를 우선적으로 추천합니다.'라는 메모를 첨부하였다. 이에 노스케롤라이나 대학에서는 대학 창건 이래 처음으로 여성 정교수 및 여성 학과장을 탄생시켰던 것이다.

콕스는 미국통계학회(American Statistical Association: ASA)의 결성에 적극적으로 참여하여 활동하였으며, 1945년에는 여성으로서 최초로 통계학회내 생물통계학 분과의 학회지(최초에는 'Biometrics Bulletin'이었으며, 후에 'Biometrics'로 그 명칭이 바뀌었음) 편집장으로 선출되었다. 1947년에 그녀는 생물통계학회를 별도로 창립하였으며, 1956년에는 ASA의 회장이 되었다.

콕스는 생애에 많은 명예를 수여받았으며, 그 중 대표적인 것으로 1944년 ASA의 특별회원, 수리통계학회의 특별회원, 1949년 국제통계학회의 최초의 여성회원, 1957년에 영국로얄 통계학회 특별회원 등을 들 수 있다.

1. 이항분포

1.1 이항실험과 이항분포

2,500명의 성인을 랜덤으로 뽑아 새로 개정될 국민연금법에 대한 찬성 또는 반대 여부를 조사한다고 하자. 이때 새로운 국민연금법안에 찬성하는 사람 수를 X라고 하면 X는 하나의 확률변수가 된다. 또한 LCD TV를 생산하는 S전자회사에서 이번 달에 생산된 제품 중에서 50대를 랜덤으로 뽑아 불량품이 있는지의 여부를 확인하다고 하자. 이때 불량품의 개수를 Y라고 할 때 Y 역시 하나의 확률변수가 된다. 두 예에서 확률변수는 2,500명의 조사 대상 중에서 찬성과 반대 또는 50대의 TV 중에서 양호품과 불량품 중 어느 하나의 결과가 발생하는 횟수를 각각 나타내고 있다. 이때 발생 횟수에 대한 확률모형은 조사 또는 실험이 이루어지는 조건에 의존하게 된다.

이항실험

관측 가능한 결과가 두 가지 뿐인 실험이 서로 독립적으로 이루어지고, 두 가지 결과 중 어느 한쪽이 일어날 확률 p가 항상 동일한 실험을 이항실험이라 한다.

이항실험의 전형적인 예로 동전을 반복하여 던지는 실험을 들 수 있다. 즉, 하나의 동전을 던졌을 때 나타나는 결과는 앞면과 뒷면 중 어느 하나이며, 동전을 던지는 것은 서로 독립이고 동전을 반복하여 던질 때 앞면이 나타날 확률은 1/2로 항상 동일하다.

편의상 성공과 실패로 이루어진 이항실험이 있다고 하자. 이때 성공 횟수 X의 확률분포는 관측값의 개수 n과 성공할 확률 p에 의해서 완전하게 결정되어진다. 이와 같이 두 가지 가능한 결과로 이루어진 이항실험에서 어느 한 쪽이 발생할 횟수의 분포를 **이항분포**(binomial distribution)라 한다.

이항분포

반복 횟수가 n, 성공률이 p인 이항실험에서 성공 횟수 X의 확률분포를 이항분포라고 하며, 그 확률모형은 다음과 같다.

$$P(x) = \binom{n}{x} p^x q^{n-x}, \text{ 여기서 } x = 0, 1, \cdots, n$$

이때 평균 $\mu_X = np$, 분산 $\sigma_X^2 = np(1-p)$이다.

1.2 이항분포 확률모형의 생성 과정

성공(S)과 실패(F)로 이루어지고 성공률이 p인 이항실험을 n번 반복 실시할 때 성공(S)이 일어날 확률을 계산해 보자. 여기서 성공(S)을 1, 실패(F)를 0으로 나타내고 X를 성공의 횟수라고 할 때 X는 0, 1, ⋯ n의 값을 가지는 하나의 확률변수가 된다.

(1) $n=1$일 경우

실험 결과는 $\{S, F\}$ 2가지이고,

$$X=0 \text{일 확률: } P(X=0) = P(F) = 1-p = \binom{1}{0} p^0 (1-p)^{1-0} \quad (1)$$

$$X=1 \text{일 확률: } P(X=1) = P(S) = p = \binom{1}{1} p^1 (1-p)^{1-1} \quad (2)$$

(1), (2)로부터 $n=1$일 때 S가 x번 일어날 확률은 다음과 같이 표현할 수 있다.

$$P(x) = \binom{1}{x} p^x (1-p)^{1-x}, \quad \text{여기서 } x = 0, 1$$

(2) $n=2$일 경우

실험 결과는 $\{SS, SF, FS, FF\}$ 4가지이고,

$$X=0 \text{일 확률: } P(X=0) = P(FF) = P(F)P(F) = (1-p)^2 = \binom{2}{0} p^0 (1-p)^{2-0} \quad (3)$$

$X=1$ 일 확률 : $P(SF) = P(FS) = P(S)P(F) = p(1-p)$ 이므로

확률 $P(X=1) = P(SF) + P(FS) = 2 \times p(1-p) = \binom{2}{1} p^1 (1-p)^{2-1}$ (4)

$X=2$ 일 확률 : $P(x=2) = P(SS) = P(S)P(S) = p^2 = \binom{2}{2} p^2 (1-p)^{2-2}$ (5)

(3), (4), (5)로부터 $n=2$ 일 때 S가 x 번 일어날 확률은 다음과 같이 표현할 수 있다.

$$P(x) = \binom{2}{x} p^x (1-p)^{2-x} \quad \text{여기서 } x = 0,\ 1,\ 2$$

(3) $n=3$ 일 경우

실험 결과는 $\{SSS,\ SSF,\ SFS,\ FSS,\ SFF,\ FSF,\ FFS,\ FFF\}$ 8가지이고,

$X=0$ 일 확률 : $P(X=0) = P(FFF) = (1-p)^3 = \binom{3}{0} p^0 (1-p)^{3-0}$ (6)

$X=1$ 일 확률 : $P(SFF) = P(FSF) = P(FFS) = p(1-p)^2$ 이므로

확률 $P(x=1) = P(SFF) + P(FSF) + P(FFS) = 3 \times p(1-p)^2 = \binom{3}{1} p^1 (1-p)^{3-1}$ (7)

$X=2$ 일 확률 : $P(SSF) = P(SFS) = P(FSS) = p^2(1-p)$ 이므로

확률 $P(x=2) = P(SSF) + P(SFS) + P(FSS) = 3 \times p^2(1-p) = \binom{3}{2} p^2 (1-p)^{3-2}$ (8)

$X=3$ 일 확률 : $P(X=3) = P(SSS) = p^3 = \binom{3}{3} p^3 (1-p)^{3-3}$ (9)

(6), (7), (8), (9)로부터 $n=3$ 일 때 S가 x 번 일어날 확률은 다음과 같이 표현할 수 있다.

$$P(x) = \binom{3}{x} p^x (1-p)^{3-x} \quad \text{여기서 } x = 0,\ 1,\ 2,\ 3$$

$$\vdots$$

(4) $n=n$ 일 경우

S가 x 번 일어날 확률은 다음과 같이 표현된다.

$$P(x) = \binom{n}{x} p^x (1-p)^{n-x} \quad \text{여기서 } x = 0,\ 1,\ \cdots,\ n$$

이항분포의 적용 예 전원주택이 많은 경기도 양평군 강하면에서 최근 절도사건이 많이 발생하고 있다. 이에 면사무소에서는 경비시스템을 설치한 가구가 얼마나 되는지를 알아보기 위하여 강하면 전체 가구 중 일부를 표본으로 추출하여 전화조사를 실시한 결과, 약 20%가 경비시스템을 설치하였다는 응답을 얻었다. 이를 근거로 면사무소에서는 면내의 경비시스템 설치 가구를 20%로 하여 절도 방지를 위한 인원과 예산을 양평군에 건의하였다. 양평군에서는 강하면 면사무소에서 올린 건의의 근거가 옳은지 즉, 경비시스템 설치 가구의 비율이 $p=0.2$가 맞는지를 확인하기 위하여 강하면 전체 가구의 1%에 해당하는 20가구를 랜덤으로 추출하여 재조사를 하려고 한다. 재조사에서 적어도 40% 즉, 20가구 중에서 8가구 이상이 경비시스템을 설치하였다고 응답할 경우, 면사무소의 조사 결과를 어떻게 판단하여야 할까?

(확률의 계산과 해석) 확률변수 X를 경비시스템을 설치한 가구 수라고 할 때 X는 2절에서 배우게 될 초기하분포를 따른다. 하지만 표본의 크기는 전체 가구 수의 1%로 아주 적으므로 확률변수 X는 $n=20$, $p=0.2$인 이항분포를 따른다고 가정해도 무방하다. 따라서 20가구 중에서 8가구 이상이 경비시스템을 설치하였다고 응답할 확률은

$$\begin{aligned} P(X \geq 8) &= \sum_{x=8}^{20} \binom{20}{x} (0.2)^x (0.8)^{20-x} \\ &= P(8) + P(9) + \cdots + P(20) \\ &= 0.022 + 0.007 + \cdots + 0.000 \\ &= 0.031 \end{aligned}$$

이 된다. 면사무소에서 조사한 결과가 옳다고 할 경우 즉, $p=0.2$이라고 할 때 20가구 중에서 8가구 이상이 경비시스템을 설치하였을 확률은 0.03으로 아주 적다. 이것은 동일한 조사를 100번 반복 실시한다고 할 때 3번 정도 발생하는 것으로 아주 드물게 일어난다는 것을 의미한다. 따라서 경비시스템을 설치한 가구의 비율이 20%인 상황에서 이러한 일이 일어나기 어렵기 때문에 만약 20가구 중에서 설치한 가구가 8가구 이상이라는 응답이 나온다면 면사무소의 조사에 의문을 가져야 하는 것이 당연하다고 할 수 있다. ■

2. 초기하분포

2.1 초기하분포의 정의

두 가지 가능한 결과 예를 들어, 성공과 실패로 이루어져 있는 크기가 N인 모집단으로부터 한 개의 표본을 뽑아 그것이 성공인지 또는 실패인지를 확인한 후, 다음 표본이 뽑히기 전에 모집단 속에 다시 넣는 복원추출을 한다고 하자. 이때 실험은 이항실험의 조건을 만족하게 되므로 n번 반복 실험에서 관측된 성공의 횟수 X는 이항분포를 따르게 된다.

일반적으로 우리는 복원보다는 비복원추출법에 의하여 표본을 추출한다. 즉, 모집단으로부터 한 개의 표본을 뽑았을 때 그것은 다음에 다시 뽑힐 수가 없다. 따라서 표본이 비복원추출로 이루어진다면 그 시행은 독립이 아니므로 더 이상 이항실험의 조건이 만족되지 않게 된다. 이러한 경우 표본으로부터 관측된 성공의 횟수는 이항분포를 따르는 것이 아니라 초기하분포라고 불리는 새로운 형태의 분포를 따르게 된다.

전체 유권자 중에서 A후보를 지지하는 사람의 비율이 40%라고 가정한 후, 10명의 유권자를 랜덤으로 뽑아 그 중에서 몇 명이 A후보를 지지하는 지를 알아본다고 하자. 이때 제일 먼저 뽑히는 사람이 A후보를 지지하는 유권자일 확률은 0.4가 된다. 그러나 두 번째, 세 번째, … 등 계속해서 사람을 뽑을 때 마다 뽑힌 사람이 A후보를 지지하는 유권자일 확률은 앞에서 뽑힌 사람에 의하여 영향을 받게 되므로 변하게 된다. 따라서 10명의 유권자를 뽑는 실험은 독립적이라고 할 수가 없기 때문에 이항실험의 조건에 맞지 않으므로 이항분포를 사용할 수 없게 된다.

여기서 전체 유권자수가 매우 크다고 가정을 해 보자. 이때 몇 사람을 제외시킨다고 해서 A후보 지지율은 그다지 크게 변하지 않을 것이다. 즉, 두 번째, 세 번째…, 등 계속해서 뽑히는 사람들이 A후보를 지지하는 유권자일 확률도 거의 0.4와 차이가 없다고 할 수 있다.

일반적으로 모집단 N이 표본의 크기 n에 비하여 매우 클 때 나중의 시행에서 성공할 확률과 처음 시행에서 성공할 확률은 앞의 시행에서 어떤 결과가 일어났는지에 관계없이 거의 차이가 없다. 따라서 이러한 경우에는 뽑힌 표본 중에서 A후보를 지지하는 유권자의 수는 이항분포에 근사시킬 수 있는 것이다. 그러나 표본의 크기 n이 전체 유권자의 수 N에 비하여 상대적으로 크다면 나중에 뽑히는 유권자들이 A후보를 지지할 확률은 먼저 뽑힌 사람들이 A후보 지지자인지 아닌지에 따라 크게 변하게 된다. 따라서 이때의 시행은 독립적이라고 할 수 없어 이항분포로 근사시킬 수 없게 된다. 이러한 경우 A후보를 지지하는 유권자수는 **초기하분포(hypergeometric distribution)**라고 불리는 새로운 분포를 따르게 된다.

<u>초기하분포</u>

성공률이 p, 크기가 N인 모집단으로부터 n개의 표본을 비복원추출할 때 성공이 일어나는 횟수를 X라고 하자. 이때 X는 '모수 N, n, p인 초기하분포를 따른다'고 하며, 그 확률모형은

$$P(x) = \frac{\binom{Np}{x}\binom{N-Np}{n-x}}{\binom{N}{n}}, \quad x = 0,\ 1,\ 2,\ \cdots,\ n \quad \text{단, } x \le Np,\ n-x \le N-Np$$

2.2 초기하분포와 이항분포의 차이

초기하분포와 이항분포의 차이점은 표본을 추출하는 방법에 있다. 초기하분포에서는 이미 뽑힌 표본을 다시 모집단 속에 넣지 않고 정해진 개수의 표본을 뽑는 비복원 추출법을 택한다. 그러나 이항분포에서는 뽑힌 표본을 다시 모집단에 넣은 후에 다음 표본을 뽑는 복원 추출법을 택한다.

모집단의 크기 N이 표본의 크기 n에 비하여 매우 클 때 이미 뽑힌 대상을 모집단에 다시 넣는지 또는 다시 넣지 않는지의 여부는 다음 대상이 뽑힐 확률에 거의 영향을 미치지 않는다. 즉, 비복원으로 추출하는 것과 복원으로 추출하는 것과는 차이가 거의 없다고

할 수 있다. 이러한 사실은 N이 n에 비하여 충분히 클 때 이항분포는 초기하분포의 근사분포로 사용될 수 있다는 것을 의미하는 것이다. 일반적으로 $n/N \le 0.05$ 이면, 이항분포는 초기하분포의 좋은 근사값을 제공한다고 알려져 있다.

초기하분포의 적용 예 몇 년전 손가락으로 종이에 그려진 물체를 알아맞힐 수 있으며, 또한 종이의 색깔도 알아맞힐 수 있다는 초능력을 가진 사람이 TV에 출연한 적이 있었다. 여러 가지 방법으로 그 사람을 테스트해 본 결과, 초능력을 가졌다고 믿을 수 있을 만큼 알아맞히지는 못하여 방송을 시청한 사람들은 그 사람의 능력에 대하여 의문을 가지게 되었다. 초능력은 종종 속임수에 불과한 것으로 판정되기 때문에 어떤 사람이 초능력을 가지고 있다고 할 때 우리는 그 사실을 쉽게 믿지 못한다. 여기서는 이러한 초능력과 관련된 문제를 통계학적인 측면에서 어떻게 판단할 수 있는지 알아보도록 하자.

카드 앞면의 색깔이 빨간색과, 흰색으로 이루어진 20장의 카드(빨간색 4장, 흰색 16장)를 잘 섞은 후 테이블 위에 뒷면만 보이도록 모두 펼쳐놓은 다음, 초능력을 가졌다고 주장하는 사람의 눈을 가린 후 빨간색의 카드를 모두 고르도록 하자. 이때 이 사람이 정말 손가락으로 색깔을 감지할 수 있는 초능력을 가졌다면 빨간색 카드 4장 모두를 찾을 수 있어야만 할 것이다. 여기서 빨간색 카드 4장 모두를 찾아낸다는 것이 얼마나 어려운 일인지 확률적으로 알아보도록 하자.

4장 모두 빨간색일 확률의 계산 20장의 카드 중에서 4장을 랜덤으로 뽑는다고 할 때 뽑힌 4장의 카드 중에서 빨간색의 카드 수를 X라고 할 때 X는 모집단의 크기 $N=20$, 표본의 크기 $n=4$, 빨간색일 확률 $p=4/20=0.2$ 인 초기하분포를 따른다. 따라서 뽑힌 4장의 카드 모두가 빨간색일 확률 $P(X=4)$는 다음과 같이 계산되어진다.

$$P(X=4)=\frac{\binom{4}{4}\binom{16}{0}}{\binom{20}{4}}=\frac{1}{4845}\approx .00021$$

(설명) 확률이 0.00021이라는 것은 10,000번에 약 2번꼴로 발생한다는 것으로 빨간색 카드 4장 모두를 알아맞히기는 무척 어렵다는 것을 의미한다. 즉, 이 사람이 만약 빨간색의 카드 4장 모두를 알아맞혔다면 이 사람이 초능력자라는 사실을 인정하기에 충분한 통계적 증거를 가지고 있다고 말할 수 있는 것이다.

3장이 빨간색일 확률의 계산 만약 이 사람이 4장의 카드 중에서 3장만을 알아맞혔다고 할 경우, 이 사람의 초능력을 어떻게 판단해야 할까? 이에 대한 답을 얻기 위해서 동일한 조건에서 $X=3$일 확률을 구해보자.

$$P(X=3)=\frac{\binom{4}{3}\binom{16}{1}}{\binom{20}{4}}=\frac{64}{4845}\approx .01$$

(설명) 뽑힌 4장 중 3장이 빨간색일 확률은 4장 모두 빨간색일 확률 0.00021보다는 훨씬 크지만 확률값으로 볼 때 여전히 작은 값에 해당된다. 즉, 100번에 약 1번꼴로 발생함을 의미하기 때문에 4장 중에서 3장의 빨간색 카드를 알아맞히기도 역시 어렵다고 보아야 할 것이다. 따라서 4장 중에서 3장의 빨간색 카드를 알아맞히는 경우에도 통계학적으로는 그 사람이 초능력을 가지고 있다고 인정할 수 있는 것이다.

(결론) 우리는 위에서와 같은 통계학적 계산에도 불구하고 빨간색 카드 4장을 모두 알아맞히지 못하는 한 그 사람이 초능력을 가지고 있다는 사실을 의심하게 된다. 왜냐하면, 손가락이 색깔을 감지하는 초능력을 가지고 있는 사람이라면 빨간색 카드 4장 모두를 알아맞히는 것이 당연할 것이라고 모두가 믿기 때문이다. ■

3. 푸아송분포

3.1 이항분포 확률모형의 근사모형

이주 복잡한 계산을 반복하여 해야만 할 때 수학자들은 어떻게 그러한 어려움을 극복하려고 할까? 이러한 경우 수학자들도 당연히 다른 사람들처럼 간편하면서도 쉬운 계산방법을 찾으려고 노력할 것이다. 이항분포는 나타날 수 있는 결과가 두 가지뿐이면서 실험이 독립적으로 반복될 경우 어느 한 쪽이 나타나는 횟수와 관련된 분포이다. 즉, 이항분포는 예를 들어 4지선다형 20문제에서 정답을 맞히는 개수라든지 또는 S외국어고등학교에서 특정대학에 합격시킨 학생 수 등 우리 주위에서 발생하는 일들과 관련되어 많이 사용되는 분포이다. 하지만 이항분포는 표본의 크기가 클 경우 그 확률 계산이 쉽지 않다. 따라서 여기에서는 이항분포의 확률값을 계산할 때 그 근사 정도가 좋은 근사값을 계산하는 요령에 대하여 알아보도록 할 것이다.

이항분포의 근사확률 계산 예 타자 경력이 5년인 K양은 A4용지 한 장당 평균 3자의 비율로 오자를 친다고 하자. 이때 A4용지 한 장에 3,000자를 타이핑할 수 있다고 할 때, K양이 오자를 칠 확률은 3/3,000=0.001이 된다. 여기서 A4용지 한 장에서 발생하는 오자수의 확률모형은 두 가지의 가정 즉, 오자는 서로 독립적으로 발생하며, A4용지 한 장당 오자가 발생할 확률은 동일하다는 것을 전제로 할 때 A4용지 한 장에서 발생하는 오자의 수 X는 $n=3,000$, $p=0.001$인 이항분포를 따르게 되는 것이다. 따라서 확률변수 X의 확률모형은

$$P(x)=\binom{3000}{x}(0.001)^x(0.999)^{3000-x}, \quad \text{여기서 } x=0,\ 1,\ \cdots\ ,\ 3{,}000$$

이 된다.

(정확한 확률의 계산) K양이 타이핑한 A4용지 중에서 한 장을 랜덤으로 뽑는다고 할 때 여기에 오자가 하나도 없을 확률을 계산하면

$$P(0) = \binom{3000}{0}(0.001)^0(0.999)^{3000} = (0.999)^{3000} = 0.049712$$

가 되며, 오자가 2자 포함되어 있을

$$P(2) = \binom{3000}{2}(0.001)^2(0.999)^{3000-2} = 0.22408$$

이 된다.

여기에서 확률 $P(0)$와 $P(2)$를 직접 계산하기란 쉽지가 않다. 이러한 경우 간편하게 계산할 수 있는 근사식이 있다면 매우 편리할 것이다. 17세기 프랑스의 유명한 수학자이자 물리학자인 푸아송(S. D. Poission)은 이항분포에서의 확률 계산이 여간 어려운 일이 아니라고 생각한 끝에 근사값을 계산할 수 있는 하나의 지수식을 고안하여 발표하였다.

이항분포 확률모형의 근사모형

확률변수 X가 표본의 크기 n, 성공률 p인 이항분포를 따를 때 n이 충분히 크고 p가 0에 가까울 경우 다음과 같은 근사관계가 성립한다.

$$P(x) = \binom{n}{x}p^x(1-p)^{n-x} \simeq e^{-\lambda}\frac{\lambda^x}{x!}$$

여기서 $np = \lambda$, e는 자연대수로서 약 2.71823이다.

(근사확률의 계산) 근사식을 이용하여 확률 $P(0)$와 $P(2)$를 계산해 보자.

$\lambda = np = (3000)(0.001) = 3$이므로

$$P(0) = e^{-3}\frac{3^0}{0!} = e^{-3} = 0.049787$$

$$P(2) = e^{-3}\frac{3^2}{2!} = 0.22404$$

가 되어, 이항분포의 확률함수를 이용하여 계산하였을 경우와 비교하면 거의 차이가 없음을 알 수 있다. 이러한 근사방법은 n이 아주 크고, p가 아주 작아야 한다는 제한점은 있지만, 그 근사정도가 아주 좋은 값을 간편하게 얻을 수 있도록 해준다.

■

3.2 푸아송분포의 정의

이항분포 확률값의 근사값 계산을 위해서 사용되는 함수 $e^{-\lambda}\lambda^x/x!$는 **푸아송분포**(poisson distribution)라고 하는 새로운 확률모형을 제공한다.

<u>푸아송분포</u>

확률변수 X가 음이 아닌 정수값을 가지며, 그 확률모형이 다음과 같을 때

$$P(x) = e^{-\lambda}\frac{\lambda^x}{x!}, \qquad \text{여기서 } x = 0,\ 1,\ 2,\ \cdots$$

X는 푸아송분포를 한다. 이때 평균 $\mu_X = \lambda$, 분산 $\sigma_X^2 = \lambda$이다,

푸아송 분포는 비대칭형 분포로서 평균인 λ에 따라 변하며, 그 모양은 <그림 6.1>에 주어져 있다. 푸아송분포의 확률모형은 단위시간 또는 단위공간 내에서 발생하는 어떤 사건의 수를 잘 나타내어 준다. 푸아송 분포의 예로서는 어떤 정해진 시간대 동안에 교환대에 걸려오는 전화의 횟수, 서울시내에서 발생하는 일일 교통사고 사망자수, 1년 동안 전 세계에서 추락하는 비행기의 대수, 어떤 보고서의 페이지 당 오자의 수 등을 들 수 있다.

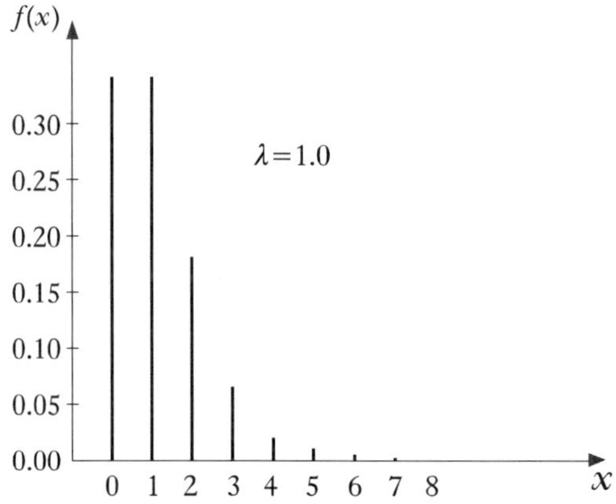

|그림 6.1| 푸아송분포의 예

푸아송분포와 이항분포의 비교 <표 6.1>에는 $n=100$, $p=0.01$과 $n=50$, $p=0.03$일 때 이항분포와 푸아송분포의 확률값이 각각 주어져 있다. 표에서 보는 바와 같이 n이 크고 p가 작을 때 두 확률값의 차이가 적어진다는 사실을 알 수 있다.

|표 6.1| n과 p에 따른 이항분포와 푸아송분포의 비교

x	이항분포	푸아송분포	x	이항분포	푸아송분포
	$n=100,\ p=.01$	$\lambda=1.0$		$n=50,\ p=.03$	$\lambda=1.5$
0	.3660	.3679	0	.2187	.2231
1	.3697	.3679	1	.3372	.3347
2	.1849	.1839	2	.2555	.2510
3	.0610	.0613	3	.1264	.1255
4	.0149	.0153	4	.0459	.0471
5	.0029	.0031	5	.0131	.0141
6	.0005	.0005	6	.0030	.0035
7이상	.0001	.0001	7이상	.0002	.0010

푸아송분포의 적용 예1 통계학자 보르트키비츠(L. Bortkiewicz)는 프러시아의 10개 기병부대로부터 20년 동안에 걸쳐 매년 말에 채여 죽은 병사들에 관한 자료를 수집하여 <표 6.2>와 같이 정리하였다. 표로부터 총 사망자수는 122명(=1×65+2×22+3×3+4×1)이므로 1년 동안에 한 기병부대에서 발생하는 평균 사망자수는 0.61명이 된다. 주어진 자료는 단위시간 동안에 일어난 사건수를 이야기하는 것이므로 1년 동안 한 기병부대에서 관측된 사망자수는 $\lambda=0.61$ 인 푸아송분포를 따른다고 할 수 있다.

실제 관측된 상대도수값과 $\lambda=0.61$ 인 푸아송분포로부터 계산된 확률값은 <표 6.2>에 주어져 있다. 표에서 관측된 상대도수와 이론적인 확률값을 서로 비교해 보면 놀라울 정도로 거의 일치한다. 이러한 사실로부터 푸아송분포는 주어진 단위시간 동안에 일어나는 사건의 횟수에 대한 확률분포로서 매우 정확하다는 것을 알 수 있다.

|표 6.2| 기마병의 사망 상대도수와 이론적인 확률값의 비교

사망자수	사례수	상대도수	$\lambda=0.61$인 푸아송분포
0	109	0.544	0.543
1	65	0.331	0.331
2	22	0.101	0.101
3	3	0.021	0.020
4	1	0.003	0.003
계	200	1.000	

■

푸아송분포의 적용 예2 경기도 내에 위치하고 있는 광릉수목원에서는 나무의 성장을 억제하는 어떤 형태의 식물이 그 지역에 m^2 당 평균 5그루씩 랜덤으로 흩어져 자라고 있는 것을 발견하였다. 이에 수목원에서는 넓이가 $1m^2$ 가 되는 지역 10곳을 랜덤으로 선정하여 그 식물이 얼마나 자라고 있는지를 조사하고자 한다. 이때 10개 지역 모두에서 식물이 한 그루도 발견되지 않을 확률을 계산해 보도록 하자.

(확률의 계산) m^2당 발견되는 식물의 그루수를 X라고 할 때 X는 $\lambda=5$인 푸아송 분포를 따른다. 따라서 표본으로 선정된 어느 한 지역에서 식물이 한 그루도 발견되지 않을 확률은

$$P(0) = \frac{5^0 e^{-5}}{0!} = e^{-5} = 0.0067$$

이다. 여기서 10개 지역은 랜덤하게 선정되었으므로 10개 지역 모두에서 한그루의 식물도 발견되지 않을 확률은 각각의 확률을 곱한 것과 같다.

$$P(0,0,0,0,0,0,0,0,0,0) = P(0)P(0)\cdots P(0) = (0.0067)^{10} \approx 0.0000$$

(설명) 계산된 확률은 거의 0에 가깝다. 이러한 사실은 10개 지역 모두에서 한그루의 식물도 발견되지 않을 가능성은 극히 희박하다는 것을 나타내고 있는 것이다. 만약 실지 조사에서 한 그루의 식물도 발견되지 않았다고 한다면, 여기에는 두 가지 잘못의 가능성이 있다. 즉, 수목원에서 그 식물이 랜덤하게 흩어져 자라고 있다는 가정이 잘못되었거나, m^2당 자라고 있는 그 식물의 평균 그루수가 잘못 산정되었다는 것이다. ■

4. 정규분포

4.1 정규분포의 정의와 특징

정 의 정밀한 저울을 사용하여 어떤 물건을 여러 번 반복하여 측정해도 그 값들은 항상 똑같지가 않다. 그 이유는 측정시 고려되지 않는 여러 가지 요인, 예를 들면 온도, 습도, 기압 등에 의하여 측정값이 영향을 받기 때문이다. 일반적으로 측정값은 참값에 가까운 값들이 참값에서 멀리 떨어져 있는 값들보다 많이 나타난다. 참값과 측정값의 차이를 **오차**(error)라고 하며, 과학자들은 자연현상이나 사회현상에서 발견되는 오차가 **정규곡선**(normal curve)이라 불리는 종모양이면서 좌우대칭형의 모양을 따르고 있다는 것을 발견하였다. 확률변수가 정규곡선과 같은 확률모형을 가질 때 이 확률변수는 **정규분포**(normal distribution)를 따른다고 한다.

정규분포

확률변수 X의 밀도곡선이 다음과 같을 때,

$$f(x) = \frac{1}{\sqrt{2\pi}\,\sigma_X} e^{-\frac{(x-\mu_X)^2}{2\sigma_X^2}}, \qquad -\infty < x < \infty$$

X 는 '평균 μ_X와 표준편차 σ_X 인 정규분포를 따른다'고 한다.

특 징 정규분포는 평균 μ_X와 표준편차 σ_X 의 값에 따라 결정되어지므로 그 종류는 무수히 많다. 하지만 모든 정규분포들의 모양은 <그림 6.2>에서와 같이 봉우리가 하나이면서 종 모양을 하고 있으며, 다음과 같은 특징을 가지고 있다.

① 평균을 중심으로 좌우 대칭인 곡선이며, 평균＝중앙값＝최빈값이다.

② 평균 아래와 위의 면적이 각각 0.5로서 똑 같다.

③ 평균으로부터 멀어지는 양쪽 꼬리부분은 x축으로 점점 접근한다.

정규분포는 <그림 6.2>에서 보는 바와 같이 표준편차 σ_X가 작으면 작을수록 중심에서의 곡선 높이는 점점 높아지고 그 폭은 점점 좁아지게 된다. 이것은 관측값들이 평균을 중심으로 모여 있다는 것을 의미하며, 이러한 형태의 모집단으로부터 표본을 추출하게 평균에 가까운 값들이 관측될 가능성이 높게 된다.

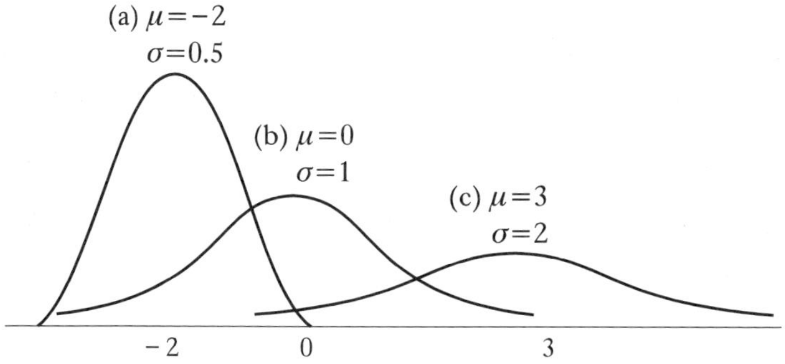

|그림 6.2| 여러 가지 종류의 정규분포

68-95-99.7 법칙 정규분포는 평균을 중심으로 좌우 대칭이며 종 모양을 하고 있다. 하지만 좌우대칭이면서 종 모양을 하였다고 전부 정규분포를 하는 것은 아니다. 정규분포에서는 중심에서의 곡선 높이가 일정한 비율로서 감소되어야 한다. 즉, 정규분포에서는 $\mu_X \pm \sigma_X$ 범위내에 전체 자료의 68%, $\mu_X \pm 2\sigma_X$ 범위내에 전체 자료의 95%, $\mu_X \pm 3\sigma_X$ 범위내에 전체 자료의 99.7%가 포함되어 있어야 한다는 것이다.

68-95-99.7 법칙

평균이 μ_X 이고, 표준편차가 σ_X 인 정규분포에서는

$\mu_X - \sigma_X$와 $\mu_X + \sigma_X$ 사이에 전체 자료의 68%

$\mu_X - 2\sigma_X$와 $\mu_X + 2\sigma_X$ 사이에 전체 자료의 95%

$\mu_X - 3\sigma_X$와 $\mu_X + 3\sigma_X$ 사이에 전체 자료의 99.7%

가 각각 포함되어 있어야 한다.

정규분포의 적용 예 18세부터 24세 사이의 남자들 몸무게는 근사적으로 평균 $\mu_X = 64.5$ (kg), 표준편차 $\sigma_X = 2.5$ (kg)인 정규분포를 따르는 것으로 알려져 있다. 이때 정규분포 밀도곡선을 그려 **68-95-99.7** 법칙의 의미에 대해서 알아보도록 하자.

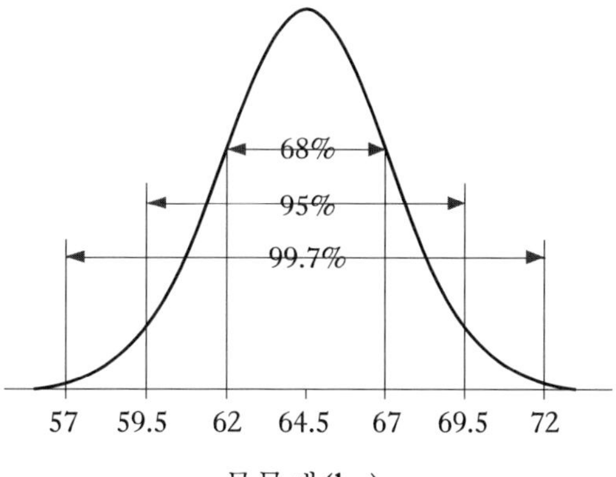

|그림 6.3| 평균 64.5, 표준편차 2.5인 정규분포에서의 68-95-99.7 법칙

(설명) 남자들의 몸무게는 평균 $\mu_X = 64.5$ (kg), 표준편차 $\sigma_X = 2.5$ (kg)이므로

$$(\mu_X - \sigma_X,\ \mu + \sigma_X) = (64.5 - 2.5,\ 64.5 + 2.5) = (62,\ 67)$$

$$(\mu_X - 2\sigma_X,\ \mu + 2\sigma_X) = (64.5 - 5,\ 64.5 + 5) = (59.5,\ 69.5)$$

$$(\mu_X - 3\sigma_X,\ \mu + 3\sigma_X) = (64.5 - 7.5,\ 64.5 + 7.5) = (57,\ 72)$$

이다. 따라서 몸무게가 62kg과 67kg 사이인 남자는 전체 중에서 68%가 되며, 몸무게가 59.5kg와 69.5kg 사이인 남자는 전체 중에서 95%가 된다. 그리고 나머지 남자들의 몸무게 59.5kg보다 작거나 69.5kg보다 크다. 하지만 정규분포는 평균을 중심으로 좌우 대칭이기 때문에 몸무게가 59.5kg보다 작은 사람과 몸무게가 69.5kg보다 큰 사람은 각각 2.5%씩 된다. ■

참고사항

정규분포는 세 가지 이유에서 널리 사용되고 있는 분포이다. 첫째, 우리 주위에서 일어나는 많은 현상들 예를 들어, 성인의 키나 몸무게, 시험성적, 또는 지능검사 점수 등이 정규분포의 형태를 따르고 있다는 것이며, 둘째로는 정규분포는 정규분포를 따르지 않는 확률변수의 분포에 대해서 좋은 근사가 되고 있으며(예: 이항분포의 정규분포 근사), 마지막으로, 통계적인 추론 문제에서 7.2절에서 배우게 되는 중심극한정리가 그 중심 역할을 하고 있기 때문이다.

4.2 표준화와 z-점수

관측값에 어떤 수를 더하거나 빼던지 또는 곱하거나 나누어 다른 형태의 값으로 바꾸는 것을 **변환**(transformation)이라고 한다. 변환 중에서도 각 관측값에서 평균을 뺀 후 표준편차로 나누어 변환하는 것을 **표준화**(standardization)라고 한다. 표준화된 값은 일반적으로 z로 표시하며, 이때 z로 변한 값들의 평균은 항상 0, 표준편차는 1이 된다.

표준화와 z-점수

평균이 μ_X 이고, 표준편차가 σ_X 인 분포로부터 관측된 하나의 값을 x 라고 할 때 x 를 표준화한 값은

$$z = \frac{x - \mu_X}{\sigma_X}$$

가 되며, 이 값을 z-점수(z-score)라고 한다.

z-점수는 관측값들이 평균으로부터 표준편차의 몇 배되는 거리에 떨어져 있는지를 알려준다. 이때 관측값이 평균보다 큰 값이면 z-점수는 +, 관측된 값이 평균보다 작은 값이면 -로 나타난다.

z-점수의 계산 예 어떤 집단에서 남자의 몸무게는 평균 $\mu_X = 64.5$kg, 표준편차 $\sigma_X = 2.5$kg인 정규분포를 근사적으로 따른다고 하자. 이때 전체 집단 속에서 몸무게가 60kg과 68kg인 남자의 위치를 z-점수를 이용하여 알아보도록 하자.

① 몸무게가 60kg인 남자의 z-점수

$$z = \frac{x - \mu_X}{\sigma_X} = \frac{60 - 64.5}{2.5} = -1.8$$

(해석) 계산된 z-점수는 -1.8로 음수이므로, 몸무게가 60kg인이 남자는 평균보다 아래쪽으로 표준편차의 1.8배가 되는 위치에 있다고 할 수 있다.

② 몸무게가 68kg인 남자의z-점수

$$z = \frac{x - \mu_X}{\sigma_X} = \frac{68 - 64.5}{2.5} = 1.4$$

(설명) 계산된 z-점수는 1.4로 양수이므로, 몸무게가 68kg인 남자는 평균보다 위쪽으로 표준편차의 1.4배가 되는 위치에 있다고 할 수 있다.

상대 위치의 비교 자료의 분포가 대칭일 경우 관측값들을 동일한 척도로 표현하기 위하여 표준화를 하게 된다. 이때 표준화된 z-점수는 특정한 관측값이 그 평균으로부터 떨어져 있는 위치를 알려주므로, 이를 이용하여 상대적인 우위에 대한 비교가 가능하다.

z-점수의 사용 예 어떤 학생이 기말시험에서 통계학은 84점, 수학은 90점을 받았다고 하자. 전체 학생들의 통계학 평균이 76점, 표준편차가 10점이고, 수학의 평균이 82점, 표준편차가 16점이라고 할 때 z-점수를 이용하여 이 학생이 어느 시험에서 보다 더 좋은 성적을 나타내었다고 할 수 있는지 알아보도록 하자.

(z-점수의 계산) 이 학생이 두 과목에서 획득한 z-점수는 각각 다음과 같다.

$$\text{통계학의 } z\text{-점수 :} \quad z = \frac{84-76}{10} = 0.8$$

$$\text{수학의 } z\text{-점수 :} \quad z = \frac{90-82}{16} = 0.5$$

(설명) 이 학생이 획득한 점수는 수학 82점, 통계학 76점으로 통계학보다는 수학에서 더 높은 점수를 얻었다. 하지만 z-점수를 비교하면 수학(0.5)보다는 오히려 통계학(0.8)에서 더 높은 점수를 얻었다. 따라서 통계학 점수의 상대적 위치가 수학에서의 상대적 위치보다 더 높기 때문에 이 학생은 수학보다는 통계학에서 보다 더 우수한 성적을 얻었다고 할 수 있는 것이다.

4.3 정규확률변수의 선형변환

하나의 변수는 단위를 달리하여 측정될 수 있다. 예를 들어 거리와 온도를 측정할 때, 대부분의 국가에서는 킬로미터(km)와 섭씨(℃) 단위를 사용한다. 그러나 미국에서는 아직까지 마일(mile)과 화씨(°F) 단위를 사용하고 있다. 하지만 두 단위는 서로 변환이 가능하다. 즉, 킬로미터(km)는 공식 0.63×거리(km)를 사용하여 마일(mile)로 바꿀 수 있으며, 섭씨(℃)는 다음 공식에 의해 화씨(°F)로 쉽게 바꿀 수 있다.

$$\text{화씨(°F)} = \frac{9}{5} \times \text{섭씨(℃)} + 32$$

여기서의 두 공식은 직선식 $y = ax + b$의 형태이다. 이와 같이 관측된 값을 하나의 직선식을 사용하여 새로운 형태의 값으로 바꾸는 것을 **선형변환**(linear transformation)이라 한다.

선형변환

변수 x를 직선식 $y = ax + b$ (단, a, b는 상수)을 사용하여 새로운 형태의 변수 y로 바꾸는 것을 선형변환이라 한다. 이때 상수 a는 변수 x의 단위 크기를 변화시키며, 상수 b는 모든 x의 값을 똑같은 크기만큼 위 또는 아래로 옮기게 한다.

선형변환의 예 5마리의 바퀴벌레를 A학생은 cm로, B학생은 mm로 측정하였다고 하자. 단위를 서로 달리하여 측정하였을 경우 각각의 평균과 표준편차는 어떠한 차이가 있는지 알아보도록 하자.

|표 6.3| 동일한 대상을 단위만 달리하여 측정한 결과

구 분	측정값					평 균	표준편차
A학생	1.4cm	2.2cm	1.1cm	1.6cm	1.2cm	1.5cm	0.4359cm
B학생	14mm	22mm	11mm	16mm	12mm	15mm	4.359mm

(설명) 1cm는 10mm이므로 A학생의 측정값에 10을 곱하면 b학생의 측정한 값이 된다. 따라서 B학생이 측정한 바퀴벌레 평균은 A학생이 측정한 바퀴벌레의 평균보다 10배 커야만 할 것이다. 마찬가지로 B학생이 측정한 값들의 흩어진 상태도 A학생이 측정값들보다 10배나 더 넓게 흩어져 있어야 하므로, B학생의 표준편차는 A학생의 표준편차보다 10배 커야만 할 것이다. <표 6.3>에 주어진 평균과 표준편차를 서로 비교해 보면 이러한 관계가 성립하고 있음을 알 수 있다. ■

정규확률변수의 선형변환 하나의 확률변수를 선형변환에 의하여 다른 형태의 확률변수로 바꾸더라도 분포의 기본 모양은 바뀌지 않는다. 예를 들어 확률변수 X의 분포가 오른쪽으로 꼬리를 길게 뻗은 형태일 때, 선형변환 $Y = aX + b\,(a > 0)$에 의해서 얻어진 새로운 확률변수 Y도 오른쪽으로 꼬리를 길게 뻗은 형태의 분포가 된다. 또한 확률변수 X의 분포가 봉우리가 하나이면서 좌우대칭인 형태의 분포라면 선형변환에 의해서 얻어진 새로운 확률변수 Y도 봉우리가 하나이면서 좌우대칭인 형태의 분포가 된다. 하지만 확률변수에 대한 선형변환은 분포의 모양은 변화시키지 않지만, 평균과 분산을 변화시킨다.

정규분포는 평균과 표준편차에 따라 그 형태가 결정되기 때문에 정규분포의 종류는 무한히 많다고 할 수 있다. 하지만 아무리 많은 정규분포가 있다고 하더라도 평균과 표준편차를 이용한 선형변환을 통하여 한 가지 형태의 정규분포로 통일시킬 수 있다.

정규확률변수의 선형변환

확률변수 X가 평균이 μ_X, 표준편차가 σ_X인 정규분포를 따를 때, $a = 1/\sigma_X$, $b = -\mu_X/\sigma_X$인 선형변환에 의하여 만들어진 새로운 확률변수 Z는

$$\begin{aligned} Z &= aX + b = \frac{1}{\sigma_X}X - \frac{\mu_X}{\sigma_X} \\ &= \frac{X - \mu_X}{\sigma_X} \end{aligned}$$

와 같이 표준화된 형태가 되며, 이때 변환된 확률변수 Z는 평균이 0, 분산이 1인 정규분포를 따르게 된다.

5. 표준정규분포

5.1 표준정규분포의 정의

(정의) 평균을 중심으로 좌우대칭이면서 종모양이고, 68-95-99.7 법칙을 만족하는 모든 분포를 정규분포라고 한다. 정규분포는 평균과 표준편차에 따라 결정되므로 그 종류는 무한이 많다고 할 수 있다. 이렇게 많은 정규분포를 동일한 평균과 표준편차를 가지는 하나의 정규분포로 만들어 주는 도구가 바로 표준화인 것이다. 즉, 어떤 형태의 정규분포를 따르는 확률변수라 할지라도 표준화를 하게 되면 표준화된 확률변수는 평균이 0, 표준편차가 1인 정규분포를 따르게 되며, 이렇게 만들어진 정규분포를 **표준정규분포**(standard normal distribution)라고 한다.

<u>표준정규분포</u>

확률변수 X가 평균이 μ_X, 표준편차가 σ_X인 정규분포를 따를 때, 새로운 확률변수

$$Z = \frac{X - \mu_X}{\sigma_X}$$

는 평균이 0, 분산이 1인 정규분포를 따르며, 이러한 정규분포를 표준정규분포라 부른다.

확률의 계산 우리 주위에서 일어나는 현상들 중에서 실제로 표준정규분포를 따르는 현상을 발견하기란 쉽지 않다. 하지만 표준정규분포는 정규분포에 대한 확률을 계산하는데 있어 유용하게 사용되어지므로 매우 중요한 분포라고 할 수 있다. 정규분포에서의 확률은 주어진 구간에서 정규곡선 $f(x)$를 적분하여 계산할 수 있다. 예를 들어 확률

변수 X가 평균이 μ_X, 표준편차가 σ_X인 정규분포를 따를 때 X가 구간 [a, b] (단, $a\langle b$)에 속할 확률은

$$P(a \leq x \leq b) = \int_a^b f(x)dx$$
$$= \int_a^b \frac{1}{\sqrt{2\pi}\,\sigma_X} e^{-\frac{(x-\mu_X)^2}{2\sigma_X^2}} dx$$

이다. 그러나 이러한 적분 계산은 간단하지가 않으므로, 일반적으로 부록 <표 4>에 주어진 표준정규분포표를 이용하여 확률값을 계산하게 된다.

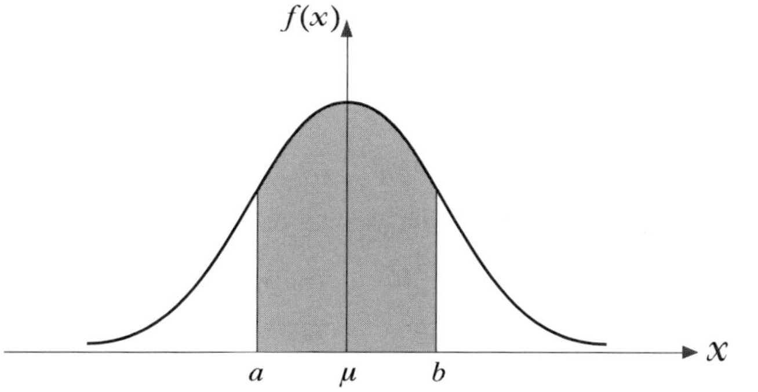

|그림 6.4| 정규분포에서의 확률 $P(a \leq x \leq b)$

정규분포에서의 확률 계산은 먼저, 표준화를 통하여 정규분포를 표준정규분포로 바꾸며 그런 후에 표준정규분포표를 이용하여 확률값을 구한다.

정규분포에서의 확률계산 요령

X ~정규분포$(\mu_X,\ \sigma_X)$ $\Rightarrow$ $Z = \dfrac{X-\mu_X}{\sigma_X}$ $\Rightarrow$ 표준정규분포표 이용

↑

표준화

5.2 표준정규분포표의 사용법

표준정규분포에서 $-\infty$에서 z값까지의 누적확률값 $P(Z \le z)$는 부록의 <표 4>에 주어져 있으며, 그 중 일부분이 <표 6.4>이다. <표 6.4>에서 왼쪽의 세로줄은 z값의 소수점 첫째 자리수, 맨 위의 가로줄은 소수점 둘째 자리수를 나타내며, 이때 가로와 세로가 만나는 점의 값이 z까지 누적된 확률값이 된다.

|표 6.4| 표준정규분포표

z	.00	.01	.02	.03	.04	.05	.06	.07	.08
.0	.5000	.5040	.5080	.5120	.5160	.5199	.5239	.5279	.5319
.1	.5398	.5438	.5478	.5517	.5557	.5596	.5636	.5675	.5714
.2	.5793	.5832	.5871	.5910	.5948	.5987	.6026	.6064	.6103
.3	.6179	.6217	.6255	.6293	.6331	.6368	.6406	.6443	.6480
.4	.6554	.6591	.6628	.6664	.6700	.6736	.6772	.6808	.6844
.5	.6915	.6950	.6985	.7019	.7054	.7088	.7123	.7157	.7190
.6	.7257	.7219	.7324	.7357	.7389	.7422	.7454	.7486	.7517
.7	.7580	.7611	.7642	.7673	.7704	.7734	.7764	.7794	.7823
.8	.7881	.7910	.7939	.7967	.7995	.8023	.8051	.8078	.8106
.9	.8159	.8186	.8212	.8238	.8264	.8289	.8315	.8340	.8365
1.0	.8413	.8438	.8461	.8485	.8508	.8531	.8554	.8577	.8599
1.1	.8643	.8665	.8686	.8708	.8729	.8749	.8770	.8790	.8810
1.2	.8849	.8869	.8888	.8907	.8925	.8944	.8962	.8980	.8997
1.3	.9032	.9049	.9066	.9082	.9099	.9115	.9132	.9147	.9162
1.4	.9192	.9207	.9222	.9236	.9251	.9265	.9279	.9292	.9306
1.5	.9332	.9345	.9357	.9370	.9382	.9394	.9406	.9418	.9429
1.6	.9452	.9463	.9474	.9484	.9495	.9505	.9515	.9525	.9535
1.7	.9554	.9564	.9573	.9582	.9591	.9599	.9608	.9616	.9625
1.8	.9641	.9649	.9656	.9664	.9671	.9678	.9686	.9693	.9699
1.9	.9713	.9719	.9726	.9732	.9738	.9744	.9750	.9756	.9761

누적확률값을 찾는 요령 <그림 6.5>의 (a)에서 빗금친 부분의 면적 즉, $-\infty$ 에서 1.05까지의 확률 $P(Z \leq 1.05)$의 값은 왼쪽의 세로줄 1.0과 맨 위의 가로줄 0.5가 만나는 값 0.8531이 되는 것이다.

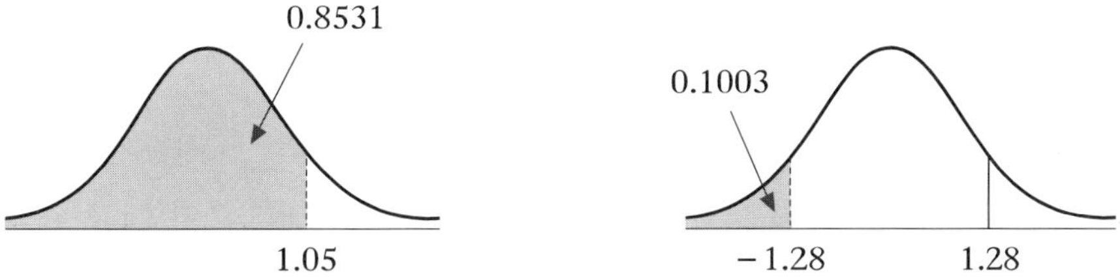

(a) $P(Z \leq 1.05) = 0.8531$ (b) $P(Z \leq -1.28) = 0.1003$

|그림 6.5| 표준정규분포에서 확률값

<표 6.4>에는 z의 값이 0보다 클 경우의 누적확률값이 주어져 있다. 하지만 표준정규분포는 좌우대칭이기 때문에 왼쪽 끝부분의 면적과 오른쪽 끝부분의 면적은 정확히 일치한다. 따라서 <그림 6.4>의 (b)에서 음영부분의 확률 $P(Z \leq -1.28)$은 다음과 같이 구할 수 있다.

$$P(Z \leq -1.28) = P(Z \geq 1.28) = 1 - P(Z < 1.28) = 1 - 0.8997 = 0.1003$$

표준정규분포표를 이용하여 확률값을 계산할 때 다음과 같은 성질을 반드시 알아야 한다.

<u>표준정규분포의 성질</u>

① $P(Z \leq 0) = 0.5$

② $P(Z \leq -z) = 1 - P(Z \leq z)$

③ $P(Z \leq -z) = P(Z \geq z)$

z값을 찾는 요령 통계적 추정과 검정 문제에서 표준정규분포의 하위 또는 상위의 z 값을 알아야 한다. 이때 z 값은 다음과 같은 요령에 의하여 구하면 된다.

<그림 6.6>의 (a)에서 음영부분의 면적 즉, 상위 2.5%되는 z_0 값은

$$(z_0 \text{의 오른쪽 면적}) = 0.025 = 1 - P(Z < z_0) = 1 - 0.975$$

이므로, $P(Z < z_0) = 0.975$ 되는 z_0 값을 찾으면 된다. 이 값을 찾기 위해서는 먼저, <표 6.4>에서 확률값이 0.975가 되는 점을 찾은 후, 그 점으로부터 가로의 제일 왼쪽값과 세로의 맨 위값을 차례대로 읽으면 1.96이고, 이 값이 구하고자 하는 z_0 값이 되는 것이다.

<그림 6.6>의 (b)에서 오른쪽 끝과 왼쪽 끝 음영부분의 면적은 각각 0.05이므로, z_1의 값은 부호만 서로 다를 뿐 동일하다. 따라서 $P(Z < z_1) = 0.95$가 되는 z_1 값을 표에서 찾아 부호만 서로 달리 부여하면 되는 것이다. 그러나 <표 6.4>에서 확률값이 정확히 0.95가 되는 점은 없다. 따라서 0.95에 가까운 값을 찾으면 0.945(z 값으로는 1.64에 해당)와 0.9505(z 값으로는 1.65에 해당)가 되며, 0.95는 정확히 이 두 값의 중간이 된다. 따라서 구하고자 하는 z_1 값은 1.64와 1.65의 중앙값인 1.645가 되므로 −1.645는 하위 5%, 1.645는 상위 5%의 값을 나타내는 값이 된다.

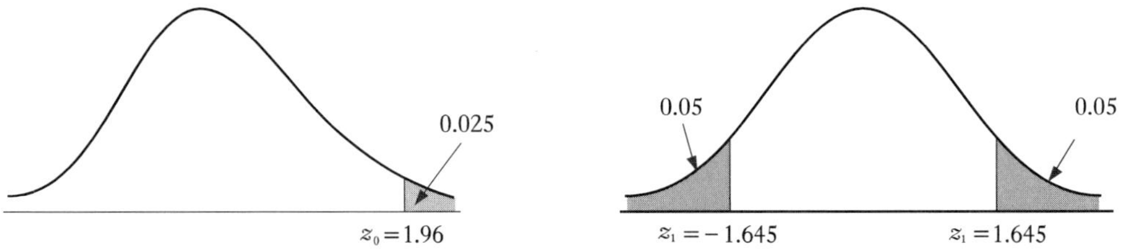

(a) 상위 2.5%인 z_0값　　(b) 상위 5%와 하위 5%인 z_1값

|그림 6.6| 표준정규분포의 상위값과 하위값

표준정규분포의 이용 예1 개인의 지능을 측정하는 도구로 IQ 점수를 사용하는 것이 적절한지에 대한 논란은 계속되어 오고 있지만, IQ 점수는 아직도 광범위한 목적

으로 사용되어지고 있다. 일반적으로 IQ 점수는 근사적으로 평균이 100, 표준편차가 15인 정규분포를 따른다고 알려져 있다.(실제로 IQ 점수는 검사테스트에서 맞게 응답한 문항 수에 따라 주어지기 때문에 이산형 확률변수라고 할 수 있다. 하지만 IQ 점수의 모집단분포는 정규곡선에 아주 근접하고 있다). 여기서 X를 랜덤으로 뽑은 어떤 사람의 IQ 점수라고 할 때, 확률변수 X는 $\mu_X = 100$, $\sigma_X = 15$인 정규분포를 근사적으로 따르게 된다. 만약 어떤 특정한 클럽의 멤버가 되기 위한 조건으로 IQ가 130이상이 되어야 한다고 하자. 이때 이 클럽의 멤버가 될 수 있는 자격을 갖추고 있는 사람은 전체의 몇 %가 되는지 계산해 보도록 하자.

(확률의 계산) 확률변수 X는 $\mu_X = 100$, $\sigma_X = 15$인 정규분포를 따르므로 X가 130보다 같거나 클 확률은

$$\begin{aligned} P(X \geq 130) &= P\left(\frac{X-\mu_X}{\sigma_X} \geq \frac{130-100}{15}\right) \\ &= P(Z \geq 2.00) \\ &= 1 - 0.9772 \\ &= 0.0228 \end{aligned}$$

이다. 따라서 이 클럽의 멤버가 될 수 있는 자격을 갖춘 사람은 전체의 2.28% 밖에 되지 않는다고 할 수 있다.

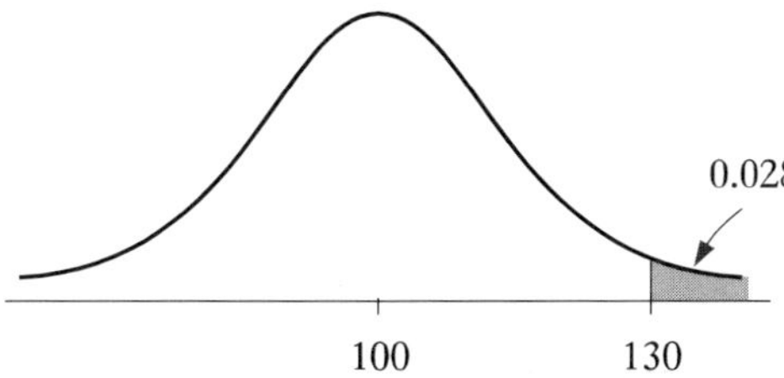

(a) $\mu_X = 100$, $\sigma_X = 15$인 정규분포

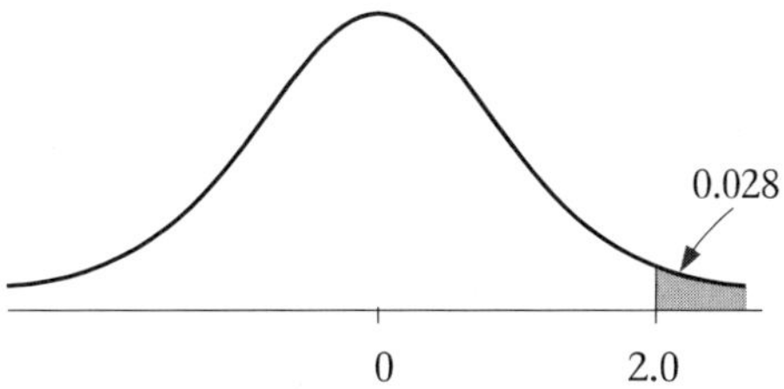

(b) 표준정규분포

| 그림 6.7 | 정규분포와 표준정규분포의 비교

표준정규분포의 이용 예2 K대학에서 인터넷 수강신청 프로그램을 이용하여 학생들이 수강 등록을 완료하는데 걸리는 시간 X를 측정한 결과, X는 근사적으로 평균 $\mu_X = 12$(분), 표준편차 $\sigma_X = 2$(분)인 정규분포를 따르는 것으로 나타났다고 한다. 이때 컴퓨터를 이용하여 학생들로부터 수강신청을 받을 때 나타난 문제점은 일부 학생들이 수강신청을 완료하고서도 제대로 종료를 하지 않아 계속 로그온이 되어 있는 상태가 되어있어 다른 학생들이 수강신청을 하는데 어려움을 주고 있다는 것이었다. 이에 학교에서는 학생들이 수강신청 프로그램에 접속한 후 일정한 시간이 지나면 자동으로 프로그램과의 연결이 끊어지도록 수강신청 프로그램을 보완할 계획을 가지고 있다고 하자. 문제를 일으키는 학생이 전체 수강신청 학생의 1%가 된다고 보고, 상위 1%에 해당하는 시간을 수강신청 프로그램과 연결이 자동으로 끊어지는 시간으로 정한다고 할 때 이 시간을 구해보도록 하자.

(차단시간의 계산) 자동으로 차단되도록 하는 시간 x_0를 구하기 위하여 먼저, <그림 6.8>에서 보는 바와 같이 정규분포에서 x_0에 대응되는 z_0값 즉, 표준정규분포에서 상위 1%에 해당하는 z_0값을 찾은 후에 x_0값을 계산하면 된다. 부록의 <표 4>에서 0.99에 해당하는 z의 값은 2.33이므로 $z_0 = 2.33$이 된다.

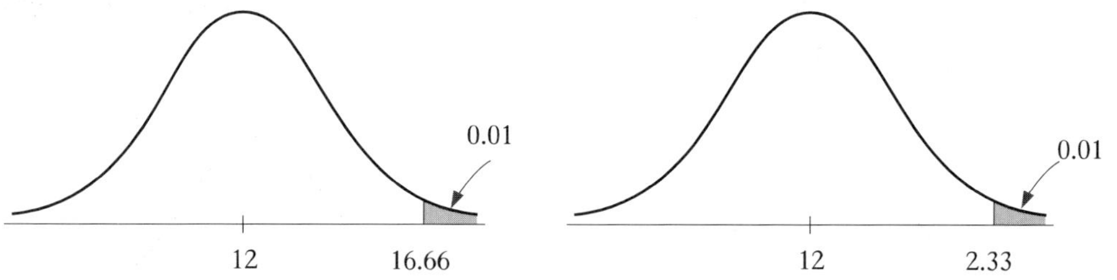

(a) $\mu_X = 12$, $\sigma_X = 2$인 정규분포 (b) 표준정규분포

|그림 6.8| 정규분포와 표준정규분포의 비교

따라서 차단되는 시간 x_0는 다음과 같이 구할 수 있다.

$$P(X \geq x_0) = P\left(\frac{X-\mu_X}{\sigma_X} \geq \frac{x_0-\mu_X}{\sigma_X}\right) = P(Z \geq z_0) = 0.01$$

$$z_0 = \frac{x_0-\mu_X}{\sigma_X} = 2.33$$

$$x_0 = \mu_X + z_0\sigma_X = 12 + 2.33(2) = 16.66$$

따라서 계산된 값은 $x_0 = 16.66$이므로 학교에서 학생들이 컴퓨터를 이용하여 수강신청을 시작한지 16.66(분)이 지나면 자동으로 끊어질 수 있도록 수강신청 프로그램을 보완하면 된다. ■

표준정규분포의 이용 예3 미국의 환경 보호국에서는 1980년도에 자동차의 대기 오염물질 배기량을 측정할 수 있는 새로운 검사 프로그램을 개발하였다(Lorenzen, 1980). 이 연구에서 차량 매연의 주요 성분인 산화질소가 차량으로부터 배출되는 양은 근사적으로 평균 $\mu_X = 1.6$(ppm/㎤), 표준편차 $\sigma_X = 0.4$(ppm/㎤)인 정규분포를 따르는 것으로 밝혀졌다.

새로운 대기 오염물질 측정 프로그램이 개발됨에 따라 환경 보호국에서는 주행 중에 산화질소를 배출하는 상위 10%의 차량에 대해서 환경오염 범칙금을 부과하기로 결정한다고 할 때, 어느 정도 이상의 산화질소를 배출하는 차량에 대해서 범칙금을 부과해야 하는지 그 배출량 x(ppm/㎤)를 계산하여 보도록 하자.

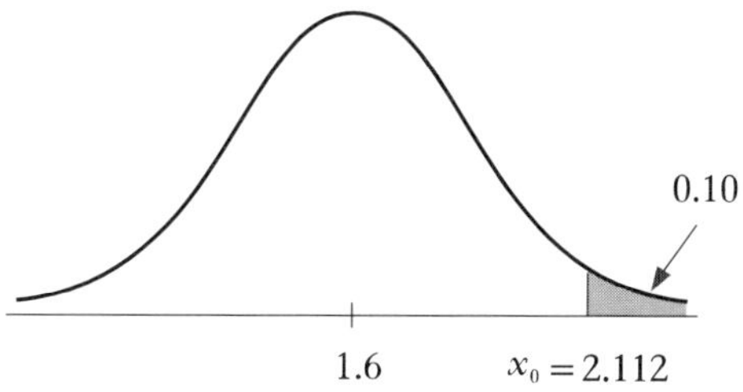

(a) $\mu_X = 1.6,\ \sigma_X = 0.4$인 정규분포

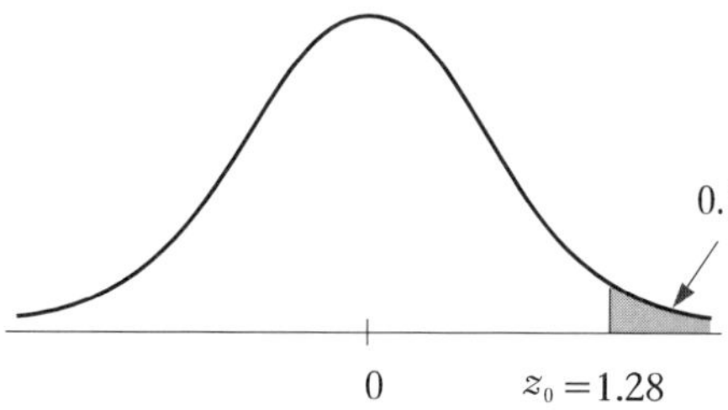

(b) 표준정규분포

|그림 6.9| 정규분포와 표준정규분포의 비교

(배출량의 계산) 표준정규분포표로부터 상위 10%가 되는 z_0값은 1.28이다. 따라서 구하고자 하는 값 x는

$$x = \mu_X + z_0 \sigma_X = 1.6 + 1.28(0.4) = 2.112$$

이다. 그러므로 환경 보호국에서는 산화질소 배출량이 2.112(ppm/㎤) 이상이 되는 차량에 대해서 환경오염 범칙금을 부과하면 되는 것이다. ■

제 7 장

표본분포의 이해

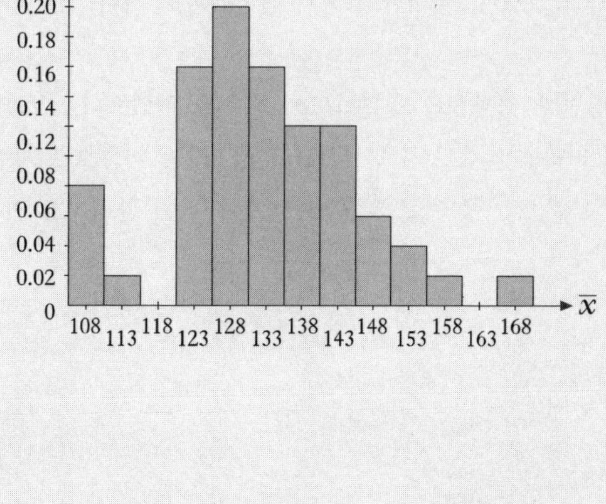

상대도수
0.20
0.18
0.16
0.14
0.12
0.08
0.06
0.04
0.02
0
108 113 118 123 128 133 138 143 148 153 158 163 168
$\overline{x}$

고셋(William S. Gosset: 1876~1937)

아일랜드의 유명한 기니스(Guinness) 맥주공장에서 근무하는 한 연구기사가 어떻게 't-검정'이라는 새로운 통계 기법을 개발하게 됐을까? 그 이유는 질 높은 맥주를 만들기 위해서 끊임없이 노력한 연구기사의 노력에서 비롯되었다고 할 수 있다. 1899년 당시, 옥스퍼드 대학교 학생이었던 고셋은 맥주공장의 연구기사로서 근무하고 있었다. 그는 맥주의 품질을 향상시키기 위한 실험에서 얻은 자료를 분석하기 위하여 통계적인 방법을 적용하고자 하였다. 고셋이 연구해야 할 것은 '맥주를 제조하는 데 가장 좋은 보리는 어떤 것인가?' '그것들을 어떻게 재배하고, 건조시켜 저장해야 할 것인가? 등등 매우 다양하였다. 이러한 문제들에 대한 해답을 얻기 위하여 고셋은 그 당시 널리 사용되고 있던 통계적 추론 방법인 $z-$ 검정을 사용하였다. 그러나 고셋은 $z-$ 검정을 사용하면서 한 가지 문제점에 봉착하였다. $z-$ 검정을 적용하기 위해서는 모집단의 표준편차 σ를 알아야만 하였다. 하지만 고셋은 실험들로부터 소규모의 관측지 밖에 얻을 수 없었기에 모집단의 표준편차 σ 대신 소규모의 관측치로부터 계산된 표준편차 S를 사용하여 $z-$ 검정을 한다는 것은 정확하지 않을 것이라고 생각하였다. 그래서 고셋은 스스로에게 다음과 같은 질문을 던지게 되었다. '$\frac{(\overline{X}-\mu)}{S/\sqrt{n}}$의 정확한 분포는 무엇일까?' 이후 그는 자신의 의문에 대한 해답을 구하면서 t 분포라는 새로운 분포를 개발하였다. t 분포의 개발을 통하여 고셋은 가장 좋은 보리 품종을 찾을 수 있었으며, 이러한 고셋의 연구결과로 기니스는 맥주의 품질을 개선할 수 있었던 것이다.

기니스는 고셋이 발견한 결과들을 출판하도록 허용은 하였으나, 그의 이름으로 발표하지는 못하도록 하였다. 이에 따라 고셋은 '스튜던트(student)'라는 이름으로 자신의 연구 결과를 발표하였고, 이러한 이유로 t 분포는 종종 '스튜던트의 t 분포'라고 불려지고 있는 것이다.

1. 용어의 정의

모집단(population)이란 얻고자 하는 정보를 가지고 있는 사람이나 물건들의 전체 집합으로 정의된다. 따라서 모집단은 연구자가 관심을 가지는 특성이 정해진 후에 결정되어진다. 예를 들어 20대 남자들의 평균키가 얼마나 되는지에 관심이 있다고 할 때 모집단은 20대 남자 전체가 되는 것이다. 그러나 어떠한 경우에는 관심의 특성이 두 개 이상이 될 수도 있다. 예를 들어, 20대 남자 중에서 강원도에 사는 남자들만 관심의 대상일 경우, 이때는 20대 남자와 강원도라는 두 가지의 특성을 함께 가진 집단이 모집단이 되는 것이다. 그러나 관심을 가지고 있는 특성이 많으면 많을수록 모집단의 크기는 상대적으로 제한되어진다.

통계 조사나 실험의 목적은 모집단에 대한 정보를 알아내는 것이다. 여기서 모집단에 대한 정보란 대부분의 경우 모평균 또는 모표준편차와 같이 모집단의 특성을 나타내는 값을 이야기하며, 이러한 모집단의 특성값을 **모수**(parameter)라 한다. 예를 들어 전국의 모든 대학생들에게 IQ 테스트를 실시하여 얻은 점수들로부터 평균을 계산하였다면, 이것은 전국 대학생이라는 모집단의 모수가 되는 것이다. 그리고 전체 대학생들의 IQ 점수로부터 중앙값 또는 표준편차를 계산하였을 경우, 이 값들 역시 모수가 되는 것이다.

<u>모집단과 모수</u>

조사하고자 하는 대상 전체를 모집단이라 하며, 모집단의 중심위치, 흩어져 있는 상태 등 모집단의 특성을 나타내는 값 예를 들어 모평균, 모표준 편차 등을 모수라 한다.

모집단이 클 경우 모수의 계산은 매우 어려울 뿐만 아니라 비록 모수를 계산할 수 있다 하더라도 그것을 계산하기 위한 시간과 비용이 많이 들게 된다. 따라서 대부분의 경우 모수는 표본을 통하여 추정되어지며, 여기서 **표본**(sample)이란 모수를 추정하기 위하여 뽑히는 모집단의 일부분을 말한다. 전국의 대학생 수가 백만명이고, 그 중에서 1,000명을 뽑아 IQ

테스트를 실시한다고 하자. 이때 뽑히는 1,000명은 하나의 표본이 되는 것이다. 표본을 이용하여 전국 대학생들의 IQ 평균을 추정한다고 할 때, 표본의 크기를 1,000명으로 하는 것보다는 10,000명 또는 20,000명으로 하면 모집단의 평균에 대한 추정이 보다 더 정확하게 이루어진다. 즉, 표본이 크면 클수록 모수는 더 정확하게 추정되어질 수 있는 것이다.

모집단으로부터 모수를 추정하기 위하여 표본을 뽑는다. 이때 모집단의 각 구성원이 뽑힐 가능성이 동일하도록 표본을 추출하는 방법을 랜덤추출이라 하며, 이러한 방법에 의하여 추출된 표본을 **확률표본**(random sample), 그리고 확률표본들만으로 이루어진 함수를 **통계량**(statistic)이라 한다. 통계량의 전형적인 예로는 표본평균, 표본분산, 표본비율 등이 있으며, 이러한 통계량들은 모수를 추정하는데 사용된다.

통계량과 $\overline{X}$와 S

확률표본들의 함수를 통계량이라 한다. 예를 들어 $X_1, \cdots, X_n$을 모집단으로부터 뽑힌 크기가 n인 확률표본이라고 할 때, 표본평균 $\overline{X}$와 표본표준편차 S는 모평균 μ와 모표준편차 σ를 추정하기 위해서 사용되는 통계량이 되는 것이다.

$$\overline{X} = \frac{1}{n}(X_1 + \cdots + X_n), \qquad S = \sqrt{\frac{1}{n-1}\left[(X_1 - \overline{X})^2 + \cdots + (X_n - \overline{X})^2\right]}$$

표본을 이용한 모수의 추정 예 2000년 통계청에서 실시한 총인구조사에 따르면 서울시는 종로구, 중구, 용산구 등 총 25개의 구로 이루어져 있고, 서울시 전체의 인구수는 9,895,217명이라고 한다. 통계청에서 발표한 자료를 이용하여 표본의 크기가 클수록 모수가 더 정확하게 추정될 수 있음을 알아보도록 하자.

(모평균의 계산) 확률변수 X를 서울시의 1개구 당 인구수라고 할 때 모집단은 25개의 X값으로 이루어져 있다. 따라서 X의 평균 μ_X 즉, 1개구 당 평균 인구수는 다음과 같이 계산된다.

$$\mu_X = \frac{9,895,217}{25} = 395,808.7$$

(표본평균의 계산) 25개의 구 중에서 5개 구를 비복원으로 3회 반복 추출할 경우 3개의 서로 다른 표본을 얻을 수 있다. 난수표를 이용하여 이러한 실험을 한 결과, <표 7.1>과 같이 표본이 뽑혔다고 하자.

|표 7.1| 서울시의 25개구 중에서 5개구를 비복원으로 3회 반복 추출하였을 때 뽑힌 표본

표본 #1		표본 #2		표본 #3	
구	인구수	구	인구수	구	인구수
서대문구	351,625	금천구	268,586	강서구	504,480
관악구	505,036	강동구	474,244	성북구	460,511
도봉구	352,702	구로구	392,541	마포구	367,220
송파구	633,956	종로구	170,118	양천구	459,643
영등포구	390,035	동대문구	367,595	광진구	381,568

만약 모평균 μ_X를 모르고 표본 #1만 우리가 유일하게 이용할 수 있는 자료라고 할 때 표본평균 $\overline{x_1}$는

$$\overline{x_1} = \frac{351,625 + 505,036 + 352,702 + 633,956 + 390,035}{5} = 446,670.8$$

이 되며, 이 값은 모평균 μ_X의 추정값으로 사용되어진다. 하지만 이 추정값은 참값 395,808.7과 많은 차이가 있음을 알 수 있다. 동일한 요령으로 표본 #2의 평균을 계산하면 $\overline{x_2} = 334,616.8$, 표본 #3의 평균은 $\overline{x_3} = 434,684.4$로 역시 참값 395,808.7과 많은 차이가 있다. 여기서 표본 #1, #2, #3을 모두 합쳐 15개의 구를 하나의 표본으로 간주하여 평균을 계산해 보면 어떠한 현상이 일어날까? 표본의 크기를 15로 한 평균을 계산하면

$$\overline{x} = \frac{351,625 + 505,036 + \cdots + 381,586}{15} = \frac{6,079,860}{15} = 405,324$$

가 되며, 이때의 표본평균값은 모평균값 395,808.7에 상당히 근접하고 있음을 알 수 있다. 이것은 표본의 크기가 클수록 추정값은 모수값에 가까워져 간다는 사실을 이야기하는 것이다. ■

2. 표본분포의 의미와 계산

모집단의 일부분인 표본으로부터 계산되는 통계량의 값은 표본의 크기에 따라 달라지며, 비록 표본의 크기가 일정하다 하더라도 표본을 반복하여 추출할 때 마다 그 값은 변하게 된다. 앞 절의 예에서 서울시의 1개구 당 평균 인구수를 계산하기 위하여 뽑힌 표본 #1, #2, #3으로부터 계산된 평균값은 각각 446,670.8, 334,616.8, 434,684.4로 서로 달랐다. 이와 같이 모두의 추정에 사용되는 통계량은 어떤 표본이 뽑히느냐에 따라 그 값이 달라지며, 그러한 값들이 모여 하나의 분포를 이루게 된다. 이때 만들어지는 통계량의 분포를 **표본분포(sampling distribution)**라 한다.

> 표본분포
>
> 통계량의 분포를 표본분포라 한다.

통계량의 표본분포를 구하는 예 K유치원의 유아반은 나이가 2세, 3세, 3세, 4세, 4세인 5명의 어린이로 구성되어 있다. 유아반을 모집단이라고 하고, 여기서 크기가 $n=3$인 표본을 비복원으로 추출한다고 하자. 이때 뽑히는 어린이의 나이를 X라고 할 때 유아반 어린이의 평균 나이는

$$\mu_X = (2+3+3+4+4)/5 = 3.2(\text{세})$$

가 된다. 하지만 여기서 모평균 μ_X를 모른다고 가정하고 $n=3$인 표본으로부터 μ_X를 추정한다고 하자. 이때 μ_X의 추정량으로 표본평균 $\overline{X}$와 표본중앙값 M_e, 그리고 R=(최소값 + 최대값) / 2 등의 세 통계량을 생각할 수 있다. 여기서 세 통계량들의 표본분포를 각각 구한 후, 어느 통계량이 모평균 μ_X의 추정량으로 가장 적합한지를 알아보도록 하자.

(가능한 표본의 수) {2, 3, 3, 4, 4}로 이루어진 모집단으로부터 크기가 3인 표본을 비복원으로 뽑을 경우, 뽑힐 수 있는 가능한 표본의 수는 모두 10(=${}_5C_3$)개이다(여기서 동일한 두 값을 구분하기 위하여 3과 3^*, 4와 4^*로 표기하도록 하자).

$(2, 3, 3^*)$ $(2, 3, 4)$ $(2, 3, 4^*)$ $(2, 3^*, 4)$ $(2, 3^*, 4^*)$
$(2, 4, 4^*)$ $(3, 3^*, 4)$ $(3, 3^*, 4^*)$ $(3, 4, 4^*)$ $(3^*, 4, 4^*)$

(통계량의 값 계산) 10가지 경우의 표본 각각에 대하여 세 통계량의 값을 각각 계산하면,

표본 $(2, 3, 3^*)$의 경우 :

① $\bar{x} = \dfrac{2+3+3}{3} = \dfrac{8}{3} \approx 2.67$

② $m = 3$

③ $r = \dfrac{2+3}{2} = \dfrac{5}{2} = 2.5$

표본 (2, 3, 4)의 경우 :

① $\bar{x} = \dfrac{2+3+4}{3} = \dfrac{9}{3} = 3$

② $m = 3$

③ $r = \dfrac{2+4}{2} = \dfrac{6}{2} = 3$

⋮

동일한 요령으로 모든 표본에 대하여 각 통계량의 값을 계산한 후 정리하면 <표 7.2>와 같게 된다.

|표 7.2| 10가지 경우의 표본 각각에 대하여 계산된 세 통계량의 값

표본	$\overline{X}$	M	R	표본	$\overline{X}$	M	R
$(2, 3, 3^*)$	2.67	3.0	2.5	$(2, 4, 4^*)$	3.33	4.0	3.0
$(2, 3, 4)$	3.0	3.0	3.0	$(3, 3^*, 4)$	3.33	3.0	3.5
$(2, 3, 4^*)$	3.0	3.0	3.0	$(3, 3^*, 4^*)$	3.33	3.0	3.5
$(2, 3^*, 4)$	3.0	3.0	3.0	$(3, 4, 4^*)$	3.67	4.0	3.5
$(2, 3^*, 4^*)$	3.0	3.0	3.0	$(3^*, 4, 4^*)$	3.67	4.0	3.5

(표본분포의 계산) 10가지 경우의 표본 각각이 뽑힐 가능성은 모두 동일하다. 따라서 각 경우가 표본으로 뽑힐 확률은 1/10이 되며, 이때 세 통계량들의 표본분포는 다음과 같이 구해진다.

① 통계량 $\overline{X}$의 표본분포 : 10가지 경우에서

$\overline{x}=2.67$이 되는 경우는 1가지 뿐이므로 $P(2.67)=\frac{1}{10}=0.1$

$\overline{x}=3.0$ 이 되는 경우는 4가지이므로 $P(3.0)=\frac{4}{10}=0.4$

$\overline{x}=3.33$이 되는 경우는 3가지이므로 $P(3.33)=\frac{3}{10}=0.3$

$\overline{x}=3.67$이 되는 경우는 2가지이므로 $P(3.67)=\frac{2}{10}=0.2$

따라서 표본평균 $\overline{X}$의 표본분포는 다음과 같다.

|표 7.3| 표본평균 $\overline{X}$의 표본분포

$\overline{X}$	2.67	3.0	3.33	3.67
$P(\overline{x})$	0.1	0.4	0.3	0.2

② 통계량 M의 경우 : 10가지 경우에서

$m=3.0$이 되는 경우는 7가지이므로 $P(3.0)=\frac{7}{10}=0.7$

$m=4.0$ 이 되는 경우는 3가지이므로 $P(4.0)=\frac{3}{10}=0.3$

따라서 표본중앙값 M의 표본분포는 다음과 같다.

|표 7.4| 표본중앙값 M의 표본분포

M	3.0	4.0
$P(m)$	0.7	0.3

③ 통계량 R 의 경우 : 10가지 경우에서

$r = 2.5$가 되는 경우는 1가지 뿐이므로 $P(2.5) = \frac{1}{10} = 0.1$

$r = 3.0$ 이 되는 경우는 5가지이므로 $P(3.0) = \frac{5}{10} = 0.5$

$r = 3.5$ 가 되는 경우는 4가지이므로 $P(3.5) = \frac{4}{10} = 0.4$

따라서 통계량 R 의 표본분포는 다음과 같게 된다.

|표 7.5| 통계량 R의 표본분포

R	2.5	3.0	3.5
$P(r)$	0.1	0.5	0.4

(세 통계량의 비교) <표 7.3>, <표 7.4>, <표 7.5>에서 세 통계량의 표본분포를 비교해 보면, 표본평균 $\overline{X}$의 표본분포가 다른 통계량들의 표본분포에 비하여 모평균 $\mu_X = 3.2$를 중심으로 변화폭이 가장 적으며, 모평균 μ_X에 가까운 값들의 상대적인 비율도 높다. 각 통계량의 평균과 표준편차를 계산해 보면, 표본평균 $\overline{X}$는 $\mu_{\overline{X}} = 3.2$, $\sigma_{\overline{X}} = 0.3$, 표본중앙값 M은 $\mu_M = 3.3$, $\sigma_M = 0.48$, 통계량 R은 $\mu_R = 3.15$, $\sigma_R = 0.32$가 된다. 세 통계량 중 표본평균 $\overline{X}$의 평균은 모평균 $\mu_X = 3.2$와 정확히 일치하며, 또한 표본평균 $\overline{X}$의 표준편차($\sigma_{\overline{X}} = 0.3$)는 다른 통계량의 표준편차($\sigma_M = 0.48$과 $\sigma_R = 0.32$)에 비하여 적다. 따라서 모평균 μ_X의 추정량으로 표본평균 $\overline{X}$가 세 가지 형태의 통계량 중에서 가장 바람직하다고 할 수 있는 것이다. ■

3. 표본평균 $\overline{X}$ 의 분포와 성질

표본은 모집단의 일부분이다. 따라서 실험 또는 조사의 목적이 표본을 이용하여 모집단의 평균 μ_X를 추론하는 것이라고 할 때 우리는 표본평균 $\overline{X}$에 근거를 두고서 추론을 하게 된다. 표본으로부터 계산되는 $\overline{X}$의 값은 표본을 반복해서 뽑을 때마다 변하게 된다. 그 이유는 동일한 모집단에서 표본을 반복해서 뽑을 때마다 표본 속에 포함된 구성원은 일반적으로 서로 다르기 때문이다. 여기서는 표본평균 $\overline{X}$의 분포와 관련된 성질에 대해서 알아보도록 할 것이다.

3.1 난수표를 이용한 $\overline{X}$ 분포의 탐색

K대학에서 통계학을 수강하고 있는 학생 20명을 대상으로 이번 학기에 책값으로 지출한 비용 X를 조사한 결과, <표 7.6>과 같은 자료를 얻었다고 하자.

|표 7.6| K 대학생 20명의 책값 지출 비용(단위: 천원)

학생	지출 비용	학생	지출 비용	학생	지출 비용
1	136	8	135	15	167
2	129	9	139	16	92
3	171	10	134	17	166
4	131	11	160	18	80
5	138	12	132	19	115
6	148	13	133	20	162
7	111	14	131		

이때 20명을 모집단으로 가정하고 모평균을 계산하면

$$\mu_X = \frac{136 + 129 + \cdots + 162}{20} = 130.5$$

가 된다. 하지만 여기서는 모평균값을 모른다고 가정한 후, 모집단으로부터 크기 $n=5$인 표본을 난수표를 이용하여 반복 추출하였을 때 표본평균 $\overline{X}$의 분포가 어떠한지 알아보도록 하자.

5회 반복추출 결과 난수표를 이용하여 5명의 학생을 5회 반복 추출한 결과 및 각 표본에 대한 평균값을 계산한 결과가 <표 7.7>과 같다고 하자.

|표 7.7| 난수표를 이용한 5회 반복 추출하였을 때의 표본

표본 #1		표본 #2		표본 #3		표본 #4		표본 #5	
학생	비용	학생	비용	학생	비용	학생	비용	학생	비용
19	115	4	136	15	167	20	162	18	80
15	167	15	167	12	132	16	92	8	135
7	111	12	132	3	171	19	115	9	139
11	160	1	138	7	111	1	132	7	111
9	139	18	80	18	80	8	135	14	131
$\overline{x}$	138.4	$\overline{x}$	130.6	$\overline{x}$	132.2	$\overline{x}$	127.2	$\overline{x}$	119.2

(설명) 각 표본에 대하여 계산된 표본평균 $\overline{x}$의 값으로부터 다음과 같은 사실을 알 수 있다.

1) 표본평균 $\overline{x}$의 값은 추출되는 표본에 따라 변하고 있다.
2) 표본 #1, #2, #3의 평균값은 모평균 값보다 크며, 표본 #4, #5의 평균값은 모평균 값보다 작다.
3) 표본 #2, #3, #4의 평균값은 모평균값과 큰 차이가 없는 반면에, 표본 #1과 #5의 평균값은 모평균값과 차이가 크다.

추가 반복추출 결과 표본평균 $\overline{X}$의 개략적인 분포모양을 알아보기 위하여 표본추출을 45회 추가적으로 실시한 후, 계산된 $\overline{x}$의 값은 다음과 같다고 하자.

137.3	128.3	131.9	127.4	119.1	137.8	139.6	120.8	127.7	131.9
119.8	124.1	165.4	144.4	126.4	127.5	153.6	140.0	138.7	120.6
108.0	135.0	150.5	123.5	136.9	141.4	110.2	106.8	143.8	107.4
126.7	139.8	126.3	121.1	131.3	107.7	133.1	130.7	137.5	150.7
118.5	143.7	124.6	118.4	132.3					

(설명) 5번의 표본 추출결과와 추가적으로 실시한 45회의 추출 결과로부터 얻은 총 50개의 $\overline{x}$값으로 히스토그램을 작성한 것이 <그림 7.1>이다. <그림 7.1>에서 대부분의 $\overline{x}$값들은 123과 148사이에 있고, 또한 모평균 $\mu_X = 130.5$에 가깝게 모여 있지만 몇 개의 $\overline{x}$ 값들은 모평균으로부터 상당히 멀리 떨어져 있음을 알 수 있다. 그리고 모평균으로부터 아주 멀리 떨어져 있는 일부 값들을 제외하면 분포의 모양은 좌우대칭이고 종모양인 정규분포의 형태에 가깝다는 사실을 알 수 있다.

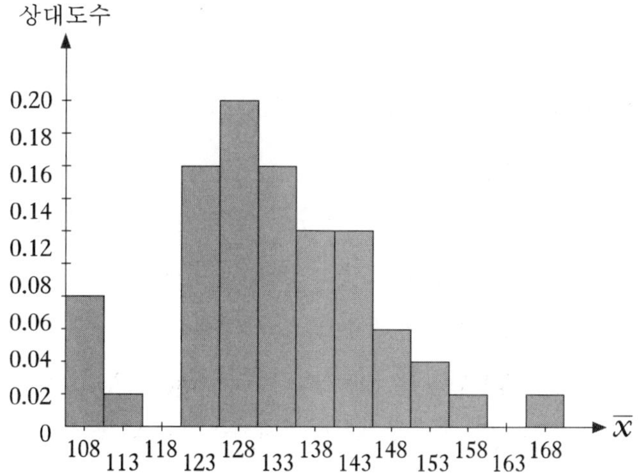

|그림 7.1| $n = 5$ 일 때 50회의 반복 추출로부터 얻은 $\overline{x}$ 의 히스토그램

3.2 컴퓨터를 이용한 $\overline{X}$ 분포의 탐색

$\overline{X}$에 근거를 둔 추론 과정을 이해하기 위해서는 $\overline{X}$에 관한 성질들을 알아야 한다. $\overline{X}$에 관한 성질들은 $\overline{X}$의 표본분포를 통하여 알 수 있으며, $\overline{X}$의 표본분포는 모집단의 분포모양, 모평균 μ_X, 모표준편차 σ_X, 그리고 표본의 크기 n 등에 의하여 결정된다. 여기서는 컴퓨터를 이용한 표본추출 실험을 통하여 $\overline{X}$의 표본분포와 관련된 성질에 대하여 알아보도록 하자.

표본추출 실험 절차

EXCEL의 이용 EXCEL에서는 메뉴 표시줄의 [도구]-[데이터 분석]-[난수 생성]을 사용하여 일양(균등)분포, 정규분포, 베르누이분포, 이항분포, 푸아송분포, 감마분포, 베타분포 등 여러 형태의 분포를 따르는 난수를 생성할 수 있다. 여기서는 정규분포를 하는 모집단으로부터 크기가 $n=5$인 표본을 200번 반복 추출하여 표본평균 $\overline{X}$를 계산한 후, 이들의 히스토그램을 통하여 표본평균 $\overline{X}$의 분포를 탐색하는 절차를 알아보도록 하자.

〔절차〕

① [도구]-[데이터 분석]-[난수 생성]을 차례대로 선택한 후 "확인"을 누른다.

② [난수 생성] 대화상자 (<그림 7.2>)에서

- 변수의 개수(V) ← 실험의 반복횟수를 입력(여기서는 200)
- 난수의 개수(B) ← 표본의 크기를 입력(여기서는 5)
- 분포(D) ← 분포를 지정(여기서는 정규분포)
- 모수 ← 평균과 표준편차를 입력(여기서는 평균=0, 표준편차=1)
- 난수 시드 ← 임의의 숫자를 입력(여기서는 12345를 입력)
- 출력 옵션 ← 출력 위치를 지정(여기서는 새로운 워크시트(P)를 지정)

을 각각 입력한 후 "확인"을 누른다. 이때 <그림 7.3>과 같은 난수들이 워크시트 [A1]부터 [GR30]까지 200개의 열에 크기가 $n=5$ 인 표본이 생성된다.

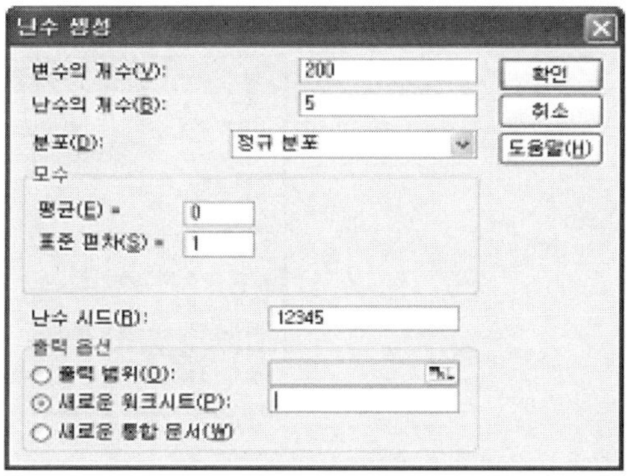

|그림 7.2| 〔함수 마법사〕를 사용한 정규분포에서의 난수 생성

③ 각 열에 생성된 $n=5$ 인 표본의 평균값 $\bar{x}$ 를 다음과 같은 요령으로 계산한다: 계산된 표본평균이 출력될 셀(여기서는 A7)을 지정한 후 [수식 입력줄]에서 [=AVERAGE(A1:A5))]를 입력 또는 [함수 마법사]의 [AVERAGE] 함수를 이용하여 첫 번째 표본의 평균값을 계산한다($\bar{x}=0.349746$). 그런 후에 나머지 199개 표본의 평균값을 계산하기 위하여 셀 A7에 블록을 설정한 후, 오른쪽 하단에 + 표시가 나타나면 마우스로 셀 GR까지 드래그하여 199개 표본의 평균값을 계산한다(<그림 7.3>).

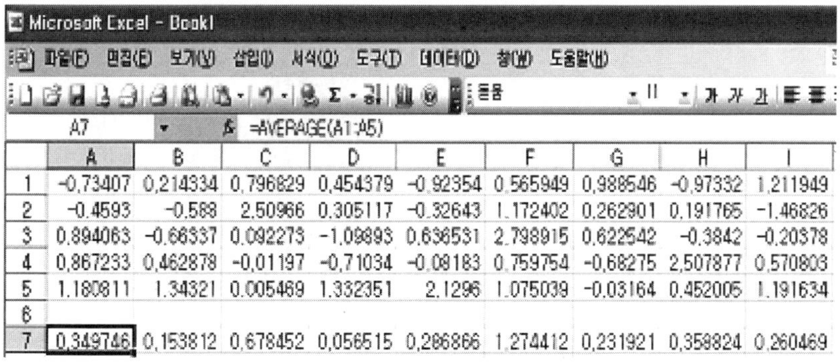
Microsoft Excel - Book1

A7 =AVERAGE(A1:A5)

	A	B	C	D	E	F	G	H	I
1	-0.73407	0.214334	0.796829	0.454379	-0.92354	0.565949	0.988546	-0.97332	1.211949
2	-0.4593	-0.588	2.50966	0.305117	-0.32643	1.172402	0.262901	0.191765	-1.46826
3	0.894063	-0.66337	0.092273	-1.09893	0.636531	2.798915	0.622542	-0.3842	-0.20378
4	0.867233	0.462878	-0.01197	-0.71034	-0.08183	0.759754	-0.68275	2.507877	0.570803
5	1.180811	1.34321	0.005469	1.332351	2.1296	1.075039	-0.03164	0.452005	1.191634
6									
7	0.349746	0.153812	0.678452	0.056515	0.286866	1.274412	0.231921	0.359824	0.260469

|그림 7.3| 생성된 난수 및 표본평균의 계산 결과

④ 히스토그램을 그리기 위해서는 먼저 도수분포표를 만들어야 하므로, <그림 7.4>의 (a)와 같이 임의의 셀에 계급구간을 설정하여 입력한다(여기서는 -1.5에서 0.2씩 증가시키면서 1.5까지를 A10부터 A26까지 입력).

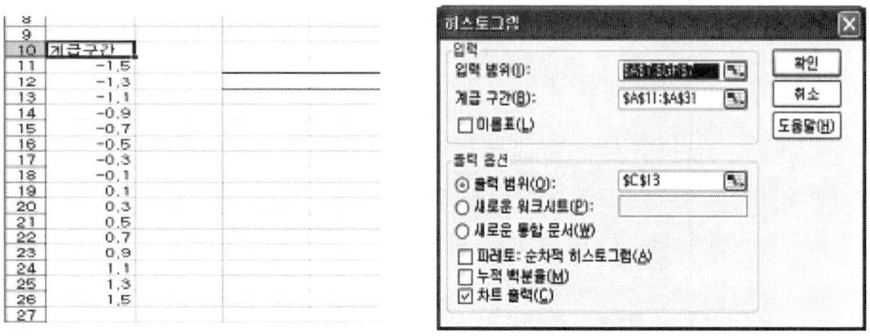

(a) 계급구간의 입력 (b) 히스토그램 대화상자

|그림 7.4| 계급구간과 히스토그램 대화상자

⑤ [도구]-[데이터 분석]-[히스토그램]을 차례대로 선택한 후 <그림 7.4>의 (b)와 같이 [히스토그램] 대화상자에서 "입력 범위"란에 표본평균들이 계산된 행(여기서는 \$A\$7:\$GR\$7)을 지정하고, "계급 구간"(여기서는 \$A\$10:\$A\$26), "출력 옵션"에서 필요한 사항(여기서는 출력 범위에 셀 \$C\$13을 지정)을 표시한 후에 "확인"을 누르면 200개의 표본평균값에 대한 히스토그램이 <그림 7.5>와 같이 나타난다(참고: 막대와 막대 사이의 간격을 없애기 위하여 히스토그램의 막대 부분을 더블클릭하여 [데이터 계열서식]-[옵션]에서 간격 너비를 0으로 지정한다).

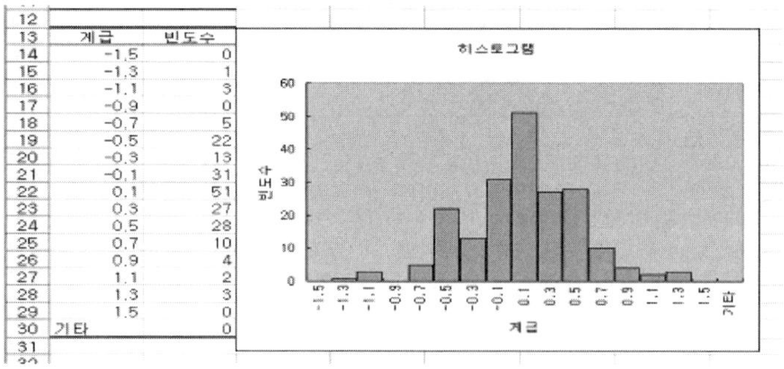

|그림 7.5| 표본평균 $\overline{X}$ 의 히스토그램

SAS의 이용 SAS에서는 다음과 같이 정해진 난수함수를 사용하여 여러 분포로부터 난수를 생성할 수 있다.

NORMAL(초기값) ← 표준정규분포

RANBIN(초기값, n, p) ← 모수가 n, p인 이항분포

RANPOI(초기값, λ) ← 모수 λ인 푸아송분포

RANUNI(초기값) ← (0, 1)인 균등분포

여기서 초기값은 5자리 이상의 수로 사용자가 임의로 지정하면 된다.

(SAS 프로그램) 모집단이 $\lambda = 1.0$ 인 푸아송분포로부터 크기가 $n = 5$ 인 표본을 200번 반복 추출하여 표본평균 $\overline{X}$를 계산하도록 한 후, 계산된 200개의 표본평균값들의 히스토그램을 출력하기 위한 SAS 프로그램은 다음과 같다(여기서 초기값은 12345로 하였음).

```
  DATA test;
    DO smean=1 to 200;
      DO n=1 TO 5;
      x=RANPOI(12345, 1.0)
      OUTPUT;
      END;
    END;
 RUN;
 PROC MEANS DATA=test;
   OUTPUT OUT=mean5 MEAN=mean;
   VAR x;
   BY smean;
```

```
RUN;
PROC CHART DATA=means5;
  VBAR mean/AXIS=0 To 3 BY 0.3;
RUN;
```

정규모집단으로부터 추출된 표본에서의 $\overline{X}$의 분포

동일한 크기의 표본을 200번 반복하여 추출한 후, 추출된 각각의 표본에 대한 표본평균값을 계산하면 200개의 $\overline{x}$ 값이 구해진다. 이 200개의 $\overline{x}$ 값을 이용하여 히스토그램을 작성하면, 표본평균 $\overline{X}$의 표본분포와 거의 비슷한 모양의 히스토그램을 얻을 수 있게 된다. 이때 표본의 크기 n을 변화시키면서 $\overline{X}$에 대한 히스토그램을 작성하면 $\overline{X}$의 표본분포와 관련된 여러 가지 특성 또한 파악할 수 있게 된다.

$\overline{X}$ 분포의 탐색 예 1998년 발표된 논문((Pizzulli, 1998)에서 심장 통증을 앓는 환자들의 혈소판 크기 X는 근사적으로 평균 $\mu_X = 8.25$, 표준편차 $\sigma_X = 0.75$인 정규분포를 따른다고 하였다. 이러한 사실을 이용하여 모집단이 정규분포를 따를 경우 이로부터 추출되는 크기가 n인 표본들의 평균 $\overline{X}$의 분포가 어떠한 형태를 따르는지 컴퓨터를 이용한 표본추출 실험으로부터 알아보도록 하자.

(히스토그램의 작성) 평균 $\mu_X = 8.25$, 표준편차 $\sigma_X = 0.75$인 정규분포로부터 $n = 5$, $n = 10$, $n = 20$, $n = 30$일 때 각 n에 대하여 표본을 200번씩 반복 추출한 후, 계산된 평균값 $\overline{x}$를 이용하여 히스토그램을 그린 결과는 <그림 7.6>과 같다.

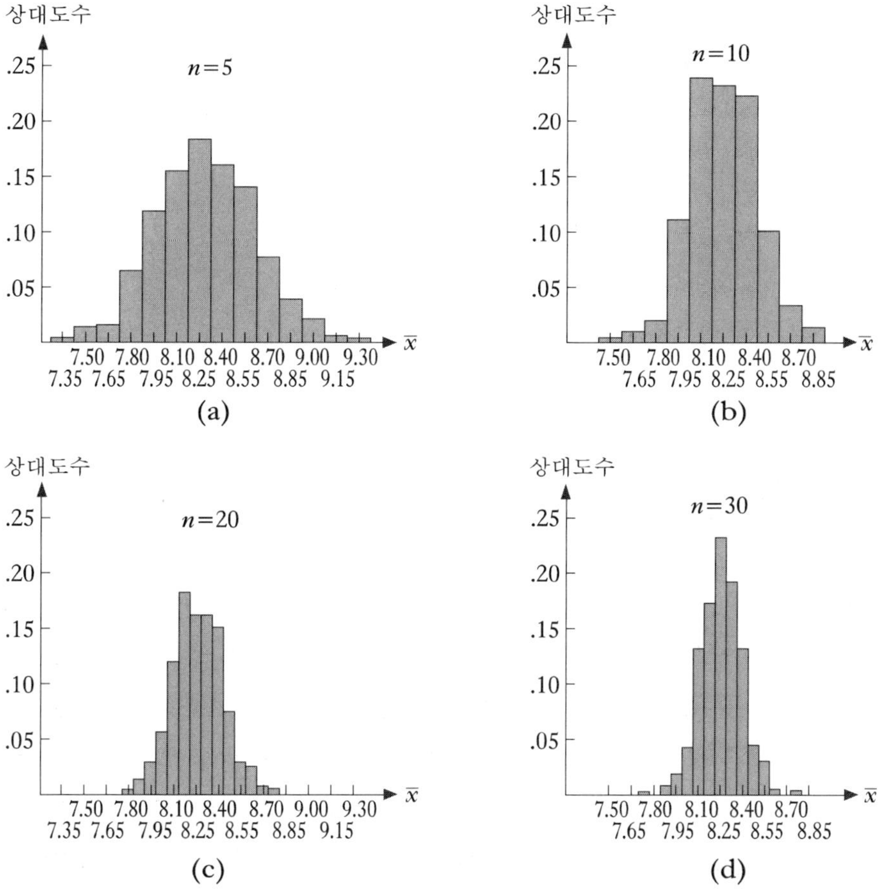

|그림 7.6| 여러 가지 n에 대한 $\overline{X}$의 히스토그램

(설명) <그림 7.6>에 주어진 히스토그램에서 그 중심위치를 살펴보면, (a)~(d) 모두에서 표본이 뽑혀져 나온 모집단의 평균 $u_X = 8.25$ 부근에 있음을 시각적으로 알 수 있다. 실제 표본추출 실험으로부터 추출된 $\overline{x}$값들의 평균을 계산해 보면 $n=5$일 때 **8.244**, $n=10$일 때 **8.245**, $n=20$일 때 **8.245**, 그리고 $n=30$일 때 **8.254**이었다. 이러한 사실로부터 표본의 크기가 커질수록 $\overline{X}$의 평균은 모평균에 접근해 간다는 사실을 알 수 있다.

히스토그램 (a)~(d)에서 $\overline{x}$값들이 흩어져 있는 폭을 살펴보면, 표본의 크기가 증가할수록 그 폭은 점점 줄어들고 있음을 알 수 있다. 실제 추출된 표본들로부터 얻은 $\overline{x}$값들의 표준편차를 계산해 보면, $n=5$일 때 0.329, $n=10$일 때 0.250, $n=20$일 때 0.162, 그리고 $n=30$일 때에는 0.129가 된다. 이러한 사실은 표본평균의 표준편차 $\sigma_{\overline{X}}$는 모집단의 표준편차 σ_X보다 작으며, 표본의 크기에 따라 그 값은 변하고 있음을 의미하고 있다(이론적으로 $\sigma_{\overline{X}}$와 σ_X 사이에는 $\sigma_{\overline{X}}=\sigma_X/\sqrt{n}$인 관계가 성립한다).

히스토그램 (a)~(d)에서 분포모양을 살펴보면, 모두 정규분포의 모양을 띠고 있음을 알 수 있다. 이것은 모집단의 분포가 정규분포를 따를 경우, 이러한 모집단으로부터 추출되는 표본평균 $\overline{X}$의 분포도 정규분포를 따르게 된다는 것을 이야기하고 있는 것이다.

참고사항

평균을 계산할 때 하나의 극단값이 평균에 미치는 영향은 표본의 크기가 클 때보다는 작을 때가 더 크다. 즉, n이 작을 때 극단값이 표본속에 포함되어 있다면 모평균 μ_X로부터 멀리 떨어진 $\overline{X}$의 값들이 발생할 가능성이 높으며, 반면에 n이 클수록 극단값은 여러 개의 다른 값들과 함께 합쳐져서 $\overline{X}$의 값이 계산되어지기 때문에 극단값의 영향력은 그만큼 줄어들게 되어 μ_X에 가까운 $\overline{X}$의 값이 나오게 된다. 따라서 $\overline{X}$의 표준편차 $\sigma_{\overline{X}}$는 표본의 크기 n에 영향을 받게 되므로, n이 클수록 $\overline{X}$의 표준편차는 점점 작아지게 되는 것이다.

비정규 모집단으로부터 추출된 표본에서의 $\overline{X}$의 분포

모집단이 정규분포를 할 때 표본평균 $\overline{X}$의 분포는 n의 크기에 관계없이 정규분포를 따르게 된다. 하지만 현실적으로 모집단의 분포는 알려져 있지 않은 경우가 대부분이다. 그렇다면, 모집단의 분포가 정규분포가 아닐 때 표본평균 $\overline{X}$의 분포는 어떻게 될까?

$\overline{X}$ 분포의 탐색 예 $\lambda = 1.0$ 인 푸아송분포는 6장의 <그림 6.1>에서 보는 바와 같이 왼쪽으로 치우친 모양을 하고 있다. 이러한 형태의 모집단으로부터 추출된 표본들의 평균 $\overline{X}$는 어떠한 형태의 분포를 따르게 되는지 컴퓨터를 이용한 표본추출실험으로부터 알아보도록 하자. 표본의 크기가 $n=5$, $n=10$, $n=20$, $n=30$일 때 각 n에 대하여 표본을 200번씩 반복 추출한 후, 계산된 $\overline{x}$ 값들을 이용하여 작성한 히스토그램이 <그림 7.7>이다.

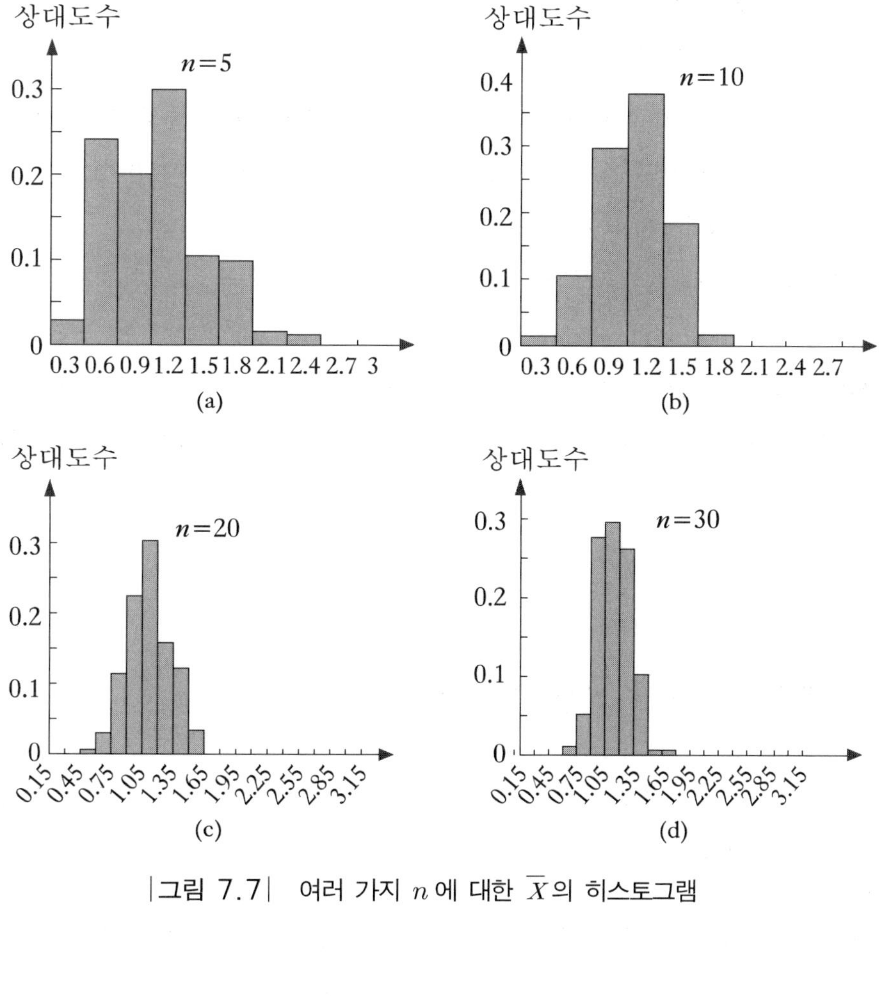

|그림 7.7| 여러 가지 n에 대한 $\overline{X}$의 히스토그램

(설명) 모집단이 정규분포를 따를 경우와 마찬가지로, <그림 7.7>에 주어진 히스토그램 (a)~(d)로부터 그 중심위치는 표본이 뽑혀져 나온 모집단의 평균인 1.0 근처에 있음을 시각적으로 알 수 있다. 실제 표본추출 실험으로부터 추출된 $\overline{x}$값들의 평균을 계산해 보면, $n=5$일 때 0.977, $n=10$일 때 0.995, $n=20$과 $n=30$일 때에는 0.999이었다. 이것은 표본의 크기가 커질수록 $\overline{X}$의 평균은 모평균 1.0에 접근해 간다는 사실을 알려주는 것이다.

히스토그램 (a)~(d)로부터 알 수 있는 또다른 사실은 $\overline{x}$값들의 흩어짐은 표본의 크기가 증가할수록 점점 줄어든다는 것이다. 이것은 모집단의 분포모양에 상관없이 표본평균의 표준편차 $\sigma_{\overline{X}}$와 모집단의 표준편차 σ_X사이에는 모집단이 정규분포를 따를 경우와 마찬가지로 $\sigma_{\overline{X}} = \sigma_X / \sqrt{n}$인 관계가 성립한다는 것을 나타내고 있다. 추출된 표본들로부터 $\overline{x}$값들의 표준편차를 계산한 결과, $n=5$일 때 0.427, $n=10$일 때 0.292, $n=20$일 때 0.208, 그기고 $n=30$에서는 0.171이었다.

히스토그램 (a)~(d)에서 분포모양을 살펴보면, 모집단이 왼쪽으로 치우친 비정규분포의 형태임에도 불구하고 표본의 크기가 커짐에 따라 표본평균 $\overline{X}$의 분포는 점점 좌우대칭인 정규분포의 형태로 변해가고 있다는 사실을 알 수 있다. <그림 7.7>의 히스토그램에서 표본의 크기가 20보다 크면 그 분포모양은 정규분포와 유사한 형태로 변해가고 있음을 알 수 있다. ■

3.3 $\overline{X}$ 분포의 성질과 중심극한정리

컴퓨터를 이용한 표본추출 실험 결과로부터 표본평균 $\overline{X}$는 다음과 같은 특성을 가지고 있음을 알 수 있다 :

(1) n의 크기와는 무관하게 표본평균 $\overline{X}$의 평균 $\mu_{\overline{X}}$는 모집단의 평균 μ_X와 일치한다.

(2) n이 증가함에 따라 $\overline{X}$의 표준편차 $\sigma_{\overline{X}}$는 점점 작아진다.

(3) 모집단이 정규분포를 따를 경우 $\overline{X}$의 분포도 정규분포를 따르게 된다.

(4) 모집단이 정규분포가 아닌 다른 형태의 분포를 따를 경우 $\overline{X}$의 분포는 n이 커짐에 따라 정규분포로 근사해 간다.

이론적으로 표본평균 $\overline{X}$는 다음과 같은 성질을 가지고 있다.

표본평균 $\overline{X}$의 분포와 성질

$X_1, \cdots, X_n$을 평균이 μ_X, 표준편차가 σ_X인 모집단으로부터 크기가 n인 확률표본이라 할 때

성질 1) $\overline{X}$의 평균 $\mu_{\overline{X}}$는 모집단의 평균 μ_X와 일치한다. 즉, $\mu_{\overline{X}} = \mu_X$

성질 2) $\overline{X}$의 표준편차 $\sigma_{\overline{X}}$와 모집단의 표준편차 σ_X 사이에는

$\sigma_{\overline{X}} = \dfrac{\sigma_X}{\sqrt{n}}$인 관계가 성립한다.

성질 3) 모집단이 정규분포를 따를 경우, n의 크기와는 상관없이 $\overline{X}$의 분포는 정규분포를 따르게 된다.

성질 4) 〔중심극한정리〕 모집단이 어떤 형태의 분포를 따르더라도 n이 충분히 클 경우 $(n \geq 30)$, $\overline{X}$의 분포는 정규분포로 근사하게 된다.

중심극한정리의 사용 예 길이가 1.25cm인 볼트를 제작하고 있는 A공장에서는 매일 생산되는 볼트 중 36개를 표본으로 뽑아 그 직경을 점검하고 있다. 이때 공장의 규칙상 표본으로 뽑힌 볼트의 평균이 1.23cm보다 작거나 또는 1.27cm보다 클 경우에는 생산라인을 멈추고 공정과정을 점검하기로 되어 있다고 한다. 공장에서 생산되는 전체 볼트의 표준편차를 0.04cm라고 할 때 생산라인이 멈추게 될 확률을 계산해 보도록 하자.

(확률의 계산) X를 볼트의 길이라고 할 때 확률변수 X는 평균 $\mu_X = 1.25$, 표준편차 $\sigma_X = 0.04$인 미지의 분포를 따른다. 모집단의 분포는 모르지만 n이 크므로 중심극한정리에 의하여 표본평균 $\overline{X}$는 평균 $\mu_{\overline{X}} = 1.25$, 표준편차 $\sigma_{\overline{X}} = \sigma_X / \sqrt{n} = 0.0067$인 정규분포를 근사적으로 따르게 된다. 따라서 생산라인이 멈추게 될 확률은 다음과 같이 계산할 수 있다.

$$
\begin{aligned}
P(\overline{X} < 1.23) + P(\overline{X} > 1.27) &= 1 - P(1.23 \le \overline{X} \le 1.27) \\
&= 1 - P\left(\frac{1.23 - 1.25}{0.0067} \le \frac{\overline{X} - \mu}{\sigma / \sqrt{n}} \le \frac{1.27 - 1.25}{0.0067}\right) \\
&= 1 - P(-2.98 \le Z \le 2.98) \\
&= 1 - 0.9972 \\
&= 0.0028
\end{aligned}
$$

■

4. t 분포

4.1 t 분포의 정의와 특징

정 의 모집단의 분포가 평균 μ_X, 표준편차 σ_X인 정규분포를 따를 때 표본평균 $\overline{X}$의 표본분포는 평균 μ_X, 표준편차 $\sigma_{\overline{X}} = \sigma_X / \sqrt{n}$인 정규분포를 따른다. 그리고 이를 표준화한 확률변수 $Z = (\overline{X} - \mu_X) / (\sigma_X / \sqrt{n})$는 표준정규분포를 따른다. 여기서 표준편차 σ_X는 알려져 있는 값으로 가정하였다. 그러나 현실적으로 σ_X의 값은 모르는 경우가 대부분이다. 이때 σ_X의 값을 모른다고 할 때 이를 대신하여 사용할 수 있는 것은 표본으로부터 계산되는 표본표준편차 S_X밖에 없다. 그러나 σ_X 대신 S_X를 사용할 경우 $(\overline{X} - \mu_X) / (S_X / \sqrt{n})$는 새로운 형태의 확률변수가 되며, 이것은 평균이 0, 표준편차가 1인 정규분포를 따른다고 할 수 없다.

아일랜드의 맥주회사 연구책임자였던 고셀(W.S. Gosset: 1876~1937)은 재료의 품질과 온도를 변화시킴에 따라 맥주의 품질이 어떻게 변하는가를 과학적으로 분석하고자 하였으나, 실험으로부터 얻을 수 있는 자료의 수가 적기 때문에 이 문제를 해결할 수가 없었다. 이에 그는 정규분포를 하는 모집단으로부터 추출된 표본의 크기가 작을 경우에 사용할 수 있는 다음과 같은 t 분포(t distribution)를 고안하였다.

t 분포

$X_1, \cdots, X_n$을 평균 μ_X, 표준편차 σ_X인 정규분포를 따르는 모집단으로부터 뽑은 크기 n인 확률표본이라 할 때 확률변수

$$T = \frac{\overline{X} - \mu_X}{S_X / \sqrt{n}}$$

는 자유도가 $n-1$인 t 분포를 따른다.

특 징 S_X의 값과 σ_X의 값은 차이가 있으며, 특히 표본의 크기가 작을 경우에는 그러한 차이는 더욱 분명하게 나타난다. 따라서 σ_X 대신 S_X를 사용하는 T의 분포는 Z의 분포보다 변화량이 더 크기 때문에 더 넓게 펼쳐져 있는 모양의 분포를 하게 될 것이다.9)

<u>t 분포의 주요한 특징</u>

① t분포는 자유도10)에 의하여 그 분포의 모양이 결정되어진다.

② 자유도가 1보다 클 때 t분포는 평균 0을 중심으로 좌우대칭이며, 분산은 $n/(n-2)$ (단, $n>2$)이다.

③ t분포는 표준정규분포와 비슷하나 표준정규분포보다 양쪽 꼬리부분이 두텁고 가운데 부분의 높이가 낮다.

④ t분포는 자유도가 증가할수록 표준정규분포에 가까워진다.

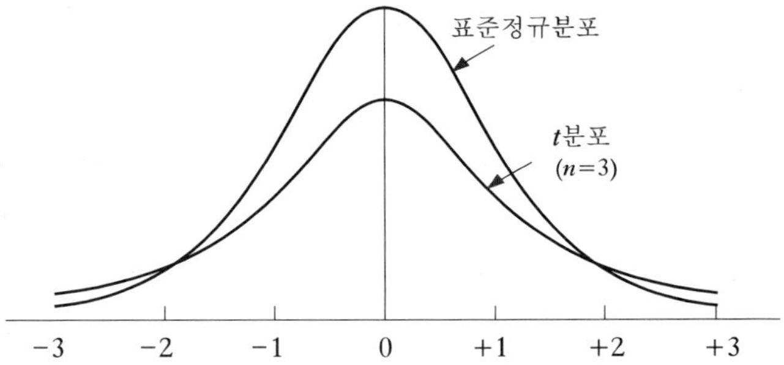

|그림 7.8| 표준정규분포와 t 분포(자유도 2)의 비교

---

9) 추출되는 표본에 따라 $\overline{X}$와 S_X의 값도 따라서 변하게 된다. 이때 Z의 값은 $\overline{X}$의 값에 따라 변하지만 T의 값은 $\overline{X}$와 S_X의 값에 따라 변하기 때문에 Z의 값보다 T의 값은 더 큰 변동을 가지고 변하게 된다.

10) R.A. Fisher에 의하여 도입된 자유도(degree of freedom)는 모수를 추정하는데 사용되며, 특정한 체계내에서 자유스럽게 선택될 수 있는 대상의 수를 의미한다. 예를 들어 5명의 여성이 5가지 종류의 차(커피, 홍차, 녹차, 국화차, 인삼차)를 파는 카페에서 서로 다른 차를 주문한다고 하자. 이때 첫 번째 여자는 5가지 중에서 한 가지를, 두 번째 여성은 남은 네 가지 중에서 한 가지를 , 세 번째 여성은 3가지 중에서 한 가지를, 네 번째 여성은 두 가지 중에서 한 가지를 선택할 수 있지만, 마지막 여성은 선택할 수 있는 기회도 없이 남은 종류의 차를 주문하여야 한다. 여기서 차를 선택할 수 있는 권리를 가진 여성은 5명 중에서 4명이며, 이때의 4가 바로 자유도인 것이다.

4.2 t 분포표의 사용법

부록의 <표 5>에는 여러 가지 자유도의 값에 대한 t 분포의 상위 $100\alpha\%$를 만족하는 t 값 즉, $P(T \geq t) = \alpha$ 인 t 값이 주어져 있다. 부록의 <표 5>를 사용하기 위해서는 먼저, 가장 왼쪽에 있는 열에서 필요로 하는 자유도를 찾은 후, 오른쪽 옆으로 가면서 표의 맨 위의 행에서 요구되는 α 의 값과 서로 만나는 값을 읽으면 그 값이 상위 $100\alpha\%$를 만족하는 t 값이 되는 것이다. 예를 들어, 확률변수 T가 자유도 9인 t분포를 따를 때 $P(T > t) = 0.05$ (즉, 상위 확률)를 만족하는 t값을 찾기 위해서는 표의 왼쪽 열에서 자유도의 값 9를 찾은 후, 9에서 오른쪽 옆으로 가면서 표의 맨 위의 행에서 α 가 0.05인 값과 서로 교차하는 값을 읽으면 된다. 즉, 1.833이 바로 자유도가 9일 때 t 분포의 상위 5%가 되는 값이 된다(<그림 7.9> 참조).

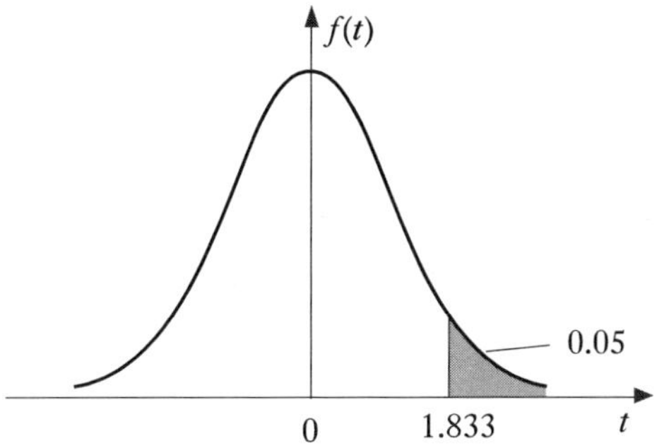

|그림 7.9| 자유도 9인 t분포에서 확률 $P(T > t) = 0.05$를 만족하는 t의 값

참고사항

일반적으로 자유도가 30을 넘어서게 되면 자유도가 변하여도 t값은 거의 변하지 않는다. 이러한 이유로 부록 〈표 5〉에서 자유도의 값이 40에서 60, 60에서 120으로 건너뛰었다. 따라서 자유도의 값이 표에 있는 값들 사이일 경우에는 가까운 자유도의 값에 해당하는 t값을 읽으면 된다. 그리고 자유도가 크면 클수록 t곡선은 점점 Z곡선을 닮아가며, 자유도가 120보다 클 경우에는 t값은 z값과 거의 일치하게 된다.

5. 표본비율 $\hat{p}$ 의 분포

5.1 표본추출실험을 통하여 알아본 $\hat{p}$의 분포

실험 또는 조사의 목적이 모집단의 비율 p에 관한 어떠한 추론을 이끌어 내는 것일 경우가 있다. 이때 크기 n인 표본으로부터 **모비율** p를 추정할 경우에 이때 사용되는 추정량은

$$\hat{p} = \frac{\text{표본 속에서의 성공횟수}}{\text{표본의 크기}} = \frac{X}{n}$$

가 되며, 이것을 **표본비율**(sample proportion)이라고 한다.

컴퓨터를 이용한 표본추출실험을 통하여 이러한 **표본비율** $\hat{p}$의 분포와 그 성질에 대하여 알아보도록 하자.

$\hat{p}$ 분포의 탐색 예 수혈로 인한 간염바이러스의 전염은 환자에게 심각한 합병증을 야기시킬 수 있다. 2003년 미국에서 발표된 한 논문에 따르면 '심장수술을 받는 환자의 7%는 수술 중에 받는 수혈을 통하여 간염이 전염된다'고 하였다. 이러한 사실이 옳다면 심장수술을 받는 환자 중 간염이 전염되는 환자 수 X는 전염률이 $p = 0.07$인 이항분포를 따르게 되는 것이다. 표본의 크기가 $n = 10,\ 25,\ 50,\ 100$이고 $p = 0.07$인 모집단으로부터 표본을 500번씩 반복 추출하는 실험을 통하여 $\hat{p}$의 분포와 이와 관련된 성질에 대해서 알아보도록 하자.

(히스토그램의 작성)

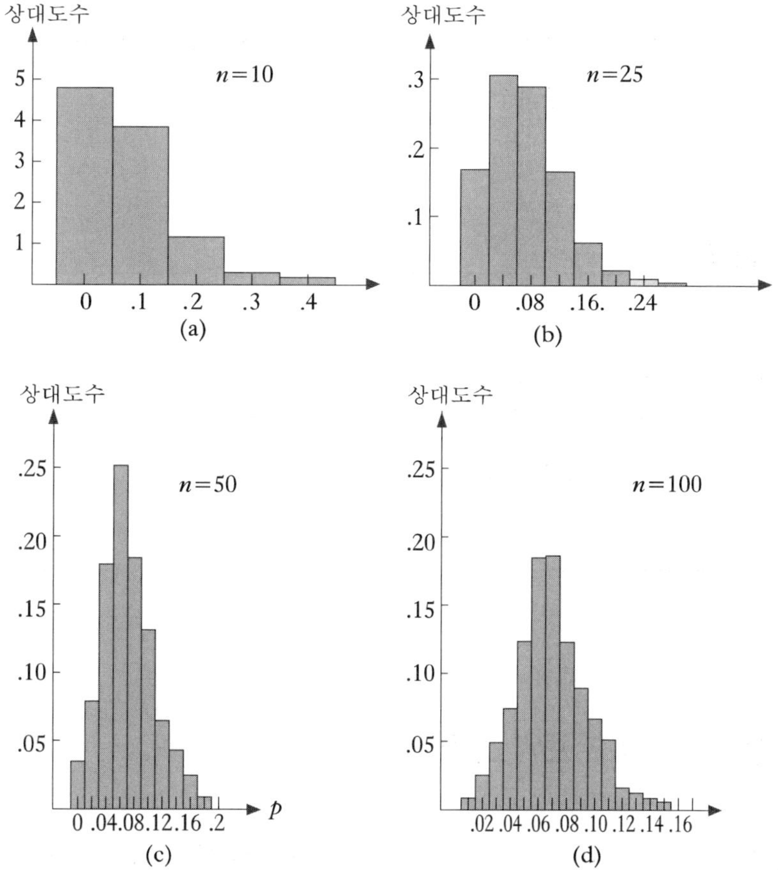

|그림 7.10| 여러 가지 n에 대한 $\hat{p}$의 히스토그램

(설명) <그림 7.10>의 (a)~(d)에서 히스토그램의 중심은 표본이 뽑힌 모집단의 비율 $p=0.07$에 가까울 것이며, 중심으로부터 자료값들이 흩어진 정도는 n이 증가함에 따라 점점 줄어들고 있음을 시각적으로 알 수 있다. $n=10,\ 25,\ 50,\ 100$일 때 컴퓨터로부터 계산된 표본비율의 평균은 각각 0.0690, 0.0677, 0.707, 0.0694이었다. 이것은 n이 클수록 표본비율 $\hat{p}$의 평균은 모비율 p에 접근해 가고 있음을 나타내는 것이다.

(a)~(d)의 히스토그램에서 n이 증가함에 따라 히스토그램은 점점 정규곡선의 형태로

변해가고 있음을 볼 수 있다. 즉, $n = 10, 25, 50$일 때의 히스토그램은 대체로 오른쪽으로 꼬리가 늘어진 형태의 분포를 나타내고 있으나 $n = 100$에 대한 히스토그램은 정규곡선의 형태를 따르고 있다. 이것은 표본의 크기 n이 커질수록 표본비율 $\hat{p}$의 분포는 정규분포로 근사해 간다는 것을 알려주는 것이다.

참고사항

일반적으로 p의 값이 0 또는 1에 가까울수록 표본비율 $\hat{p}$의 분포 모양은 느린 속도로 정규곡선의 형태로 변해가며, p가 0.5에 가까울수록 변해가는 속도는 빨라진다. 그러나 표본비율 $\hat{p}$의 분포가 정규분포에 잘 근사하는 지의 여부는 n과 p의 값에 의존한다.

5.2 표본비율 $\hat{p}$의 분포와 성질

0(실패)과 1(성공)로 이루어지고, 성공률이 p인 이항실험을 n번 반복할 때 각 실험에서 나타난 결과 X_i는 0 아니면 1의 값을 가진다(예를 들어 $n = 30$이고 성공이 20번일 경우 $\sum X_i = 20$이 된다). 따라서 크기가 n인 표본에서 $X = \sum X_i$는 성공의 횟수를 나타내며, 여기서 성공의 횟수 X는 이항분포를 따르게 된다.

$$\hat{p} = \frac{X}{n} = \frac{1}{n}\sum_{i=1}^{n} X_i$$

표본비율은 표본평균의 한 특수한 경우라고 할 수 있다. 왜냐하면 표본비율은 표본평균 $\overline{X}$와 똑같은 형태이기 때문이다. 따라서 표본비율 $\hat{p}$에 대하여 표본평균과 관련된 중심극한정리가 그대로 성립하게 되는 것이다. 이론적으로 표본비율 $\hat{p}$은 다음과 같은 성질을 가지고 있다.

표본비율 $\hat{p}$의 분포와 성질

확률변수 X가 모수 n과 p인 이항분포를 따를 경우 표본비율 $\hat{p}$은

(1) 평균이 $\mu_p = p$, 표준편차가 $\sqrt{\dfrac{p(1-p)}{n}}$ 이며,

(2) n이 클 때 $Z = \dfrac{\hat{p} - p}{\sqrt{p(1-p)/n}}$는 근사적으로 표준정규분포를 따른다.

(3) $np \geq 5$, $n(1-p) \geq 5$ 일 때 근사 정도는 매우 좋다

$\hat{p}$의 표본분포를 이용한 확률 계산 예 앞절의 예에서 수혈을 받는 심장병 환자 중에서 간염에 걸릴 확률은 0.07이었다. 여기서 수혈에 의한 간염사고를 줄일 수 있는 새로운 혈액 처리법이 개발되어 200명의 환자에게 이 방법에 의하여 처리된 혈액을 사용하여 수혈한 결과, 6명만 간염에 걸렸다고 가정하자. 이때 표본비율 $\hat{p} = 6/200 = 0.03$은 모비율 0.07보다 훨씬 작다. 그렇다면 이러한 결과는 새로운 혈액 처리법이 간염의 감염을 줄일 수 있는 효과적인 방법이기 때문인지 아니면 표본변동에 의한 오차로 인하여 나타난 결과 때문인지 알 수 없다. 이러한 경우 확률의 계산을 통하여 새로운 혈액 처리법의 효과 여부를 알아볼 수 있다.

(확률의 계산) $np = (200)(0.07) = 14 > 5$, $n(1-p) = (200)(0.93) = 186 > 5$ 이므로 정규분포는 표본비율 $\hat{p}$의 좋은 근사분포가 될 수 있다. 표본비율 $\hat{p}$의 평균과 표준편차를 계산하면

$$\mu_{\hat{p}} = p = 0.07, \quad \sigma_{\hat{p}} = \sqrt{\frac{p(1-p)}{n}} = \sqrt{\frac{(0.07)(0.93)}{200}} = 0.018$$

이다. 따라서 표본비율 $\hat{p}$은 평균이 0.07, 표준편차가 0.018인 정규분포를 근사적으로 따른다고 할 수 있다.

만약 새로운 혈액 처리법이 효과가 없다고 할 경우, 표본비율 $\hat{p}$과 모비율 p와는 별차이가 없을 것이다. $\hat{p}$과 p가 차이가 없을 경우 표본으로부터 구해지는 $\hat{p}$의 값이 나타날 확률도 그만큼 커야할 것이므로 $\hat{p}$의 값이 표본으로부터 계산된 값 0.03보다 작을 확률을 계산하여 새로운 혈액처리법의 효과 여부에 대한 판단이 가능하게 된다.

표본비율 $\hat{p}$이 0.03보다 작을 확률을 계산하면 다음과 같다.

$$\begin{aligned} P(\hat{p} \le 0.03) &= \left(z \le \frac{0.03 - 0.07}{0.018}\right) \\ &= P(z \le -2.22) \\ &= 0.0132 \end{aligned}$$

(설명) 새로운 혈액 처리법이 간염균을 정화시키는 효과가 없다고 할 경우, $\hat{p}$와 p의 값은 비슷해야 하므로 확률은 커야한다. 하지만 계산된 확률은 0.0132로 아주 작으므로 $\hat{p}$은 p로부터 멀리 떨어져 있는 값일 가능성이 매우 높다. 따라서 이러한 경우에는 새로운 혈액 처리법이 수혈에 의한 간염의 전염을 줄일 수 있는 효과적인 혈액처리 방법이라고 이야기할 수 있는 것이다. ■

제 8 장

가설검정의 이해

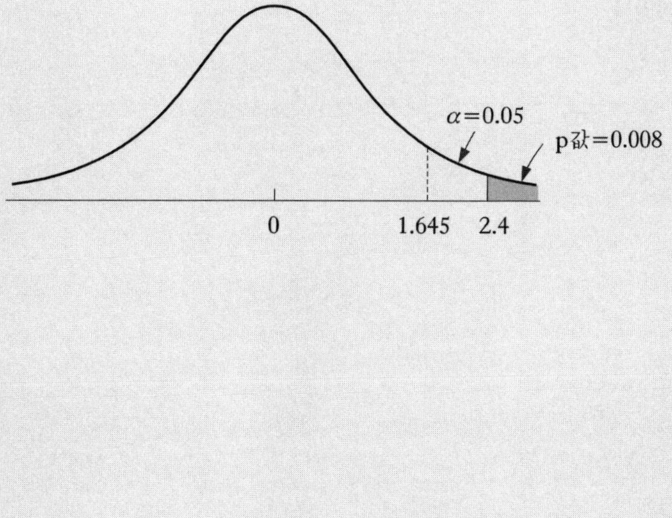

통계학의 아버지 피셔(Ronald A. Fisher: 1890~1962)

통계학에 대한 개념과 여러 가지 통계 기법들은 주로 19세기와 20세기에 여러 과학자들에 의하여 연구, 개발되었으며, 이러한 통계학의 발달에는 천문학, 생물학, 사회과학 등이 커다란 기여를 하였다고 볼 수 있다. '통계학의 아버지'로 불리어지는 피셔는 통계학이 하나의 독자적인 학문 분야로서 다른 학문 영역에 적용되도록 하는 데 크게 기여하였다. 그는 통계학에 대한 수학적 이론을 체계화하였으며, 새로운 많은 통계적 기법들을 개발하였다. 특히 실험계획에서 확률적 비교실험(randomized comparative experiment)은 그의 가장 큰 업적 중 하나라고 할 수 있다.

통계학의 발전에 기여한 다른 학자들과 마찬가지로 피셔도 현실적인 문제를 해결하기 위한 연구를 하는 가운데 통계학 분야에서 많은 업적을 이룰 수 있었다. 1919년 초, 영국의 로담스테드에서 농사 관련 실험을 하면서 피셔는 작물을 심는 방식과 여러 종류의 비료를 사용하는 방식을 어떻게 배열해야 효과적인 비교가 가능한지에 대한 문제를 연구하게 되었다. 농작물의 수확량은 비료나 농경지에 따라 달라질 것이기 때문에, 당시 연구자들은 효과적인 비교를 위해 바둑판 모양의 농장 배열 방식을 사용하곤 하였지만 피셔는 '확률적 구획 배열'이라는 새로운 방식을 도입하였던 것이었다.

1. 가설과 오류

일상생활에서 주어지는 정보를 이용하여 알려져 있지 않은 현상에 대한 예측 또는 어떤 사실에 대한 주장이 옳은지를 결정해야 하는 경우가 있다. 이를 위해 관심의 대상이 되는 모집단으로부터 표본을 추출한 후, 추출된 표본으로부터 얻게 되는 정보를 분석하여 모집단의 분포 형태라든지, 모수에 대한 추측 또는 결정을 하게 되는데 이러한 일련의 과정을 **통계적 추론**(statistical inference)이라 한다.

통계적 추론은 그 목적에 따라 여러 형태로 분류될 수 있지만 이들 중 가장 기본적이고 중요한 것이 추정과 가설검정이다. **추정**(estimation)이란 표본을 이용하여 모집단의 특성을 나타내는 모수 즉, 모평균, 모분산, 모비율 등을 추측하는 과정을 말한다. **가설검정**(test of hypothesis) 표본 속에 포함되어 있는 정보를 이용하여 알려져 있지 않은 모집단의 특성과 관련된 예측이나 주장에 대한 옳고 그름을 판단하는 과정을 말한다.

가설검정 절차는 어떤 현상을 과학적으로 규명하는 절차와 유사하다. 즉, 과학자들이 자연현상을 관찰하여 하나의 이론을 제시한 후에 실험이나 조사를 통하여 얻어진 값들을 이용하여 제시된 이론의 옳고 그름을 판단하는 것처럼, 가설검정에서도 모집단의 특성에 관하여 구체화된 값들을 가설이란 이름으로 먼저 가정한 후에 표본으로부터 얻어진 정보를 이용하여 그 가설의 옳고 그름을 판단하게 된다.

<u>가설검정</u>

모집단의 분포 모양 또는 모수 등에 대한 가설을 설정한 후, 모집단으로부터 추출되는 표본을 근거로 가설의 옳고 그름을 판단하는 통계적 기법을 말한다.

1.1 가설의 종류와 설정

가설의 종류 가설이란 모집단의 특성에 관한 예측이나 주장을 말하며, 가설검정에서는 이러한 상반된 두 가지의 가설 중 어느 것이 옳은지를 표본을 이용하여 결정하게 된다. 가설검정을 할 때 모집단 전부를 조사하게 된다면 두 가설 중 어느 것이 옳은지 정확하게 알 수 있다. 하지만 우리는 표본으로부터 얻어지는 정보를 이용하여 두 가지 중 어느 한 가지를 결정해야만 한다.

가설검정은 두 가지의 상반된 주장 중 어느 한 가지를 택한다는 관점에서 볼 때 법원에서의 형사재판과 유사하다고 할 수 있다. 형사재판에서 검찰로부터 기소된 사람은 법원에서 유죄 또는 무죄 중 어느 한 가지의 판결을 받게 된다. 미국의 사법제도 하에서 기소 중에 있는 사람은 법원의 판결이 있기 전까지는 무죄로 간주되며, 범죄 사실을 입증할 명백한 증거가 있을 경우에만 법원에서 유죄로 판정한다. 따라서 미국의 검사들은 기소된 범죄 혐의자의 유죄 사실을 입증하기 위하여 많은 어려움을 안고서 법정에 들어서게 되는 것이다.

이에 비하여 프랑스에서는 정반대의 사법제도 하에서 형사재판이 이루어지고 있다. 즉, 법정에 출석해야할 정도의 증거가 있는 피고인이라면 그 피고인은 이미 죄인으로 간주된다. 이러한 경우에는 검사보다는 피고인이 무죄를 입증하기 위하여 많은 부담을 안고 재판에 임하게 되는 것이다.

가설검정에서는 형사재판처럼 처음부터 옳다고 하는 하나의 가설을 가정하며, 이러한 가설을 **귀무가설**(null hypothesis)이라고 부른다. 그런 후에 제출된 증거(표본으로부터 얻는 정보에 해당)가 귀무가설이 틀렸다고 할 수 있는 확실한 것이라고 판단되면 귀무가설을 거부하고 반대되는 가설을 채택하게 되는 것이다. 이때 귀무가설에 반대되는 가설을 **대립가설**(alternative hypothesis)이라고 한다.[11)]

11) 일반적으로 H_0를 기각하고 H_1를 채택할 경우, '**H_0는 기각된다**'라고 하며, 반대로 H_1를 기각하고 H_0를 채택할 경우에는 '**H_0는 기각되지 않는다**'라고 표현을 한다.

귀무가설

모집단의 특성에 관하여 지금까지 알려져 있는 것과 같은 가설을 말하며, H_0로 표기한다.

대립가설

기존의 사실(H_0)에 반대되면서 새로이 입증하고자 하는 가설로써, H_1으로 표기한다.

일반적으로 어떤 사실을 귀무가설 또는 대립가설로 할 것인지의 결정은 다음의 요령에 따르면 된다: 즉, 어떤 예측 또는 주장을 표본에 의하여 입증하고자 할 때 그 예측 또는 주장에 반대되는 것을 귀무가설 H_0로 두고, 그 주장 자체는 대립가설 H_1으로 설정한다.

가설 설정의 예 S 전구회사에서는 자사의 전구 제품은 특수 공법에 의하여 제작되었기 때문에 평균수명이 3,000시간이나 된다고 홍보하고 있다. 이러한 홍보의 영향으로 S회사 전구의 소비는 늘어나고 있다. 하지만 S회사 전구를 사용하고 있는 소비자들은 S회사의 홍보와는 달리 실제로는 전구 수명이 3,000시간에 훨씬 미치지 못한다고 불만을 제기하고 있다. 이에 소비자 보호원에서는 시중에서 판매되고 있는 S회사 전구 일부를 랜덤으로 추출하여 이러한 소비자의 불만이 사실인지를 확인한다고 하자.

여기서 모평균 μ는 S회사에서 생산하고 있는 전구 전체의 평균수명이므로 3,000이 되고, 검정하고자 하는 것은 S회사 전구의 평균수명이 3,000시간이 되지 못한다는 소비자들의 주장이 된다. 따라서 귀무 및 대립 가설은 다음과 같이 각각 설정되어야 한다.

$$H_0: \mu = 3,000, \qquad H_1: \mu < 3,000$$

■

참고사항

위의 예에서 대립가설 $H_1 : \mu < 3,000$는 S회사 전구의 진짜 평균수명은 광고된 값보다 짧다는 것을 나타낸다. 따라서 귀무가설 H_0는 대립가설에 반대되는 가설이므로 $H_0 : \mu \geq 3,000$이라고 표현하는 것이 옳다고 할 수 있다. 하지만 평균수명이 $\mu \geq 3,000$이라고 할 경우, 이것은 3,000보다 큰 모든 값이 μ가 될 수 있으므로 귀무가설은 항상 등호(=)를 사용하여 분명하게 명시해 주어야 한다. 또한 대립가설이 사실이라고 할 경우 가설

$$H_0 : \mu = 3,000, \qquad H_1 : \mu < 3,000$$

은 가설

$$H_0 : \mu \geq 3,000, \qquad H_1 : \mu < 3,000$$

와 동일하다고 할 수 있다. 왜냐 하면, 만약 귀무가설 $H_0 : \mu = 3,000$가 기각되었다고 한다면 이것은 표본으로부터 μ의 값이 3,000시간보다 짧다는 강력한 증거가 제시되었기 때문이다. 이러한 경우에는 귀무가설에서 μ의 값을 3,500시간이나 4,000시간 등 3,000보다 큰 어떤 값으로 놓더라도 귀무가설이 기각되는 동일한 결과를 얻게 된다.

가설검정에서 가설 설정은 주의를 요한다. 검정 결과, 귀무가설이 기각되지 않는다는 것은 귀무가설이 옳기 때문이라는 것이 아니라, 단지 귀무가설을 거부할 강력한 증거가 부족하다는 것을 의미하는 것이다. 앞의 예에서 만약 $H_0 : \mu = 3,000$이 기각되어진다면 그것은 진짜 평균수명이 홍보된 값보다도 짧다는 것을 납득시킬 수 있는 충분한 증거를 표본이 제시하고 있기 때문이다. 그렇지만 귀무가설 H_0가 기각되지 않는다는 것은 S회사 전구의 평균수명이 3,000시간이 옳다고 하는 충분한 근거를 표본이 제시해서 그러한 것이 아니라, H_0를 기각할 근거가 부족하기 때문에 현재의 상태를 그대로 유지하겠다는 것을 의미하는 것이다.

만약 가설검정의 목적이 평균수명이 3,000시간보다 길다는 것을 입증하는 것이라면

이때의 가설은

$$H_0 : \mu = 3{,}000, \qquad H_1 : \mu > 3{,}000$$

와 같이 설정되어야 한다. 이렇게 하여야만 귀무가설의 기각이 평균수명이 3,000시간보다 길다는 강력한 증거가 되기 때문이다. 대립가설을 어떻게 설정할 것인지는 연구의 목적이 무엇인지를 항상 염두에 두고서 결정하여야 한다.

대립가설의 설정 모수에 대한 가설검정에서 귀무가설 H_0는 모수에 대해서 어떤 특별한 하나의 값을 가정하지만, 대립가설 H_1은 입증하고자 하는 사실에 따라 한쪽 또는 양쪽 방향으로 설정되어진다. 이때 대립가설이 오른쪽 방향으로 향하고 있을 경우를 **우측검정**, 왼쪽 방향으로 향하고 있을 경우를 **좌측검정**이라고 한다. 이와는 달리, 대립가설이 양쪽방향을 나타내는 경우의 검정을 **양측검정**이라고 한다.

대립가설 H_1의 설정과 검정 형태

모수를 θ, 모수에 대해서 가정된 값을 θ_0라 할 때

1) 우측검정: $H_0: \theta = \theta_0$, $H_1: \theta > \theta_0$
2) 좌측검정: $H_0: \theta = \theta_0$, $H_1: \theta < \theta_0$
3) 양측검정: $H_0: \theta = \theta_0$, $H_1: \theta \neq \theta_0$

1.2 오류의 종류와 유의수준

오류의 구분 가설이 설정되고 나면 귀무가설이 기각되어져야만 하는지 아닌지를 결정하기 위한 통계적 절차를 거친 후 최종 결정을 내리게 된다. 이때 형사재판에서

판사가 잘못된 판결을 내릴 수 있는 것처럼, 표본에서 얻은 결과를 이용하여 내리는 가설검정에서도 항상 잘못된 결론을 내릴 가능성이 있다.

형사재판에서 판사가 내리는 판결에는 두 가지 잘못이 일어날 수 있다. 즉, 무죄인 사람을 유죄라고 판결하는 것과 유죄인 사람을 무죄라고 판결하는 것이다. 이와 마찬가지로 가설검정의 최종 결정과정에서도 두 가지 종류의 오류가 일어날 수 있다. 그 중 한 가지의 오류는 귀무가설 H_0가 사실임에도 불구하고 H_0를 기각하는 것이고, 다른 한 가지의 오류는 귀무가설 H_0가 틀렸는데도 불구하고 H_0를 기각하지 않는 것이다. 이때 앞의 오류를 **제1종 오류**(type I error), 뒤의 오류를 **제2종 오류**(type II error)라고 한다.

오류의 종류

제1종 오류: H_0가 사실임에도 H_0를 기각하여 발생하는 오류를 말한다.

제2종 오류: H_0가 거짓임에도 H_0를 기각하지 않아서 발생하는 오류를 말한다.

유의수준의 정의 두 종류의 오류가 모두 일어나지 않도록 하기 위해서는 모집단 전부를 조사하여 최종 결정을 내리는 것이다. 그러나 모집단 전부를 조사한다는 것은 현실적으로 불가능하므로, 모집단의 일부분인 표본을 추출한 후 그 표본으로부터 얻은 결과를 이용하여 최종 판정을 내리게 된다. 따라서 표본을 이용한 가설검정에서는 제1종 및 제2종 오류는 항상 발생하게 되는 것이다. 제1종 오류와 제2종 오류에 대한 확률은 다음과 같이 조건부 확률로서 정의된다.

$$\text{제1종 오류를범할 확률} = P(H_1 \text{ 채택} \mid H_0 \text{ 사실})$$
$$\text{제2종 오류를범할 확률} = P(H_0 \text{ 채택} \mid H_1 \text{ 사실})$$

이때 제1종 오류를 범할 확률의 최대허용한계를 **유의수준**(significance level)이라 하여 α로 표기하며, 제2종 오류를 범할 확률의 최대허용한계는 β로 표기한다.

α와 β의 의미

$\alpha =$ 제1종 오류를 범할 확률의 최대허용한계

$\beta =$ 제2종 오류를 범할 확률의 최대허용한계

가설의 설정과 제 1, 2종 오류의 의미 예1 1993년 미국의 국립 암센터 연구소에서는 암의 성장속도를 지연시켜 치료할 수 있는 새로운 암치료법에 대한 연구계획을 발표하였다. 그동안 연구소에서는 새로운 치료법으로 13명의 암환자를 임상실험 해오면서 그 효과를 확인할 수 있었으며, 또한 새로운 치료법은 기존의 화학요법보다는 독성이 적게 나타나고 있음이 입증되었다고 한다. 이에 따라 연구소에서는 보다 많은 암환자를 대상으로 새로운 치료법의 효능에 대한 연구를 구체화하여 실시하기로 결정하였던 것이다. 이러한 연구에서 설정되는 가설과 이때 발생하게 되는 오류가 어떠한 것인지에 대하여 알아보도록 하자.

(가설의 설정) μ를 새로운 치료법으로 치료를 받은 환자에게서 암이 자라는 평균속도라 할 때, 연구소에서는 다음과 같이 가정을 설정한 후 실험 결과를 이용하여 최종 결정을 내리게 될 것이다.

H_0: $\mu =$ 새로운 치료법으로 치료를 받지 않았을 때 암이 자라는 평균속도

H_1: $\mu <$ 새로운 치료법으로 치료를 받지 않았을 때 암이 자라는 평균속도

여기서 귀무가설은 새로운 치료법이 효과가 없다는 것 즉, '새로운 치료법으로 치료를 받은 환자에게서 암의 성장속도는 이전 치료법으로 치료를 받은 환자에게서 암의 성장속도와 차이가 없다'는 것을 의미한다. 이에 비하여 대립가설은 '새로운 치료법은 암의 성장속도를 줄이는데 효과가 있다'는 것을 의미한다.

(제1종 오류와 제2종 오류) 제1종 오류는 새로운 치료법이 암의 성장속도를 줄이는데 효과가 없음에도 불구하고 효과가 있다고 잘못된 결론을 내리는 오류를 말하며, 제2종 오류는 실제로는 새로운 치료법이 암의 성장속도를 줄이는데 효과가 있음에도 불구하고 효과가 없다고 잘못된 결론을 내리는 오류를 말한다. ■

가설의 설정과 제 1, 2종 오류의 의미 예2 여성들의 난소암에 대한 진단은 암이 진행 단계로 들어설 때까지 난소암에 걸렸는 지의 여부를 판단하기가 쉽지 않다고 한다. 그러나 2002년 2월 미국의 국립 암센터 연구소는 새로이 개발된 혈액검사법으로 초기 단계에서 암의 식별이 가능하다고 발표하였다. 즉, 연구소에서는 새로이 개발된 혈액검사법을 이용한 실험 결과, 다음과 같은 사실이 확인되었다고 하였다.

- 실제 난소암에 걸린 여성 환자 50명에게 혈액검사를 실시한 결과, 환자 모두 암에 걸린 것으로 정확하게 판명되었다.
- 실제 난소암에 걸리지 않은 여성 66명에게 혈액검사를 실시한 결과, 환자 66명 중 63명이 암에 걸리지 않은 것으로 정확하게 판명되었다.

(가설의 설정) 주어진 상황은 모집단의 특성과 관련된 가설검정은 아니지만 실험 결과에 대한 연구소의 최종 결정과정 즉, 새로이 개발된 혈액검사법은 난소암의 진단에 효과가 있는지를 결정하는 과정에서 발생할 수 있는 오류는 가설검정에서의 오류와 유사하다고 할 수 있다. 따라서 연구소가 실시한 실험의 결과에 대해서 다음과 같이 귀무 및 대립 가설을 설정할 수 있다.

H_0 : 여성이 난소암에 걸려있다.

H_1 : 여성이 난소암에 걸려있지 않다.

(제1종 오류와 제2종 오류) 여기서 제1종 오류는 실제로는 암에 걸려있음에도 불구하고 암에 걸려있지 않다고 판단하는 오류이며, 제2종 오류는 실제로는 암에 걸려있지 않

는데도 암에 걸려있다고 판단하는 오류를 말한다. 연구소의 실험 결과로부터 제1종 오류와 제2종 오류를 범할 확률을 계산하면

$$P\ (\text{제1종 오류}) = \alpha = 0/50 = 0, \quad P\ (\text{제2종 오류}) = \beta = 3/66 = 0.046$$

이 된다. ■

1.3 유의수준 α의 크기 결정

가설검정에서 가장 이상적인 검정절차는 제1종 오류와 제2종 오류가 발생되지 않도록 하는 것이다. 하지만 모집단이 아닌 표본으로부터 얻게 되는 불완전한 정보로부터 검정을 실시할 경우, 이러한 오류가 발생되지 않도록 한다는 것은 불가능하다.

유의수준 α는 사실인 귀무가설을 기각할 확률의 최대허용한계를 나타낸다. 따라서 $\alpha = 0.05$라는 것은 하나의 가설에 대하여 모집단으로부터 동일한 크기의 표본을 반복적으로 추출하여 검정을 할 때 실제로 H_0가 사실임에도 불구하고 H_0가 사실이 아니라고 잘못된 결론을 내리는 최대빈도를 5% 이하가 되도록 즉, 100번 중에 최대 5번 이하가 되도록 하겠다는 것을 의미한다. 그리고 $\alpha = 0.01$은 H_0가 사실임에도 불구하고 H_0가 사실이 아니라고 잘못된 결론을 내릴 가능성을 1% 이하가 되도록 즉, 100번 중에 1번 이내가 되도록 하겠다는 것을 의미한다. 따라서 연구자가 α의 값을 0.05보다 0.01을 선택한다는 것은 제1종 오류가 작게 되도록 하는 검정절차를 사용하겠다는 것을 나타낸다. 여기서 생길 수 있는 한 가지 의문점은 왜 항상 작은 α의 값을 선택하지 않고 경우에 따라서는 $\alpha = 0.01$보다 $\alpha = 0.05$를 선택하느냐 하는 것이다. 그 이유는 제1종 오류를 범할 확률 α를 줄이면 제2종 오류를 범할 확률 β가 커지게 되고, 반대로 제2종 오류를 범할 확률 β를 줄이게 되면 제1종 오류를 범할 확률 α가 커지게 된다는 사실과 관련이 있다.

통계적 가설검정은 귀무가설이 기각되기 위해서는 이에 반대되는 강력한 증거를 제시하도록 요구하는 검정절차이다. 즉, 현재의 사실이 잘못이라는 강력한 이유가 없는 한 현

재의 사실을 그대로 유지하겠다는 것이다. 이러한 이유로 가설검정에서는 기본적으로 α를 조절하며, β를 직접 통제하지 않는다. 따라서 연구자들은 α의 크기를 결정할 때 신중을 기하여야 한다. 그렇지만 만약 제1종 오류보다는 제2종 오류가 보다 더 심각한 영향을 미친다고 판단될 경우에는 다소 큰 α를 선택하는 것이 바람직할 것이다. 일반적으로 많이 사용되는 α의 값은 $\alpha = 0.10$, $\alpha = 0.05$, $\alpha = 0.01$ 등이다.

α의 크기 결정 예1 H자동차 회사에서는 해마다 잦은 노조들의 파업으로 인하여 결함이 많은 차량이 발생되고 있어 차량조립 공정을 사람 대신 로봇으로 대체하는 문제를 심각하게 고려하고 있다. 그러나 로봇으로 대체할 경우 엄청난 비용의 예산이 소요되기 때문에 회사에서는 로봇으로 교체 시 결함률이 줄어든다는 충분한 증거가 제시될 경우에만 이 사업을 추진하고자 한다. 회사에서 보유하고 있는 자료에 의하면, 현재 부품 조립시 발생되는 결함률은 0.02라고 한다. p를 로봇을 이용하여 차량을 조립할 때 발생하는 결함률이라고 할 때 가설의 설정과 α의 크기를 어떻게 하는 것이 바람직한지 알아보도록 하자.

(가설의 설정) 현재 H자동차 회사에서 생산되는 차량의 결함률은 0.02이므로 귀무가설은 $H_0 : p = 0.02$가 되고, 검정하고자 하는 것은 사람을 로봇으로 대체할 경우 결함률이 줄어들 수 있는지의 여부를 판단하는 것이므로 대립가설은 $H_1 : p < 0.02$가 된다. 따라서 귀무 및 대립가설은 다음과 같이 설정된다.

$$H_0 : p = 0.02, \qquad H_1 : p < 0.02$$

(α의 크기 결정) 제1종 오류는 실제로는 사람이 조립하나 로봇이 조립하나 결함률에 있어 차이가 없음에도 불구하고 결함률이 줄어든다고 잘못된 결론을 내리는 오류이며, 제2종 오류는 로봇으로 부품을 조립하면 결함률을 실제로 줄일 수 있음에도 불구하고 줄이지 못한다고 하는 잘못된 결론을 내리는 오류이다. 따라서 제1종 오류는 사람을 로봇으로

교체함에 따른 재정적인 손실을 회사에 끼침과 동시에 노동자 실직 문제를 야기시키게 되고, 제2종 오류는 로봇으로 교체하면 결함률을 줄일 수 있음에도 불구하고 이전과 동일하게 결함이 있는 차량을 계속 발생시키는 문제를 일으키게 한다. 이러한 경우, 회사의 입장에서는 제2종 오류보다는 제1종 오류가 더 중요하다고 판단되므로 가능한 α를 작게 설정하는 것이 바람직하다. ■

α의 크기 결정 예2 1991년 3월 대구 시민들의 상수원인 낙동강이 유독성 화학물질인 페놀 원액에 오염되는 사고가 발생하였다. 이 사고로 페놀에 오염된 상수원의 물이 정수되지 않은 상태에서 대구시 전역으로 공급되면서 일부 시민들은 두통과 구토증세로 인하여 병원에 입원하는 등 그 피해는 심각하였다. 낙동강 페놀 오염사고를 계기로 정부에서는 전국의 정수장에 유독성 물질을 걸러낼 수 있는 고도의 정수시설을 설치하여 앞으로의 수질오염사고 발생에 대비를 하였다.

팔당 상수원은 서울과 인천을 비롯하여 경기도 24개 시, 군 등 2천만 수도권 주민의 식수원이다. 이곳의 물은 한강을 경유하여 정수장에 공급되고 있으며, 각 정수장에서는 공급된 물을 정수하여 주민들에게 식수로 제공하고 있다. 정수장에서는 깨끗한 수돗물을 주민들에게 공급하기 위하여 매일 수질검사를 실시하고 있으며, 수질검사에서 물속에 포함되어 있는 평균 납의 농도가 0.05mg/ℓ 이상이 되면 안전하지 않은 것으로 간주된다. 이때 각 정수장에서 오염 여부를 판단하기 위하여 매일 실시하는 수돗물 검사를 위해서 다음과 같이 가설을 설정하게 될 것이다.

(가설의 설정) μ를 물속에 포함되어 있는 평균 납의 농도라 할 때 정수장에서 검정하고자 하는 것은 물속에 납이 0.05mg/ℓ 이상 포함되어 있는지의 여부이다. 따라서 대립가설은 H_1: $\mu > 15$가 된다. 그리고 현재 주민들이 식수로 공급받고 있는 수돗물은 안전하므로 귀무가설은 H_0: $\mu = 15$가 될 것이다. 따라서 귀무 및 대립가설은 다음과 같이 각각 설정된다.

$$H_0: \mu = 15, \qquad H_1: \mu > 15$$

(α 의 크기 결정) 귀무가설 H_0: $\mu = 15$는 H_0: $\mu \leqq 15$와 동일하며, 수돗물 속에 포함되어 있는 납의 농도는 허용기준 이하라는 것을 의미한다. 이에 비하여 대립가설은 수돗물 속에 포함된 납의 농도는 식수로서 허용 가능한 수준을 초과한다는 것을 뜻한다. 여기서 제1종 오류는 실제로는 수돗물에 함유된 납의 농도가 허용기준을 초과하지 않음에도 불구하고 초과한다고 잘못된 결론을 내리는 오류를 말한다. 따라서 제1종 오류로 인하여 나타날 수 있는 결과로는, 실제로 물이 납에 오염되지 않았기 때문에 납을 제거하기 위한 별도의 정수처리가 필요하지 않음에도 불구하고 오염된 것으로 판단하여 불필요한 약품사용으로 인한 비용을 낭비하게 된다는 것이다.

제2종 오류는 수돗물에 포함되어 있는 납의 농도가 사실은 허용기준을 초과하였음에도 불구하고 허용기준을 초과하지 않았다고 잘못된 결론을 내리는 오류를 말한다. 이러한 오류로 인하여 주민들은 납이 포함된 물을 마시게 되어 심각한 건강상의 위협 즉, 혈압이 높아지고, 청각장애가 생기며, 심지어는 빈혈증과 콩팥 손상 등의 문제가 발생하게 될 것이다. 따라서 이러한 경우에는 제1종 오류보다 제2종 오류로 인하여 발생되는 문제가 더 심각하기 때문에 α 값을 0.1과 같이 가능한 크도록 해주어야 한다.

■

2. 검정통계량의 의미

가설검정이란 표본으로부터 얻은 자료와 입증하고자 하는 가설이 얼마나 잘 적합한지를 판단하기 위한 하나의 통계적인 절차이다. 따라서 가설검정에서는 표본으로부터 얻은 정보를 이용하여 H_0를 기각할 것인지 또는 H_0를 채택할 것인지 두 가지 중 어느 한 가지를 선택하게 된다. 이러한 선택을 위하여 사용되는 통계량을 **검정통계량**(test statistic)이라 하며, 검정통계량은 검정하고자 하는 모수의 종류에 따라 다르다. 즉, 모평균 μ에 대한 검정에서 검정통계량은 표본평균 $\overline{X}$가 되며, 모비율 p에 대한 검정에서는 표본비율 $\hat{p}$이 검정통계량이 된다.

검정통계량

귀무가설과 대립가설 중에서 어느 하나를 선택하는데 사용되는 통계량을 말한다.

검정통계량의 계산 예 미들급 권투선수인 P씨는 자신의 체급을 유지하기 위하여 매주 한 번씩 체중을 측정하고 있다. 지난 한 달 동안 P선수의 체중을 4회 측정한 결과가 다음과 같다고 하자. (단위: kg)

72.50 73.25 73.10 74.55

이때 지난달 측정된 P선수의 평균 체중은 $\overline{x} = 73.35$kg이 된다. 과거의 자료에 의하면 P선수의 체중은 표준편차가 $\sigma = 0.5$kg인 정규분포를 따른다고 가정할 때 P선수는 한계 체중인 72.57kg을 초과한다고 보아야 하는지의 여부를 판단하기 위한 검정통계량을 계산해 보도록 하자.

(가설의 설정) P선수의 체중을 X라 할 때 확률변수 X는 평균 $\mu = 72.75$**kg**, 표준편차 $\sigma = 0.5$**kg**인 정규분포를 따르게 된다. 여기서 입증하고자 하는 것은 **P**선수가 미들급의 체중을 초과하는지의 여부이므로 대립가설은 $H_1 : \mu > 72.75$가 된다. 따라서 귀무 및 대립가설은 다음과 같이 설정된다.

$$H_0 : \mu = 72.75, \qquad H_1 : \mu > 72.75$$

(검정통계량의 계산) 모평균 μ에 대한 가설검정에서는 표본평균 $\overline{X}$가 검정통계량으로 사용된다. 하지만 모집단이 모표준편차 σ가 알려져 있는 정규분포를 따를 경우 표본평균 $\overline{X}$는 평균 μ, 표준편차 $\sigma/\sqrt{n}$인 정규분포를 따른다. 따라서 $\overline{X}$를 표준화한 확률변수

$$Z = \frac{\overline{X} - \mu}{\sigma / \sqrt{n}}$$

는 평균 0, 분산 1인 표준정규분포를 따르게 되므로, 모평균 μ에 대한 검정에서는 Z를 검정통계량으로 사용한다. 여기서 귀무가설은 $H_0 : \mu = 72.75$이고 측정된 자료로부터 계산된 표본평균은 $\overline{x} = 73.35$이었다. 따라서 귀무가설이 사실일 때 즉, $\mu = 72.75$일 때 검정통계량의 값은

$$z = \frac{73.35 - 72.75}{0.5 / \sqrt{4}} = 2.4$$

가 되는 것이다. ■

3. p 값의 의미와 사용

가설검정에서 만약 표본으로부터 나타난 결과가 귀무가설보다는 대립가설이 옳은 상황하에서 일어날 가능성이 더 높다면, 이것은 귀무가설보다는 대립가설을 지지하는 증거가 될 것이다. 바꾸어 이야기하면, 표본으로부터 얻은 결과가 귀무가설이 옳다는 상황에서 일어날 가능성이 적으면 적을수록, 귀무가설이 거짓이라는 강력한 증거가 될 수 있다는 것이다. 이러한 개념에서 가설검정에서는 검정통계량의 값으로부터 계산된 확률을 이용하여 귀무가설을 지지 또는 거부할 것인지를 결정한다.

가설검정에서 사용되는 검정통계량은 검정하고자 하는 모수의 형태에 따라 다르다. 그러나 어떤 모수에 대한 검정을 하던 상관없이 검정 통계량의 값을 하나의 확률값으로 나타내어 귀무가설의 기각 여부를 결정할 수 있다면 매우 편리할 것이다. 이러한 목적으로 사용되는 것이 바로 p값이다.

p값이란 표본으로부터 계산된 검정통계량의 값을 기준으로 한쪽 또는 양쪽 끝부분의 확률을 말한다. 여기서 끝부분이라는 것은 귀무가설 H_0를 사실이라고 할 때 기대될 수 있는 값으로부터 멀리 떨어져 있는 값의 영역을 의미하며, 그 방향은 대립가설 H_1의 형태에 따라 결정된다. 귀무가설의 기각 여부는 p 값과 주어진 유의수준 α를 비교하여 결정한다.

<u>p값(또는 유의확률)</u>

표본으로부터 계산된 검정통계량의 값을 기준으로 제1종 오류를 범할 확률을 말한다.

p값은 관측된 값으로부터 귀무가설 H_0가 기각되어져야만 한다고 판단하는 최소의 유의수준값을 나타낸다. 따라서 p값이 주어진 α 값보다 작으면 귀무가설은 기각되어지고, 반대로 p값이 주어진 α 값보다 크거나 같으면 귀무가설은 기각되어지지 않는다. p값이

작으면 작을수록 그만큼 귀무가설 H_0 가 기각되어져야 한다는 강한 증거가 된다고 생각하면 되는 것이다. 그리고 p값이 주어진 유의수준 α 와 같거나 작다면 '유의수준 α 에서 통계적으로 유의하다(statistically significant at level α)'라고 말한다. 여기서 '유의하다'는 의미는 '귀무가설이 사실이 아니다'라는 증거가 주어진 기준인 유의수준 α 에 도달하였다는 것을 나타낸다.[12)]

p값을 이용한 판정방법

p값 $\geq \alpha$ 이면, 귀무가설 H_0를 기각하지 않는다

p값 $< \alpha$ 이면, 귀무가설 H_0를 기각한다

p값의 사용 예 앞절의 예에서 표본으로부터 계산된 P선수의 평균체중은 $\bar{x} = 73.35$ 이었다. p 값을 계산하여 귀무가설의 기각 여부를 결정해 보자.

(p값의 계산) 대립가설은 $H_1 : \mu > 72.75$ 이므로, 여기서는 우측검정이 된다. 따라서 p값은 H_0가 사실이라고 할 때 즉, $\mu = 72.75$ 일 때의 확률 $P(\overline{X} > 73.35)$ 이며, 그 값은 다음과 같이 계산한다.

$$
\begin{aligned}
p\text{값} = P(\overline{X} \geq 73.35) &= P\left(\frac{\overline{X} - \mu_0}{\sigma/\sqrt{n}} \geq \frac{73.35 - 72.75}{0.5/\sqrt{4}}\right) \\
&= P(Z \geq 2.4) \\
&= 0.008
\end{aligned}
$$

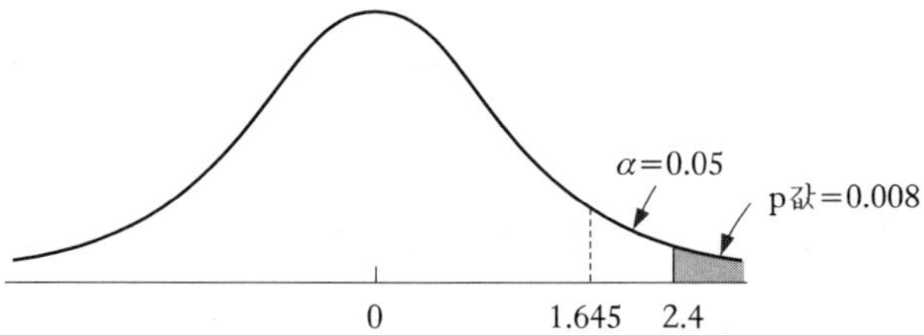

|그림 8.1| p값의 의미

12) 유의수준 0.01에서의 유의성은 종종 $p < 0.01$ 이라는 형태로 표현되어진다.

(결론) p 값은 0.008로써 매우 작다. 만약 유의수준이 $\alpha = 0.05$로 주어졌다고 할 경우 p 값은 이보다 작으므로, 귀무가설 H_0는 기각된다. 즉, P선수의 체중은 미들급 한계체중을 초과한다고 결론을 내리게 된다.

참고사항

통계적 검정과정을 거쳐 발표되는 연구논문에서는 p값을 표기하는 것이 일반화되어 있다. 그 이유는 연구자에 의해서 선택된 α 값에 의해서 단순히 '귀무가설이 기각되었다' 또는 '귀무가설이 기각되지 않았다'라는 표현보다는 p값에는 더 많은 정보가 포함되어 있기 때문이다. 예를 들어, 계산된 p값이 0.03일 경우 그 결과는 $\alpha = 0.05$에서는 유의하지만 $\alpha = 0.01$에서는 유의하지 않다고 판단할 수 있는 것처럼, p값이 주어지면 어떤 유의수준의 값에 대해서도 그 유의성 여부를 판단할 수 있기 때문이다.

4. 가설검정 절차

가설검정이란 모수에 대하여 제시된 주장이 주어진 유의수준 범위내에서 타당성이 있는지를 분석하는 과정으로써, 일반적으로 다음과 같은 4단계 절차를 거쳐 이루어진다.

〔단계 1〕 귀무가설 H_0와 대립가설 H_1을 설정한다.

〔단계 2〕 검정통계량을 계산한다.

〔단계 3〕 p 값을 계산한다.

〔단계 4〕 유의성 여부를 판정하고, 결과를 해석한다.

가설검정 절차의 예 L시의 보건소를 이용하는 시민들은 진료를 받기까지 대기하는 시간이 무려 1시간 이상이라고 시청 민원실에 불만을 제기하였다. 이에 시청에서는 이러한 민원이 사실인지 확인하기 위하여 보건소를 이용하는 환자 100명을 랜덤으로 추출한 후, 대기시간을 측정하였다. 측정결과 평균 대기시간이 63분, 표준편차가 10분이었다. 이러한 자료로부터 대기시간이 1시간 이상이라는 이용자들의 주장이 타당한지를 유의수준 $\alpha = 0.05$에서 검정하는 절차에 대해서 알아보도록 하자. 여기서 대기시간은 표준편차 $\sigma = 10$분인 정규분포를 따른다고 가정한다.

〔단계 1〕 **가설의 설정** : 보건소를 이용하는 전체 시민들의 평균 대기시간을 μ분이라고 할 때 이용자들의 주장에 대한 검정은 우측검정이 된다. 따라서 귀무가설 및 대립가설은 다음과 같이 설정된다.

$$H_0: \mu = 60, \qquad H_1: \mu > 60$$

〔단계 2〕 검정통계량의 계산 :

$$z = \frac{\bar{x} - \mu_0}{\sigma / \sqrt{n}} = \frac{63 - 60}{10 / \sqrt{100}} = 3.0$$

〔단계 3〕 p값의 계산 : $p = P(Z \geq 3.0) = 0.0013$

〔단계 4〕 유의성 판단 : p값 0.0013은 주어진 유의수준의 값 0.05보다 훨씬 작으므로 귀무가설 H_0는 기각된다. 즉, 주어진 자료는 '보건소에서 진료를 받기위해 대기하는 시간이 1시간 이상이라는 이용자들의 불만은 타당하다'는 사실을 뒷받침하고 있는 것이다. ■

5. 모평균의 검정

모평균 μ에 대한 가설검정에서 귀무가설 H_0은 모평균 μ에 대해서 어떤 특별한 하나의 값을 가정하지만 대립가설 H_1은 연구의 성격에 따라 다음과 같이 세 가지 중 어느 하나가 된다.

귀무가설과 대립가설

μ_0를 가정된 값이라고 할 때

1) 우측검정 : $H_0: \mu = \mu_0$, $H_1: \mu > \mu_0$
2) 좌측검정 : $H_0: \mu = \mu_0$, $H_1: \mu < \mu_0$
3) 양측검정 : $H_0: \mu = \mu_0$, $H_1: \mu \neq \mu_0$

모평균 μ의 검정에서는 주어진 상황에 따라 통계량 Z 또는 T가 검정통계량으로 사용된다. 만약, 모집단이 정규분포를 따르면서 σ가 알려진 경우 또는 모집단의 분포는 모르지만 n이 크면서 σ가 알려져 있을 경우에는 통계량

$$Z = \frac{\overline{X} - \mu_0}{\sigma / \sqrt{n}}$$

가 검정통계량으로 사용되며, 이때의 검정을 **정규검정(normal test)**이라 한다.

그리고 모집단이 정규분포를 따르면서 n이 작고 σ를 모를 경우에는 통계량

$$T = \frac{\overline{X} - \mu_0}{S / \sqrt{n}}$$

가 검정통계량으로 사용되며, 이때의 검정을 **t - 검정(t - test)**이라 한다.[13]

13) σ를 모르지만 n이 클 경우에는 통계량 $Z = \frac{\overline{X} - \mu}{\sigma / \sqrt{n}}$를 검정통계량으로 사용한다.

t-검정법의 예1 '정보화'란 회사나 공장에 전자정보기기가 도입되어 사무자동화가 이루어지고, 생산기술이나 경영전략에 관한 정보 및 이에 대한 활용이 활발하게 이루어지는 현상을 말한다. 직장은 정보화의 순기능을 가장 많이 향유하는 영역이라고 할 수 있다. 편리한 e-메일, 각종 사무용 소프트웨어의 활용, 손쉬운 자료의 교환 등으로 직장인들은 비약적으로 업무능력을 향상시킬 수 있게 되었다. 하지만 최근 들어 정보 과잉에 노출된 직장에서의 업무활동은 직업윤리의 무의식적 붕괴현상이라는 커다란 사회적 문제를 야기시키고 있다.

최근 대기업과 중소기업 직장인을 대상으로 실시한 조사에 따르면, 직장인들은 근무시간의 1/4정도는 업무외의 일에 투자하고 있으며, 그 중에는 웹서핑이나 인터넷 쇼핑, 채팅, 컴퓨터 게임 등에 가장 많은 시간을 쓰고 있는 것으로 나타났다(헤럴드 경제, 2004. 5)

모 대기업의 CEO는 관리이사로부터 자기회사의 직원들이 컴퓨터를 이용하여 업무와 관련없는 일을 하루에 평균적으로 85분 정도 소비하는 것으로 보고를 받았다. 그러나 CEO는 직원들이 일과시간 중에 업무외의 일에 컴퓨터를 사용하는 시간이 보고된 시간 85분 보다 더 많을 것이라고 생각하고 있다. 이에 CEO는 10명의 직원을 랜덤으로 뽑아 업무외의 일에 컴퓨터를 사용하는 시간 (X)을 조사하도록 비서에게 지시하였으며, 조사결과 비서는 다음과 같은 자료를 얻었다.

81 85 90 94 86 97 86 81 78 101

조사된 자료로부터 직원들이 업무외적인 용도로 일일 평균 85분 이상 컴퓨터를 사용하고 있다고 할 수 있는지를 유의수준 $\alpha = 0.05$에서 검정해보도록 하자.

(가설의 설정) 귀무가설 및 대립가설은 다음과 같이 설정된다.

$$H_0 : \mu = 85, \qquad H_1 : \mu > 85$$

(검정통계량의 계산) 조사된 자료로부터 표본평균과 표본표준편차를 계산하면

$$\bar{x} = \frac{1}{10}(81 + \cdots + 101) = 87.9$$

$$s = \sqrt{\frac{1}{10-1}\left[(81-87.9)^2 + \cdots + (101-87.9)^2\right]} = 7.49$$

가 된다. 표본평균 $\overline{X}$의 값은 표본을 반복하여 뽑을 때마다 변하기 때문에 가정된 값 85와는 일반적으로 차이가 있다. 여기서 관측된 표본평균 $\bar{x} = 87.9$는 85보다는 크다. 그렇다면 87.9는 표본추출과 관련된 변동으로 인한 차이로 볼 것인지 아니면 실제로 $\mu > 85$이기 때문에 이러한 값이 나타난 것인지 판단하기 위한 근거로서 검정통계량을 사용한다. 여기서 모표준편차 σ은 알려져 있지 않고, 표본의 크기도 10으로 작으므로 t -검정을 사용하여야 한다. 하지만 t -검정은 모집단이 정규분포를 따른다는 것을 가정하고 있다. 따라서 검정통계량을 계산하기 전에 먼저 주어진 자료가 정규분포를 따르는 모집단으로부터 추출되었다고 할 수 있는지를 확인하여야 한다.

＊ **모집단이 정규분포를 따른다고 할 수 있는지에 대한 판단** : 표본으로 주어진 자료가 정규분포를 따른다고 할 수 있는지를 판단하기 위한 방법으로는 여러 가지가 있다. 그 중 가장 널리 알려진 방법은 정규확률도[14)]를 그려 자료값들이 도표에 주어진 직선과 일치한다고 할 수 있는지를 확인하는 방법과 상자그림을 그려 대칭성을 가지고 있으면서 특이값이 없는지를 살펴보는 방법이 있다. 주어진 표본은 회사에 근무하는 전체 직원 중에서 랜덤으로 뽑힌 일부이지만 그 크기가 작기 때문에 자료값들의 분포는 적어도 정규분포에 근사한다고 할 수 있어야만 한다. <그림 8.2>에 주어진 정규확률도로부터 자료값들은 거의 직선 형태로 나타나고 있으며, 상자그림에서도 자료값들은 좌우 대칭인 형태를 띠고 있으며, 특이값들도 없는 것으로 나타나고 있다. 이러한 결과로부터 모집단은 정규분포를 따른다고 가정할 수 있다.

---

14) 정규확률도(normal probability plot)는 자료가 정규분포를 따르는지를 육안으로 판단하기 위하여 사용되는 그림으로써 도표상에 나타나는 그림이 직선에 가까우면 가까울수록 주어진 자료는 정규분포를 따른다고 보면 된다.

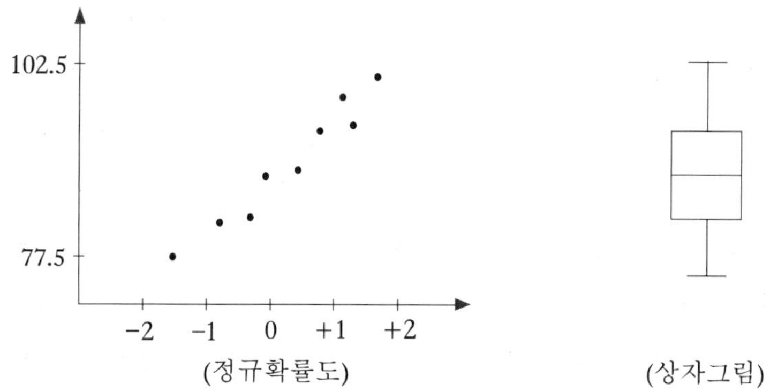

|그림 8.2| 정규확률도와 상자그림

t -검정을 위한 검정통계량을 계산하면 다음과 같다.

$$t = \frac{\bar{x} - \text{가정된 값}}{s/\sqrt{n}} = \frac{87.9 - 85}{7.49/\sqrt{10}} = 1.224$$

(p 값의 계산) 계산된 검정통계량의 값 $t = 1.224$ 를 이용하여 p 값을 계산하면

$$\begin{aligned} p\text{ 값} &= (\text{음영 부분의 면적}) \\ &= P(T > 1.224) \\ &= 0.1260 \end{aligned}$$

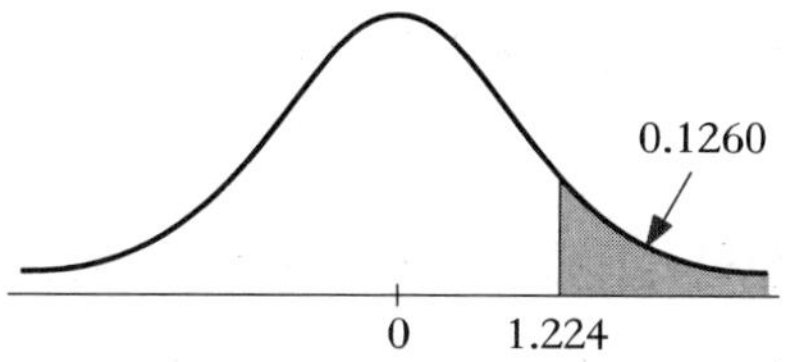

(결론) p 값$= 0.1260 > \alpha = 0.05$ 이므로 귀무가설 H_0 는 기각되지 않는다. 따라서 조사된 자료는 직원들이 업무 외적인 용도로 하루에 평균 85분 이상 컴퓨터를 사용하고 있다고 주장할만한 충분한 증거가 될 수 없다고 할 수 있다. ■

t −검정의 예2 어린아이부터 어른에 이르기까지 아토피로 인하여 고통을 받

고 있는 사람들이 많다. 아토피가 생기는 정확한 원인은 밝혀지지 않았지만 유전적인 요인, 환경적인 요인, 그리고 내적인 요인에 의하여 발생하는 것으로 추정하고 있다. 유전적인 요인은 주로 체질적인 것으로 부모로부터 물려받게 되는 것이며, 환경적인 요인으로는 건조한 공기, 집먼지 진드기, 식물의 꽃가루, 공해물질 등을 들고 있다. 내적인 요인으로는 음식 알레르기와 스트레스 등이 대표적으로 꼽히고 있다. 일반적으로 24개월 이전의 유아들에게 아토피가 생기는 경우는 음식 알레르기가 원인인 경우가 많다고 알려져 있다. 이에 따라 아기를 가진 어머니들은 유아들의 이유식을 살 때 포장에 표시된 여러 가지 영양소의 함유량에 대해서 많은 주의를 기울여야 한다.

소비자 보호원에서 지난 한 달 동안 백화점의 슈퍼마켓에서 팔리고 있는 S식품회사의 이유식품 12개를 랜덤으로 뽑아 그 식품이 함유하고 있는 지방성분의 함유량(단위: ㎎)을 조사한 결과 다음과 같은 자료를 얻었다.

255 244 239 242 265 245 259 248 225 226 251 233

식품의 포장지에는 지방성분의 함유량이 240mg으로 표시가 되어 있었으며, 소비자 보호원에서는 포장지에 표시된 함유량과 실제 함유량과 일치하는지의 여부를 유의수준 $\alpha = 0.05$로 확인하고자 한다.

(가설의 설정) 이유식품에 포함된 성분의 함량을 X, 그 평균을 μ라고 할 때 검정을 위한 귀무가설은 다음과 같이 설정된다.

$$H_0:\ \mu = 240, \qquad H_1:\ \mu \neq 240$$

(검정통계량의 계산) σ의 값이 주어지지 않았고, 또한 표본의 개수가 12로 크지 않으므로 t-검정이 고려될 수 있다. 하지만 앞의 예에서와 마찬가지로 t-검정을 실시하기 전에 확률변수 X가 정규분포를 따른다고 할 수 있는지를 먼저 확인하여야 한다.

※ **모집단이 정규분포를 따른다고 할 수 있는지에 대한 판단** : 조사된 자료를 이용하여 정규확률도와 상자그림을 그린 결과(<그림 8.3> 참조), 정규확률도에서 자료값들은 거의 직선상에 놓여 있으며, 상자그림에서 자료값들은 좌우 대칭인 형태를 하고 있으며 또한 특이값이 존재하지 않음을 알 수 있다. 따라서 주어진 자료의 모집단은 정규분포를 따른다고 가정할 수 있다.

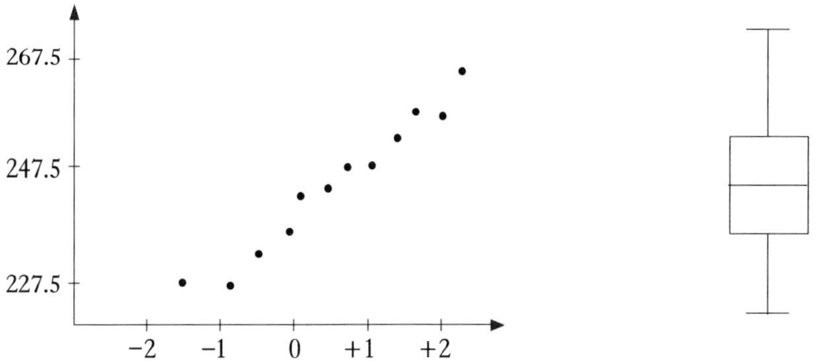

(정규확률도) (상자그림)

|그림 8.3| 정규확률도와 상자그림

조사된 자료로부터 표본평균과 표본표준편차를 계산하면 $\overline{x} = 244.33$, $s = 12.383$이므로 검정통계량 T는 다음과 같이 계산된다.

$$t = \frac{\overline{x} - 240}{s/\sqrt{12}} = \frac{244.33 - 240}{12.383/\sqrt{12}} = 1.21$$

(p 값의 계산) 계산된 검정통계량의 값 $t = 1.21$을 이용하여 p값을 계산하면

p값 = (음영 부분의 면적)

$= P(T > 1.21) \times 2$

$= 0.256$

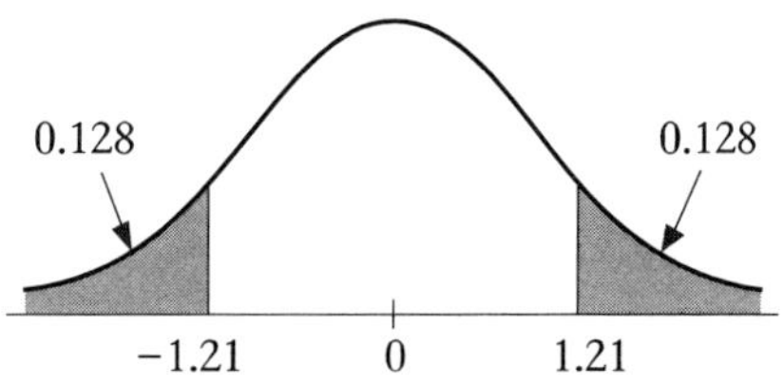

(결론) p 값$= 0.256 > \alpha = 0.05$ 이므로 귀무가설 H_0 는 기각되지 않는다. 따라서 조사된 자료는 포장지에 표시된 함유량과 실제 함유량간에 차이가 있다고 주장할 수 있는 충분한 증거가 되지 못한다고 할 수 있다. ■

5. 모비율의 검정

모평균 μ에 대한 가설검정에서와 마찬가지로 모비율 p에 대한 가설검정에서도 대립가설은 다음과 같이 세 가지의 가설 중 어느 하나가 된다.

귀무가설과 대립가설

p_0를 가정된 값이라고 할 때

1) 우측검정 : $H_0: p = p_0$, $H_1: p > p_0$
2) 좌측검정 : $H_0: p = p_0$, $H_1: p < p_0$
3) 양측검정 : $H_0: p = p_0$, $H_1: p \neq p_0$

표본비율 $\hat{p}$은 n이 충분히 클 때 평균 p, 표준편차 $\sqrt{p(1-p)/n}$ 인 정규분포를 근사적으로 따르게 된다. 따라서 모비율 p의 검정에서는 이를 표준화한 통계량

$$Z = \frac{\hat{p} - p_0}{\sqrt{p_0(1-p_0)/n}}$$

가 검정통계량으로 사용된다.

모비율의 검정 예1 균등하게 제작된 동전일 경우 앞면과 뒷면이 나올 확률은 동일하다. 이를 확인하고자 프랑스의 자연주의자인 뷔퐁(Buffon)은 동전을 4,040번 던져 앞면을 2,048번 얻었다고 한다. 이러한 결과로부터 뷔퐁이 던지 동전은 균등하게 제작된 동전이라고 할 수 있는지를 판단해 보도록 하자.

(가설의 설정) 뷔퐁이 실험에 사용한 동전이 균등하다면 동전을 던질 때마다 앞면과 뒷면이 나올 확률은 각각 0.5가 되어야 한다. 따라서 검정을 위한 가설은 다음과 같이 설정된다.

$$H_0 : p = 0.5, \qquad H_1 : p \neq 0.5$$

(검정통계량의 계산) 앞면이 나타난 횟수를 X라고 할 때 확률변수 X는 $n = 4{,}040$, $p = 0.5$인 이항분포를 따른다. 4,040번의 실험 중에서 앞면이 2,048번 나타났으므로 표본비율은

$$\hat{p} = \frac{2048}{4040} = 0.5069$$

이며, 이때 검정통계량의 값은 다음과 같이 계산된다.

$$z = \frac{\hat{p} - 0.5}{p_0(1-p_0)/\sqrt{n}} = \frac{0.5069 - 0.5}{\sqrt{(0.5)(0.5)/4040}} = 0.88$$

(p 값의 계산) 계산된 검정통계량의 값 $z = 0.88$을 이용하여 p 값을 계산하면

$$\begin{aligned} p\text{ 값} &= (\text{음영 부분의 면적}) \\ &= P(Z > 0.88) + P(Z < -0.88) = 2 \times P(Z > 0.88) \\ &= 2 \times [1 - P(Z \leq 0.88)] = 2 \times (1 - 0.8106) \\ &= 0.38 \end{aligned}$$

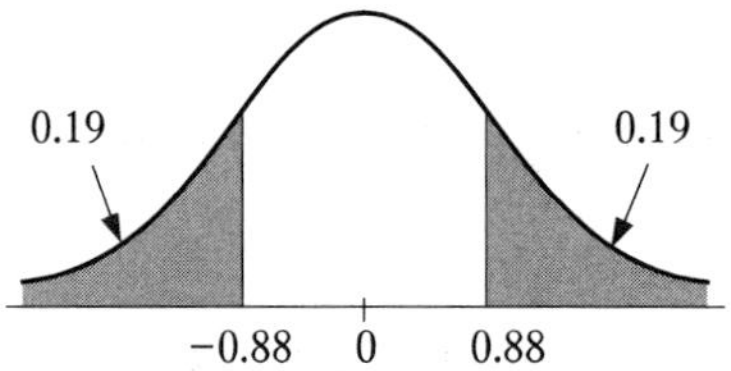

(결론) p 값$= 0.38 > \alpha = 0.10$이므로 귀무가설 H_0는 기각되지 않는다. 따라서 실험 결과는 '뷔퐁이 던진 동전은 균등한 동전이 아니다'라고 할 수 있는 충분한 증거가 될

수 없다는 결론을 내리게 된다. 즉, 뷔퐁이 던진 동전은 균등한 동전이라고 할 수 있는 것이다. ■

모비율의 검정 예2 앞의 예에서 뷔퐁은 동전을 4,040번 던졌을 때 나타나는 두 가지의 결과 중에서 앞면이 나타나는 횟수만을 세어 검정하였다. 그렇다면 뒷면이 나타난 횟수를 세어 검정을 할 경우, 검정 결과가 차이가 있는지 알아보도록 하자.

(가설의 설정) 동전을 4,040번 던졌을 때 뒷면이 나타난 횟수 X는 1,992 (=4,040−2,048)번이다. 그리고 뒷면이 나타날 확률 역시 0.5이므로 귀무 및 대립 가설은 동일하다.

$$H_0: p = 0.5, \qquad H_1: p \neq 0.5$$

(검정통계량의 계산) 4,040번의 실험 중에서 뒷면은 1,992번 나타났으므로 표본비율은

$$\hat{p} = \frac{1992}{4040} = 0.4931$$

이며, 이때 검정통계량의 값은 다음과 같이 계산된다.

$$z = \frac{\hat{p} - 0.5}{p_0(1-p_0)/\sqrt{n}} = \frac{0.4931 - 0.5}{\sqrt{(0.5)(0.5)/4040}} = -0.88$$

(p 값의 계산) 계산된 검정통계량의 값 $z = -0.88$을 이용하여 p 값을 계산하면

$$\begin{aligned} p\text{값} &= (\text{음영 부분의 면적}) \\ &= P(Z > 0.88) + P(Z < -0.88) = 2 \times P(Z > 0.88) \\ &= 2 \times [1 - P(Z \leq 0.88)] = 2 \times (1 - 0.8106) \\ &= 0.38 \end{aligned}$$

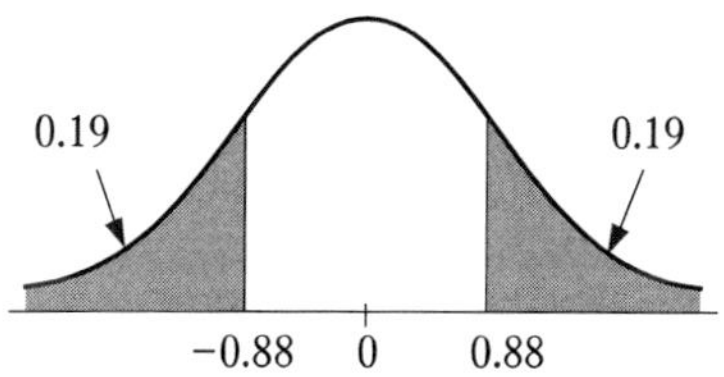

(결론) 계산된 p값은 앞에서의 p값과 동일하다. 이것은 이항분포에서 나타날 수 있는 결과는 오직 두 가지뿐이며, 따라서 어느 것의 발생 횟수를 확률변수로 하더라도 그 결과는 마찬가지라는 사실을 이야기하고 있는 것이다. 따라서 뷔퐁의 실험에서 앞면과 뒷면의 횟수를 바꾸어 검정하더라도 단지 검정통계량의 부호만 바뀌게 될 뿐 결론은 동일하다는 것을 알 수 있다. ■

제 9 장

범주형 자료의 검정

추론통계학의 선구자 피어슨(Karl Pearson: 1857~1936)

피어슨은 '피어슨의 적률 상관계수'라는 이름에서 알 수 있듯이 통계학의 선구자로 알려져 있다. 런던 칼리지 대학의 교수였던 피어슨은 유전과 진화에 대한 문제에 많은 관심을 가졌으며, 그것으로 인하여 통계학을 공부하게 되었다. 피어슨은 정규 분포를 따르지 않는 생물학 자료들을 나타내기 위해 여러 형태의 밀도 곡선들을 개발한 후, 이러한 곡선들 가운데 어느 것이 실제 자료들과 잘 부합되는지를 검정하는 방법에 관심을 가졌다. 그러다 1900년에 현재까지도 널리 사용되고 있는 카이제곱 검정(X^2-test)이라는 새로운 검정 방법을 고안해 냈던 것이다.

1901년 피어슨은 갈톤과 함께 현재 전 세계적으로 널리 알려져 있는 Biometrica라는 논문집을 발간하였다. 하지만 피어슨은 Biometrica 편집자로 있는 동안 제출된 논문에 대해서 극히 한쪽으로 치우치면서 권위없는 검토를 한 것으로 유명하였다. 피어슨이 그렇게 한 이유는 인간은 완전하지 않다는 것을 보여줌으로써 토론과 연구가 활발히 이루어지도록 하기 위함이었다.

1900년 이전에는 통계학과 관련이 없는 분야의 과학자들에 의하여 통계학과 관련된 여러 기법들이 개발되고 사용되었다. 그러다 1900년 이후, 여러 통계학자들에 의하여 각종 분야에서 부분적으로 개발되고 연구되던 것을 통합적이고 논리적이면서, 체계적이고 과학적인 기법으로 정리되고 개발되기 시작하였다. 피어슨 이후에 통계학은 다른 학문들과 분리되어 하나의 독립적인 학문 분야로 발전하기 시작하였다. 현재 통계학의 대부분은 1920년대와 1930년대 피셔와 네이먼에 의해 이루어졌지만, 그 기원은 피어슨으로부터 출발하였다고 할 수 있다. 이러한 측면에서 피어슨을 '현대 통계학의 선구자'로 부르고 있는 것이다.

관측된 결과를 범주별로 분류하여 각 범주에 속하는 도수를 센 후, 이것을 이용하여 자료를 분석하는 통계적인 방법을 범주형 자료 분석이라고 한다.

범주형 자료 분석에는 관측값들이 가정된 확률모형에 적합한지의 여부를 검정하는 **적합도 검정**(goodness of fit test)과 어떤 한 특성이 다른 한 특성과 관계가 있는지를 분석하는 **독립성 검정**(test of independence)이 있다. 두 검정에서 공통적인 점은 자료가 도수로 구성되어 있고, 주어진 가정하에서 관측도수와 비교할 수 있는 기대도수가 존재한다는 것이다. 따라서 범주형 자료분석에서는 기대도수와 관측도수의 차이를 이용하여 주어진 가정에 대한 옳고 그름을 판단하게 된다.

1. 적합도 검정

1.1 적합도 검정이란?

과학의 법칙은 케플러(Kepler)의 행성운동법칙[15]과 같이 모든 예측이 정확하게 일치해야만 하는 법칙과, 멘델의 유전법칙과 같이 확률적으로 성립하면 되는 법칙으로 구분할 수 있다. 예를 들어 케플러의 법칙에 따라 '내일 밤 9시에 화성은 어느 위치에 있게 될 것이다'라고 예측된다면 화성은 그 시간에 정확히 예측된 위치에 있어야만 한다. 만약 화성이 정해진 시간에 계산된 위치에 정확하게 있지 않는다면 케플러의 법칙은 틀렸다고 이야기하게 되는 것이다.

15) 케플러의 행성운동 법칙은 1) 행성은 태양을 초점으로 하는 타원궤도를 그리면서 공전하며, 2) 태양과 행성을 연결하는 선분이 동일한 시간에 그리는 면적은 항상 일정하며, 3) 행성의 공전주기의 제곱은 공전궤도상에서 길이가 긴 반지름의 세제곱에 비례한다는 것이다.

케플러의 법칙과는 달리 멘델의 유전법칙은 완두콩을 교배할 때 나타나는 완두콩의 색깔을 정확하게 예측하지는 않으며, 단지 각 색깔의 완두콩이 나타날 비율을 확률적으로 예측한다. 예를 들어 노란색과 녹색의 완두콩 교배실험에서 36개의 완두콩이 나타난다고 하자. 이때 멘델의 법칙[16]에 의하면 36개 중에서 예측되는 노란색 완두콩의 개수는 27(=36×3/4)개이어야 하지만 노란색이 25개라고 해서 멘델의 법칙이 틀렸다고는 하지 않는다. 왜냐 하면 멘델의 유전법칙과 같은 확률법칙에서는 우연에 의한 오차가 일어날 수 있음을 인정하고 있기 때문이다.

확률법칙은 어떤 실험의 결과를 예측하는 데 사용될 수 있다. 그렇다면 관측된 값이 예상된 값과 완전히 일치하지는 않지만 어느 정도까지 일치하면 일치한다고 이야기할 수 있을까?하는 의문이 생기게 된다. 바로 이러한 경우에 사용되는 것이 적합도 검정이다. 적합도 검정은 범주형 자료를 위한 분석방법으로 1900년 피어슨(Karl Pearson: 1857~1936)에 의해서 고안되었다.

<u>적합도 검정</u>

범주가 k개, 각 범주에 속하는 관측도수를 $O_1, \cdots, O_k$, 기대도수를 $E_1, \cdots, E_k$라 할 때

$$\chi_0^2 = \frac{(O_1 - E_1)^2}{E_1} + \frac{(O_2 - E_2)^2}{E_2} + \cdots + \frac{(O_k - E_k)^2}{E_k}$$

은 자유도가 $k-1$인 카이제곱분포를 따른다. 이때 유의수준 α에서 검정통계량 χ_0^2이 $P(X^2 \geq \chi^2) = \alpha$을 만족하는 χ^2보다 크면 귀무가설 H_0를 기각하고, 그렇지 않으면 귀무가설 H_0을 채택한다.

16) 멘델(Mendel)의 유전법칙은 완두콩을 교배하였을 때 나타나는 현상에 대한 법칙으로써, 노란색 완두콩과 녹색 완두콩을 교배하였을 때 나타나는 완두콩의 비율은 노란색:녹색=3:1이 된다는 것이다.

검정통계량의 계산 예 검정통계량 χ_0^2의 값은 기대도수와 관측도수의 값들이 얼마나 일치하는지를 측정하는 데 사용되어진다. 예를 들어 두 개의 동전을 100번 던져 앞면이 나타나는 횟수 X를 관측하는 실험에서 앞면이 한 번도 나타나지 않은 횟수($X=0$), 한 번 나타난 횟수($X=1$), 두 번 모두 나타난 횟수($X=2$)가 각각 20, 54, 26이라고 하자. 이때 '두 개의 동전은 균일한 동전이다'라고 할 수 있는지 검정하기 위한 검정통계량의 값을 계산해 보도록 하자.

(기대도수의 계산) 두 개의 동전이 모두 균일할 경우 앞면과 뒷면이 나타날 가능성은 같으므로 100번의 동전을 던졌을 때 각 결과가 나타날 기대도수를 계산할 수 있다. 앞면이 한 번도 나타나지 않을 확률은 두 번 모두 뒷면이 나타날 확률을 의미하므로

$$P(X=0)=P(\text{뒤},\ \text{뒤})=\left(\frac{1}{2}\right)\left(\frac{1}{2}\right)=\frac{1}{4}$$

이 된다. 따라서 앞면이 한 번도 나타나지 않을 경우의 기대도수는 100×(1/4)=25번이 된다. 앞면이 한 번 나타날 경우는 {(앞, 뒤), (뒤, 앞)} 두 가지 경우가 있으므로 이때의 확률은

$$P(X=1)=P(\text{앞},\ \text{뒤})+P(\text{뒤},\ \text{앞})=\left(\frac{1}{2}\right)\left(\frac{1}{2}\right)+\left(\frac{1}{2}\right)\left(\frac{1}{2}\right)=\frac{1}{2}$$

이 되고, 이때의 기대도수는 100×(1/2)=50번이 된다. 그리고 두 번 모두 앞면이 나타날 확률은

$$P(X=2)=P(\text{앞},\ \text{앞})=\left(\frac{1}{2}\right)\left(\frac{1}{2}\right)=\frac{1}{4}$$

이므로 기대도수는 100×(1/4)=25번이 된다. 이러한 결과를 정리하면 <표 9.1>과 같다.

|표 9.1| 동전 두 개를 100번 반복하여 던지는 실험에서 X에 대한 관측도수와 기대도수

앞면의 수(X)	관측도수	기대도수
0	20	25
1	54	50
2	26	25
계	100	100

(검정통계량의 계산) <표 9.1>로부터 검정통계량 χ_0^2의 값은 다음과 같이 계산되어진다.

$$\chi_0^2 = \frac{(20-25)^2}{25} + \frac{(54-50)^2}{50} + \frac{(26-25)^2}{25} = 1.36$$

■

참 고 사 항

χ_0^2을 계산할 때 관측도수와 기대도수와의 차이를 제곱하도록 공식이 만들어진 이유는 다음과 같다. 즉, 관측도수와 기대도수가 서로 정확히 일치할 경우 χ_0^2의 값은 0이 된다. 그런데 각 범주에서의 관측도수와 기대도수와의 차이를 모든 범주에 대하여 더하더라도 역시 0이 된다. 이러한 모순을 해결하기 위하여 관측도수와 기대도수가 일치할 경우에만 0이 될 수 있도록 χ_0^2을 계산할 때 관측도수와 기대도수간의 차이를 제곱하는 것이다.

그리고 각 범주에서 관측도수와 기대도수간의 차이를 제곱한 후, 해당 범주의 기대도수로 나누는 이유는 다음과 같이 생각하면 된다. 즉, 기대도수는 (전체도수)×(각 범주의 확률)에 의하여 결정되며, 각 범주의 확률은 서로 다르다. 이때 범주별로 서로 다른 확률을 모든 범주에 대하여 동등한 척도로 만들어 주기 위하여, 관측도수와 기대도수간의 차이를 제곱한 후에 해당 범주의 기대도수로 나누어 준다고 보면 된다.

1.2 카이제곱분포와 분포표의 사용법

정 의 카이제곱분포는 영국의 수리통계학자인 피어슨(Karl Pearson: 1857~1936)에 의하여 제시된 분포로서 자유도가 n일 때 그 밀도곡선은 다음과 같이 정의된다.

$$f(\chi^2) = \frac{1}{\Gamma(n/2)2^{n/2}} \chi^{2^{\frac{n}{2}-1}} e^{-\frac{\chi^2}{2}}, \qquad \chi^2 > 0$$

카이제곱분포의 특징

① 자유도 n 에 의해 그 분포의 모양이 결정되는 비대칭 형태의 분포이다.

② 자유도 n 이 작을수록 봉우리는 왼쪽으로 크게 치우쳐 있으며 꼬리는 오른쪽으로 길게 뻗어 있다.

③ n 이 클수록 봉우리는 더 오른쪽으로 나아가 점점 대칭성을 띠게 되며, $n \to \infty$ 일 때는 정규분포로 근사해 간다.

여러 값의 자유도 n 에 대한 카이제곱분포의 그래프가 <그림 9.1>에 개략적으로 그려져 있다.

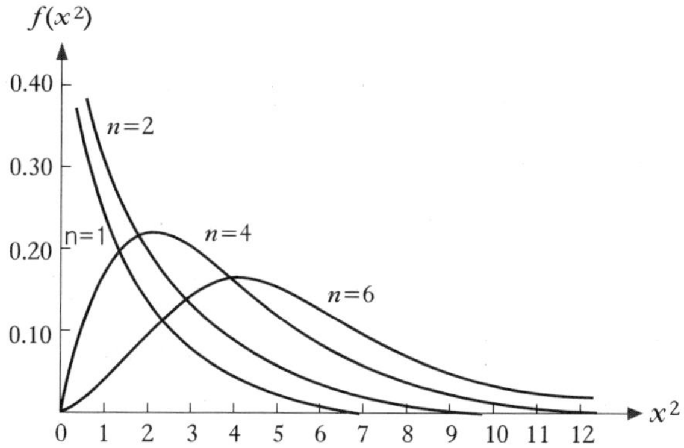

|그림 9.1| 여러 값의 자유도 n에 대한 카이제곱분포

카이제곱분포표의 사용법 부록의 <표 6>에는 여러 가지 자유도의 값에 대한 카이제곱분포의 상위 $100\alpha\,\%$를 만족하는 χ^2값 즉, $P(\chi^2 \geq \chi^2) = \alpha$인 χ^2값이 주어져 있다. 부록의 <표 6>을 사용하는 요령은 t분포표의 사용법과 동일하다. 즉, 가장 왼쪽에 있는 열에서 필요로 하는 자유도를 찾은 후, 오른쪽 옆으로 가면서 표의 맨 위의 행에서 요구되는 α의 값과 서로 만나는 값을 읽으면 그 값이 상위 $100\alpha\,\%$를 만족하는 χ^2값이 되는 것이다. 예를 들어 자유도가 5인 행과 확률 0.10이 만나는 값은 9.24이며, 이것은 자유도 5일 때 χ^2값들이 9.24보다 클 확률 즉, $P(\chi^2 > 9.24)$이 0.10이라는 것을 의미하는 것이다(<그림 9.2> 참조).

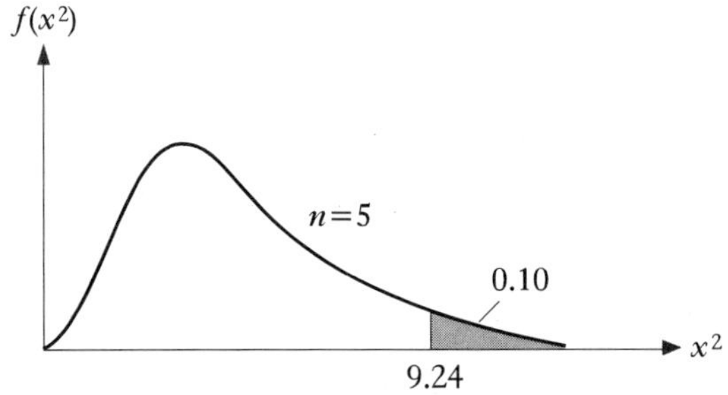

|그림 9.2| 자유도 5인 카이제곱분포에서 $P(\chi^2 > 9.24) = 0.10$의 의미

참고사항

카이제곱분포는 자유도에 따라 변한다. 자유도는 범주의 개수에서 1을 빼면 된다. 즉, 관측값들이 k개의 범주로 구분되어 질 경우, 검정통계량 χ_0^2은 근사적으로 자유도가 $k-1$인 카이제곱분포를 따르게 되는 것이다. 따라서 앞절의 예에서 관측값들이 0, 1, 2 세 개의 범주에 따라 구분되므로 이때의 자유도는 2가 된다. 만약 유의수준의 크기가 $\alpha = 0.05$로 주어진다고 할 경우 부록 〈표 6〉에서 $P(\chi^2 \geq 5.99) = 0.05$이므로 계산된 검정통계량의 값 1.36은 5.99보다 작다. 따라서 귀무가설 H_0는 채택되어 두 개의 동전은 모두 균등하다고 할 수 있는 것이다.

적합도 검정 예 많은 사람들이 난수표 대신 전화번호부를 사용하여 난수를 얻기도 한다. 그렇다면 전화번호부를 이용하여 난수를 얻는 것이 바람직하다고 할 수 있을까? 이러한 사실을 확인하기 위하여 전화번호부에서 임의로 한 페이지를 선택하여 전화번호의 끝 두 자리를 읽어 총 10,000개의 수를 추출하는 실험을 한다고 하자. 실험 결과 0에서 9까지의 각 숫자에 대한 빈도수가 <표 9.2>와 같다고 할 때 전화번호부를 이용하여 난수를 얻는 것이 좋은 방법이라고 할 수 있는지 알아보도록 하자.

(가설의 설정)

H_0: 난수표 대신 전화부를 이용하는 것은 바람직하다.

H_a: 난수표 대신 전화부를 이용하는 것은 바람직하지 않다.

(기대도수의 계산) 난수표란 0에서 9까지의 정수를 특별한 규칙성이 없이 흩어 놓은 표를 말한다. 따라서 0에서 9까지의 각 숫자가 나타날 확률은 1/10이 되므로 각 숫자의 기대도수는 10000×(1/10)=1000이 된다.

|표 9.2| 전화번호부로부터 추출된 10,000개의 각 숫자별 관측도수와 기대도수

숫자	0	1	2	3	4	5	6	7	8	9
관측도수	1026	1107	997	966	1075	933	1107	972	964	853
기대도수	1000	1000	1000	1000	1000	1000	1000	1000	1000	1000

(검정통계량의 계산) <표 9.2>에 주어진 관측도수와 기대도수를 이용하여 검정통계량 χ_0^2의 값을 계산하면 다음과 같게 된다.

$$\chi_0^2 = \frac{(1026-1000)^2}{1000} + \frac{(1107-1000)^2}{1000} + \cdots + \frac{(853-1000)^2}{1000} = 58.55$$

(결론) 여기서 범주의 수는 10이므로 자유도는 10에서 1을 뺀 9가 된다. 부록의 <표 6>으로부터 자유도 9일 때 $P(X^2 \geq 21.67) = 0.01$ 이다. 따라서 계산된 검정통계량의 값 58.55는 21.67보다도 크므로 귀무가설 H_0 는 기각된다. 즉, 전화번호부를 이용하여 난수를 얻는 방법은 좋은 방법이라고 할 수 없는 것이다. ■

참고사항

난수를 얻기 위하여 전화번호부를 이용하는 것은 일반적으로 좋은 방법이라고 할 수 없다. 왜냐 하면 전화번호부에서는 어떤 특정한 수가 다른 수에 비하여 많이 또는 적게 나타난다. 일반적으로 전화번호부에서, 1과 6은 다른 수에 비하여 기대 이상으로 많이 나타나고, 9는 오히려 적게 나타나는 경향이 있다. 이러한 현상은 특정회사 또는 기업들이 업무의 성격에 따라 특수한 번호를 즐겨 사용하기 때문에 나타난다고 할 수 있다.

2. 독립성 검정

독립성 검정

특성 A는 r개, 특성 B는 c개의 범주로 나누어져 있고, 서로 교차하는 범주에서의 관측도수와 기대도수를 각각 O_{ij}, E_{ij}(여기서 $i=1, \cdots, r,\ j=1, \cdots, c$)라 할 때 검정통계량

$$\chi_0^2 = \sum_{i=1}^{r}\sum_{j=1}^{c}\frac{(O_{ij}-E_{ij})^2}{E_{ij}}$$

은 자유도가 $(r-1)(c-1)$인 카이제곱분포를 따른다.

이때 유의수준 α에서 검정통계량 χ_0^2이 $P(X^2 \geq \chi^2) = \alpha$를 만족하는 χ^2보다 크면 귀무가설 H_0를 기각하고, 그렇지 않으면 귀무가설 H_0을 채택한다.

독립성 검정 예1 10원짜리와 100원짜리 동전 두 개를 100번 던지는 실험에서 <표 9.3>과 같은 결과를 얻었다고 하자. 이때 <표 9.3>을 이용하여 10원짜리 동전을 던지는 것과 100원짜리 동전을 던지는 것은 서로 관계가 있는지 알아보도록 하자.

|표 9.3| 10원짜리와 100원짜리 두 개의 동전을 100번 던졌을 때 관측도수

10원 \ 100원	앞면	뒷면	계
앞면	20	31	51
뒷면	23	26	49
계	43	57	100

(가설의 설정) 여기서의 관심은 10원짜리 동전을 던졌을 때 나타나는 결과와 100원짜리 동전을 던졌을 때 나타나는 결과간에 서로 관계가 있는지의 여부를 판단하는 것이다. 따라서 가설은 다음과 같이 설정된다.

H_0: 10원짜리와 100원짜리 동전을 던지는 것은 서로 관계가 없다.

H_1: 10원짜리와 100원짜리 동전을 던지는 것은 서로 관계가 있다.

(기대도수의 계산) <표 9.3>에서 두개의 동전에서 동시에 앞면이 나타난 횟수는 100번 중 20번이다. 만약 두개의 동전을 던졌을 때 나타나는 결과가 서로 독립이라고 할 경우, 두 개의 동전 모두에서 앞면은 몇 번이나 나타날 것이라고 기대할 수 있을까?

이러한 경우의 기대도수를 계산하기 위해서는 다음과 같은 사실을 알아야 한다. 즉, 100원짜리 동전을 던졌을 때 앞이 나타난 비율이 0.43(=43/100)이고, 10원짜리 동전을 던졌을 때에 앞이 나타난 비율은 0.51(=51/100)이다. 만약 두 동전이 서로 영향을 미치지 않는다면 100원짜리 동전에서 앞이 나타난 비율이 0.43이면, 10원짜리 동전에서 앞이 나타난 비율도 0.43이 되어야 한다. 따라서 10원짜리 동전에서 앞이 나타난 도수 51의 43%에 해당하는 21.93(=51 ×0.43)번이 두개의 동전 모두에서 앞면이 나타날 기대도수가 되는 것이다.[17]

두개의 동전 모두에서 앞면이 나타날 기대도수가 21.93일 때 이로부터 다른 경우에 대한 기대도수도 계산할 수 있다. 즉, 100원짜리 동전에서는 뒷면이, 10원짜리 동전에서는 앞면이 나타날 기대도수는 29.07(=51−21.93)이 되며, 100원짜리 동전에서 앞면이, 10원짜리 동전에서는 뒷면이 나타날 기대도수는 21.07(=43−21.93)이 된다. 그리고 100원짜리와 10원짜리 동전 모두에서 뒷면이 나타날 기대도수는 27.93(=57−29.07)이 된다. 이렇게 계산된 기대도수를 정리한 표가 <표 9.4>이다.[18]

|표 9.4| 10원짜리와 100원짜리 두 개의 동전을 100번 던졌을 때 기대도수

10원 \ 100원	앞 면	뒷 면	계
앞면	21.93	29.07	51
뒷면	21.07	27.93	49
계	43	57	100

17) χ^2을 계산할 때에는 정확히 계산된 값을 사용하여야 한다. 그렇지 않으면 rounding error에 의하여 잘못된 결론을 이끌 수 있다.

18) 독립성 검정에서 각 관측값에 대한 기대도수는 다음 공식을 이용하면 쉽게 계산할 수 있다.

$$\text{각 셀의 기대도수} = \frac{(\text{해당 행의 합}) \times (\text{해당 열의 합})}{\text{전체 도수}}$$

(검정통계량의 계산) <표 9.3>과 <표 9.4>를 이용하여 검정통계량 χ_0^2의 값을 계산하면 다음과 같다.

$$\chi_0^2 = \frac{(20-21.93)^2}{21.93} + \frac{(31-29.07)^2}{29.07} + \frac{(23-21.07)^2}{21.07} + \frac{(26-27.93)^2}{27.93} = 0.58$$

(결론) 독립성 검정에서 자유도를 구하는 공식은 (행의 수−1)×(열의 수−1)이다. 따라서 자유도는 (2−1)×(2−1)=1이 된다. 카이제곱 분포표(부록의 <표 6>)로부터 자유도가 1일 때 $P(X^2 \geq 3.84) = 0.05$이므로 검정통계량 χ_0^2의 값이 3.84보다 크면 귀무가설은 기각된다. 그러나 계산된 검정통계량의 값 0.58은 3.84보다 훨씬 작으므로 유의수준 $\alpha = 0.05$에서 귀무가설 H_0는 기각되지 않는다. 즉, '두 동전을 던졌을 때 나타나는 결과는 서로 영향을 미치지 않는다'고 할 수 있는 것이다. ■

독립성 검정 예2 <표 9.5>는 40세에서 84세까지의 미국의사들을 대상으로 주당 음주횟수와 흡연량을 측정한 결과이다(Berger, 1999). <표 9.5>에 주어진 자료를 이용하여 미국 의사들의 음주 횟수와 흡연간에 서로 관계가 있는지 알아보도록 하자.

|표 9.5| 미국 의사들의 음주 횟수와 흡연여부에 대한 관측도수

음주여부 \ 흡연여부	음주 횟수					계
	음주안함	1/주	2-4/주	5-6/주	매일	
흡연한적 없음	3577	1711	2430	1211	1910	10839
과거에 흡연	1595	1068	1999	1264	2683	8609
현재 흡연	524	289	470	296	849	2428
계	5696	3068	4899	2771	5442	21876

(가설의 설정) H_0: 음주 횟수와 흡연 간에는 서로 관련성이 없다.

H_1: 음주 횟수와 흡연 간에는 서로 관련성이 있다.

(기대도수의 계산)

1) 음주를 하지 않으면서 흡연도 하지 않는 의사들의 기대도수

$$\frac{(\text{해당 열의 합})\times(\text{해당 행의 합})}{\text{전체 도수}}=\frac{(5696)\cdot(10839)}{21876}=2822.2$$

2) 음주를 주 1회 하면서 과거에 흡연한 적이 없는 의사들의 기대도수

$$\frac{(\text{해당 열의 합})\times(\text{해당 행의 합})}{\text{전체 도수}}=\frac{(3068)\cdot(10839)}{21876}=1520.1$$

$$\vdots$$

동일한 요령으로 모든 경우에 대하여 계산하여 정리한 것이 <표 9.6>이다.

|표 9.6| 의사들의 음주 횟수와 흡연여부에 대한 기대도수

음주여부 / 흡연여부	음주 횟수				
	음주 안함	1/주	2-4/주	5-6/주	매일
흡연한적 없음	2822.2	1520.1	2427.3	1373.0	2696.4
과거에 흡연	2241.6	1207.4	1928.0	1090.4	2141.6
현재 흡연	632.2	340.5	543.7	307.6	604.0

(검정통계량의 계산)

$$\chi_0^2=\frac{(3577-2822.2)^2}{2822.2}+\frac{(1711-1520.1)^2}{1520.1}+\cdots+\frac{(849-307.6)^2}{307.6}=980.068$$

(결론) 검정통계량 χ_0^2은 근사적으로 자유도가 (3−1)(5−1)=8인 카이제곱분포를 따른다. 따라서 카이제곱분포표로부터 유의수준 $\alpha=0.05$에서 χ^2의 값은 15.51이며, 계산된 검정통계량의 값 980.068은 이 값보다 훨씬 크므로 귀무가설 H_0는 기각된다. 즉, '의사들이 술을 마시는 횟수와 담배를 피우는 것과는 서로 관계가 있다'고 이야기할 수 있는 것이다(다른 직업에 비하여 의사란 직업은 스트레스를 많이 받는다고 볼 수 있으며, 이에 따라 상당수의 의사들은 술과 담배로서 스트레스를 해소하고 있다고 볼 수 있다). ■

제 10 장

통계학의 적용 예

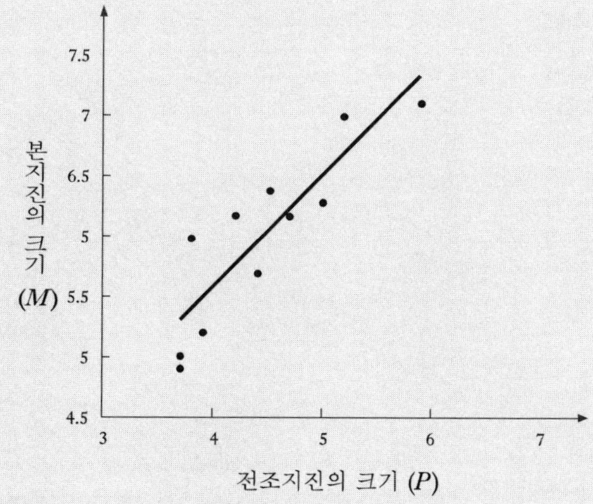

1. 인체에 미치는 두 세균의 영향력 검정

두 종류의 세균이 인체속으로 침투할 경우 각 세균은 인체에 어떠한 영향을 미칠까? 이러한 경우 우리가 두 가지를 예상할 수 있다. 즉, 두 세균 모두 인체에 치명적인 영향을 줄 것이라는 것과 한 세균은 질병을 일으키게 하지만 다른 세균은 질병이 일어나지 않도록 억제하는 역할을 할 수도 있다는 것이다. 이러한 문제에 대한 통계적 분석은 2×2 분할표의 작성을 통한 범주형 자료분석, 그 중에서도 독립성 검정 절차를 이용하여 이루어진다.

문제의 제기 과거 경기도에 있는 대규모 가구 공장 단지에서 집단 질병이 발생하였던 적이 있었으며, 이 당시 환자를 치료한 병원에서는 체내 기생성 아메바(Entamoeba histolytica)라고 불리는 균이 사람 몸속에서 정상 크기 이상으로 자라나면서 발생한 질병이라고 하였다. 그리고 질병의 발생 원인은 공장지역 근처를 통과하는 하수관이 새면서 거기서 흘러나온 오수가 공장의 식수원으로 흘러들어가면서 체내 기생성 아메바가 인체속으로 침투한 것으로 밝혀졌다.

질병의 발생 원인을 조사하는 과정에서 병원에서는 동일한 식수를 사용한 사람 가운데서도 일부의 사람들에게만 이 병이 발생한 사실을 규명하기 위하여 체내 기생성 아메바가 인체에 미치는 영향에 대해서 연구하였다. 연구를 위하여 발병되지 않은 사람들 중 138명을 랜덤으로 뽑아 세균의 감염여부를 조사한 결과, 70명의 대장 속에서 체내 기생성 아메바가 발견되었다. 아메바를 지름의 크기에 따라 A(10 마이크론보다 큰 것)와 B(10 마이크론보다 작은 것)로 분류한 결과, <표 10.1>에서 보는 바와 같이 35명은 아메바 A만을, 23명은 아메바 B만을, A와 B 두 종류의 아메바 모두를 가지고 있는 사람은 12명이었다.

|표 10.1| 두 종류의 아메바 감염 여부에 대한 관측도수

		아메바 B		계
		보유	보유 안함	
아메바 A	보유	12	35	47
	보유 안함	23	68	91
계		35	103	138

병원에서는 크기가 작은 아메바 B는 질병을 일으키지 않는다는 것을 알고 있기 때문에 아메바 B가 아메바 A에 어떠한 영향을 미치고 있기 때문에 아메바균을 보유하고 있으면서도 전염병에 걸리지 않은 것이 아닌가 하는 추측을 하고 있다. 이러한 의문은 9장에서 배운 독립성 검정을 이용하여 해결할 수 있다.

(가설의 설정) H_0: 두 종류의 아메바는 서로 관련성이 없다

H_1: 두 종류의 아메바는 서로 관련성이 있다

기대도수의 계산 각 셀에 해당하는 기대도수는 공식 {(해당 행의 합)×(해당 열의 합) / 전체도수}을 이용하여 구할 수 있다. 따라서 <표 10.1>의 각 셀에 대한 기대도수는 다음과 같이 계산된다.

1) 아메바 A와 아메바 B를 동시에 보유한 사람의 기대도수

$$\frac{(47)(35)}{138} = 11.9$$

2) 아메바 A만 보유하고 아메바 B는 보유하지 않은 사람의 기대도수

$$\frac{(47)(103)}{138} = 35.1$$

3) 아메바 A는 보유하지 않고 아메바 B만 보유한 사람의 기대도수

$$\frac{(91)(35)}{138} = 23.1$$

4) 아메바 A와 B 모두 보유하지 않은 사람의 기대도수

$$\frac{(91)(103)}{138} = 67.9$$

|표 10.2| 두 종류의 아메바 감염 여부에 대한 기대도수

		아메바 B		계
		보유	보유 안함	
아메바A	보유	11.9	35.1	47.0
	보유 안함	23.1	67.9	91.0
계		35.0	103.	138.0

(검정통계량의 계산) 검정통계량 χ_0^2의 값을 계산하면 다음과 같다.

$$\chi_0^2 = \frac{(12-11.9)^2}{11.9} + \frac{(35-35.1)^2}{35.1} + \frac{(23-23.1)^2}{23.1} + \frac{(68-67.9)^2}{67.9} = 0.000003$$

(결론) 검정통계량 χ_0^2의 값은 거의 0에 가깝다. 따라서 관측도수와 기대도수간의 차이는 거의 없으므로 '두 종류의 아메바는 사람에게 질병을 유발시키는데 있어서 서로 영향을 미치지 않는다'고 할 수 있다. 즉, 한 종류의 아메바가 다른 종류의 아메바 감염을 억제하기 때문에 질병이 발병하지 않은 것이 아니라, 개인이 가지고 있는 그 아메바에 대한 면역성으로 인하여 질병에 걸리지 않은 것이라고 할 수 있는 것이다.

2. 세익스피어와 베이컨의 작품속에서 사용된 단어 길이의 분포

언어학에서 통계기법의 사용은 언어 연구를 보다 과학적이고 객관적으로 할 수 있게 만들뿐만 아니라 연구결과에 대한 신뢰성을 높일 수 있는 근거를 제공한다. 즉, 언어에 대한 통계적 분석은 언어의 기본 구조를 이해하고, 그 기원을 알아내어 서로 다른 언어와의 상호 관련성을 찾을 수 있도록 해준다. 뿐만 아니라, 작가들 개개인의 문체와 어휘, 사용단어 그리고 세월이 흐름에 따라 작가의 작품 세계에서 일어나는 스타일의 변화 등을 쉽게 이해할 수 있도록 해 주고 있다. 이러한 통계적 분석은 작가가 알려져 있지 않은 작품에 대한 원작자를 찾는데 많이 활용되고 있다.

작품속에서 사용된 단어의 분포 작가들이 글을 쓸 때 개개인이 즐겨 사용하는 문체와 어휘, 그리고 단어들이 있다. 1969년 C. B. William에 의해서 발간된 'Style and Vocabulary'에는 여러 작가들의 작품을 통계적으로 분석한 결과에 대하여 언급되어 있다. <표 10.3>은 William의 책 속에 주어진 자료이며, 이러한 자료를 이용하여 세익스피어와 베이컨의 작품 속에서 사용된 단어의 분포에 대해서 알아보도록 하자.

|표 10.3| 세익스피어와 베이컨의 작품속에서 사용된 단어의 백분율(%)

단어 길이	1	2	3	4	5	6	7	8	9	10	11	12	13이상
베이컨	2.5	19.8	22.3	17.5	10.0	7.5	7.0	4.5	3.7	2.5	1.2	0.5	1.0
셰익스피어	4.8	17.6	22.5	23.8	12.4	7.1	5.3	3.1	1.8	0.9	0.3	0.2	0.2

(통계량의 계산) 자료의 전체적인 형태를 알기 위해서는 자료가 가지고 있는 주요한 특성 즉, 분포의 중심 위치는 어디이며, 그 위치를 중심으로 자료값들이 어떻게 흩어져 있는지, 분포 모양은 대칭 또는 어느 한쪽으로 기울어져 있지 않은지 등을 살펴보아야 한다.

<표 10.3>으로부터 평균, 표준편차, 왜도[19] 등을 계산한 후 그것을 이용하여 자료의 분포모양을 알아보도록 하자. 셰익스피어와 베이컨이 자신의 작품 속에서 사용한 단어 길이에 대한 평균, 표준편차, 왜도를 계산하면

〔셰익스피어의 경우〕

· $\overline{x} = \sum_{i=1}^{n} x_i p_i = 1 \times 0.048 + 2 \times 0.176 + \cdots + 13 \times 0.002 = 4.027$

· $s^2 = \sum_{i=1}^{13} (x_i - \overline{x})^2 p(x_i) = (1-4.027)^2 \times 0.048 + \cdots + (13-4.027)^2 \times 0.002 = 3.9516$

· $s = \sqrt{3.9516} = 1.9878$

· 왜도$= \dfrac{\overline{x} - \text{중앙값}}{\text{표준편차}} = \dfrac{4.027-4}{1.9878} = 0.0135$[20]

〔베이컨의 경우〕

· $\overline{x} = \sum_{i=1}^{n} x_i p_i = 1 \times 0.025 + 2 \times 0.198 + \cdots + 13 \times 0.01 = 4.495$

· $s^2 = \sum_{i=1}^{13} (x_i - \overline{x})^2 p(x_i) = (1-4.495)^2 \times 0.025 + \cdots + (13-4.495)^2 \times 0.01 = 6.2874$

· $s = \sqrt{6.2874} = 2.5074$

· 왜도$= \dfrac{\overline{x} - \text{중앙값}}{\text{표준편차}} = \dfrac{4.495-4}{2.5074} = 0.1974$

---

19) 왜도란 분포의 모양이 평균을 중심으로 대칭인지 아닌지를 나타내는 측도이며, 계산 공식은 ($\overline{x}$-중앙값)/s 이다. 이때 계산된 값이 0이면 분포는 대칭인 모양, +이면 왼쪽으로 치우치면서 꼬리는 오른쪽으로 길게 뻗어 있는 모양, -이면 오른쪽으로 치우치면서 꼬리는 왼쪽으로 길게 뻗어 있는 모양이라는 것을 나타낸다.

20) 여기서 중앙값은 4가 된다. 왜냐하면 단어의 길이가 3보다 작은 것이 전체의 44.9%, 단어의 길이가 4보다 작은 것이 68.7%이므로 50%가 되는 점에서의 단어의 길이는 4가 되기 때문이다.

(설명) <표 10.3>에서 베이컨은 3자로 이루어진 단어를, 셰익스피어는 4자로 이루어진 단어를 가장 많이 사용하였음을 알 수 있다. 하지만 베이컨은 작품속에서 셰익스피어보다 길이가 긴 단어들을 많이 사용하였기 때문에 사용한 단어의 평균길이는 베이컨이 4.495자로 셰익스피어의 4.027자보다 더 길다. 두 작가가 사용한 단어의 길이에 대한 표준편차를 비교해 보면 셰익스피어는 1.9878자, 베이컨은 2.5074자로 베이컨의 표준편차가 더 크다. 이것은 셰익스피어의 작품 속에서는 4자로 된 단어와 비슷한 길이의 단어가 많이 사용된 반면에, 베이컨의 작품 속에서는 셰익스피어보다 다양한 길이의 단어가 많이 사용되었다는 것을 의미하는 것이다. <표 10.3>으로부터 셰익스피어는 작품속에서 3~5자로 된 단어를 58.7% 사용하였으며, 이에 비하여 베이컨은 49.8% 사용한 것으로 나타나고 있다.

왜도의 값은 모두 양수로서 분포는 왼쪽으로 치우치면서 오른쪽으로 꼬리가 길게 뻗은 모양을 하고 있다는 것을 나타낸다. 이것은 셰익스피어와 베이컨 모두 길이가 긴 단어에 비하여 길이가 짧은 단어를 상대적으로 많이 사용하였다는 것을 의미하는 것이다.

(히스토그램의 작성) 히스토그램을 이용하여 셰익스피어와 베이컨이 사용한 단어의 길이에 대한 분포에 대해서 알아보도록 하자. 가로축을 '단어 길이', 세로축을 '상대도수'로 하여 히스토그램을 그리면 <그림 10.1>과 같게 된다.

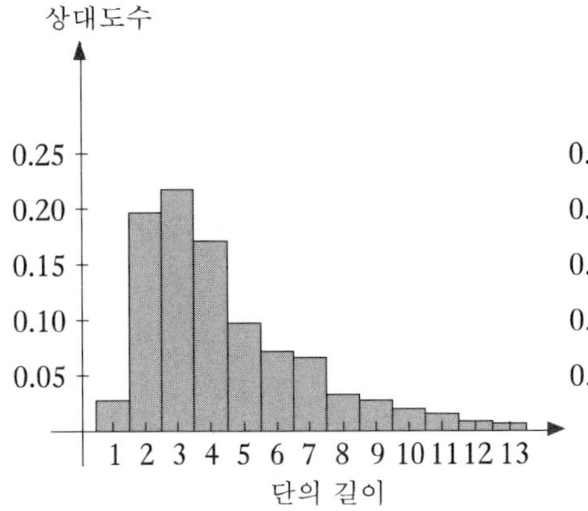

(a) 베이컨

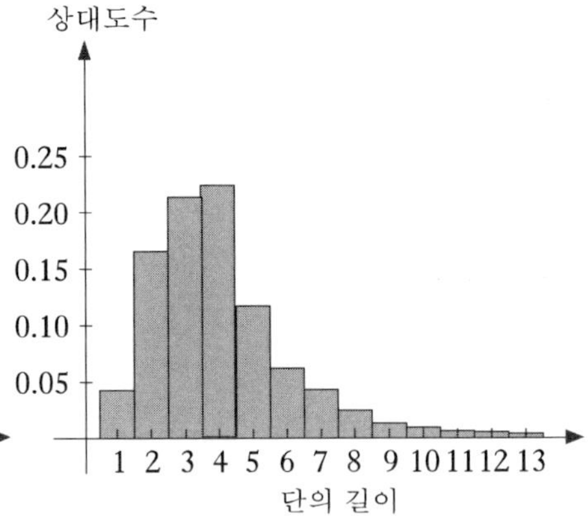

(b) 셰익스피어

|그림 10.1| 셰익스피어와 베이컨의 작품속에서 사용된 단어 길이에 대한 히스토그램

(설명) <그림 10.1>에서 두 히스토그램은 모두 한 개의 봉우리를 가지고 있으며, 왼쪽에서 오른쪽으로 꼬리가 길게 늘어져 있는 모양을 하고 있다[21]. 히스토그램을 보다 구체적으로 살펴보면, 셰익스피어는 길이가 4자인 단어를 가장 많이 사용한 반면, 베이컨은 길이가 3자인 단어를 가장 많이 사용하였고, 셰익스피어와 베이컨의 작품 모두에서 길이가 3자 또는 4자인 단어가 전체의 약 40%를 차지하고 있으며, 길이가 10자 이상인 단어는 상대적으로 적게 사용되었음을 알 수 있다.

전체적으로 볼 때, 두 작가가 사용한 단어의 길이에 대한 분포는 거의 비슷한 형태라고 할 수 있다. 하지만 셰익스피어에 비하여 베이컨이 다양한 길이의 단어를 사용하고 있다고 할 수 있다. 이러한 사실은 평균과 표준편차를 계산하여 비교한 결과와 동일함을 알 수 있다. 즉, 셰익스피어는 4자로 구성된 단어를 가장 많이 사용하였으며 또한 그 평균도 4.027자로 거의 일치한다. 이것은 평균을 중심으로 표준편차가 작다는 것을 의미하고 있다. 이에 비하여 베이컨은 3자로 구성된 단어를 가장 많이 사용하였지만 사용 단어길이의 평균은 4.495자로 3자보다 크다. 이것은 셰익스피어보다 베이컨의 작품 속에서 표준편차가 크다는 것은 즉, 베이컨의 작품 속에서는 단어 길이가 3자 이상인 단어가 많이 있다는 것을 의미한다.

---

21) 히스토그램으로부터 주요한 봉우리를 찾고, 그것을 중심으로 대칭성 여부와 찌그러져 있는 상태 등을 살펴보아야 한다. 히스토그램에서 부분적으로 오르막과 내리막을 그리는 봉우리들은 무시해도 좋다.

3. 사회복지정책을 주장한 페인(Paine)이 범한 통계의 오류

영국의 유명한 정치 사상가이자 작가인 토마스 페인(Thomas Paine)은 1774년에 미국으로 건너와 발간한 저서 '일반 상식(Common Sense)'과 '미국의 위기(The American Crisis)'에서 영국의 식민지 통치법을 반대하면서 식민지의 독립과 미국 혁명의 필요성을 대중들에게 설득력있게 지지하였다. 1774년 미국에서 독립혁명이 일어난 후 페인은 다시 영국으로 돌아와 '인간의 권리(The Rights of Man)'라는 저서를 출판하였다. 이 책에서 그는 영국의 군주제를 반대하고 그 당시 사회개혁을 주창하면서 일어난 프랑스 혁명을 적극적으로 지지하였다. 이에 영국정부에서는 페인의 책을 반정부 선동 책자로 간주하여 그를 체포하려고 하였으며, 이를 피하여 페인은 프랑스로 도망하였다. 여기서는 '인간의 권리'라는 책속에서 페인이 범한 통계의 오류에 대하여 알아보도록 하자.

통계학과 관련된 문제 페인의 저서 '인간의 권리'에서 통계와 관련된 내용은 2부의 5장에 나오는 한 인용문이다. 5장에서 페인은 노인에 대한 복지 대책을 자신이 추정한 수치에 근거하여 제시하였다. 여기서 페인은 노인에게 지원되어야 할 재정비용을 산출하기 위하여 노인의 나이 기준을 50세로 설정한 이유를 다음과 같이 설명하면서 영국 전체 노인수를 추정하였던 것이었다.

「인간이 50세가 되면 정신력과 판단력은 과거의 어느 때 보다 월등히 낫지만, 노동을 위한 육체적 능력은 쇠퇴하는 상태로 들어서게 된다. 따라서 50대에서는 이전과 똑같은 양의 피로도 감당하기 어려워 수입은 점점 줄어들게 되고, 고통을 견디어 낼 수 있는 능력도 떨어져 일을 빨리 처리하지 못하게 되면서 그 자신은 노쇠한 말 같은 신세가 된다. 그리고 60대가 되면 직접적인 노동활동은 완전히 끝나게 되어 죽을 때까지 하루하루의 생활을 위해서 고통스러운 나날을 보내야만 한다.

50세 이상이 되는 노인의 수를 판단하기 위하여 나는 런던의 길거리에서 마주치는 남자와 여자, 그리고 아이들의 수를 반복하여 세어본 결과 거리를 나다니는 전체 사람들 중 50세 이상인 사람의 평균 비율은 약 1/16 됨을 알았다. 여기서 누군가가 청소년들에 비하여 노인들은 일반적으로 거리를 나다니지 않을 것이라고 이야기하는 사람이 있다면 청소년들도 마찬가지 일 것이라고 이야기해 줄 수 있다. 왜냐 하면, 청소년들 중 거의 비슷한 비율이 그 시간에 학교 또는 상점에서 시간을 보낼 것이기 때문이다. 따라서 길거리에서 만나는 사람들 중 50세 이상인 사람의 비율이 1/16이라고 할 때, 영국의 총 노인수는 전체 인구의 1/16에 해당하는 420,000명이 될 것이다.」

페인이 범한 통계적 오류 페인은 여기서 통계학적으로 다음과 같은 몇 가지 오류를 범하였다고 할 수 있다.

(1) 페인은 거리를 지나가는 사람을 외모를 보면서 50세 또는 그 이상이라고 판단하였겠지만 그 속에는 40대가 포함되어 있을 수 있다.
(2) 페인이 걸은 거리는 갓난아기서부터 노인에 이르기까지 모든 나이의 사람들이 지나다니는 전형적인 영국의 거리가 아닐 수 있다. 따라서 그 거리를 나다니는 사람들의 나이 분포는 영국 전체의 나이 분포와는 다를 것이다.
(3) 페인은 연령대에 따라 거리에서 시간을 보내는 것에 차이가 있다는 사실을 고려하지 않았다.

통계적 오류에 대한 이론적 고찰 페인이 범한 오류를 통계학적인 측면에서 이론적으로 알아보기 위하여 전체 인구 S를 M_1(청소년층), M_2(중년층), M_3(50세 이상의 노인층)로 나눈 후, 각각의 비율을 p_1, p_2, p_3라고 하면 $p_1+p_2+p_3=1$이 된다. 여기서 p_1, p_2, p_3의 값은 모르며, 페인이 구하고자 하는 것은 50세 이상인 노인층의 비율 p_3이다.

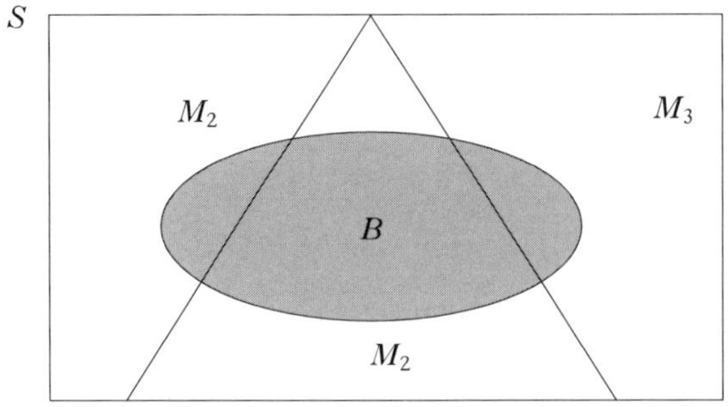

|그림 10.2| 페인이 분할한 전체 인구

<그림 10.2>에서 B를 페인이 거리에서 만나는 사람이라고 할 때 전체 인구 $S = M_1 \cup M_2 \cup M_3$이고, $M_i \cap M_j = \varnothing$이므로 M_1, M_2, M_3는 서로 배반사건이 되며, $B = (M_1 \cap B) \cup (M_2 \cap B) \cup (M_3 \cap B)$이므로 전확률 공식으로부터 사건 B가 일어날 확률은 다음과 같다.

$$\begin{aligned} P(B) &= P(M_1 \cap B) + P(M_2 \cap B) + P(M_3 \cap B) \\ &= P(M_1)P(B|M_1) + P(M_2)P(B|M_2) + P(M_3)P(B|M_3) \end{aligned}$$

여기서 M_i에 속하는 사람을 거리에서 만날 확률 $P(B|M_i)$을 A_i로 표기하면 $p_i A_i$는 페인이 거리에서 M_i에 속하는 사람을 만날 확률이 된다. 따라서 페인이 거리에서 사람을 만날 확률은

$$P(B) = p_1 A_1 + p_2 A_2 + p_3 A_3$$

가 되므로, 페인이 구하고자 한 노인의 비율 p_3의 추정치 $\hat{p}_3$은 베이즈 정리를 이용하면 다음과 같이 계산되어진다.

$$\hat{p_3} = P(M_3 \mid B) = \frac{P(M_3 \cap B)}{P(B)} = \frac{p_3 A_3}{p_1 A_1 + p_2 A_2 + p_3 A_3} \qquad (1)$$

여기서 페인이 노인의 비율 p_3를 추정한 과정은 옳다. 하지만 페인의 추정값은 실제 값과 다소 차이가 있다. 그 이유에 대해서 알아보도록 하자.

페인은 $A_1 = A_3$ 즉, 청소년이나 노인들을 거리에서 만날 비율이 같다고 가정하였다. 따라서 식 (1)에서 A_1을 A_3로, $p_1 + p_3$를 $1 - p_2$로 바꾸어 대입하면

$$\hat{p_3} = \frac{p_3 A_3}{p_1 A_1 + p_2 A_2 + p_3 A_3} = \frac{p_3 A_3}{(p_1 + p_3)A_3 + p_2 A_2} = \frac{p_3 A_3}{(1 - p_2)A_3 + p_2 A_2}$$

가 되고, 분모, 분자를 다시 A_3로 나누면

$$\hat{p_3} = \frac{p_3}{(1 - p_2) + p_2 \dfrac{A_2}{A_3}} = \frac{p_3}{1 + p_2\left(\dfrac{A_2}{A_3} - 1\right)} \tag{2}$$

가 된다. 이것이 바로 페인이 $A_1 = A_3$이라는 가정하에 p_3를 추정한 방법이다. 여기서 $\hat{p}_3$과 p_3가 일치하기 위해서는

$$p_2\left(\frac{A_2}{A_3} - 1\right) = 0$$

이 되어야 하므로 $A_2 = A_3$이거나 또는 $p_2 = 0$이 되어야 한다. 여기서 $A_1 = A_3$이고, $A_2 = A_3$이면 $A_1 = A_2 = A_3$가 성립된다. 그러므로 페인이 $A_1 = A_3$이라는 가정하에 p_3를 추정하였다는 것은 모든 A_i가 똑같거나 또는 중년층이 한 사람도 없다($p_2 = 0$)는 가정하에서 p_3를 추정하였다는 것과 같은 의미가 된다. 따라서 페인이 추정한 값은 세 집단의 사람들이 거리에서 시간이 보내는 비율이 똑같을 경우에 맞게 되는 값으로써, 이러한 경우는 실제로 거의 일어날 수 없는 일에 해당되는 것이다.

참고사항

$A_1 = A_3$ 이라는 가정에 의한 페인의 계산법은 $A_2 > A_3$ 일 경우 즉, 중년층이 노년층보다 거리에서 보내는 시간이 더 많다면 p_3 값은 실제보다 적게 추정된다. 예를 들어 $\frac{A_2}{A_3} = 4$ 즉, 중년층이 노년층보다 4배나 많이 거리에서 시간을 보내고, $p_2 = 3/4$ 이라고 가정하면

$$\left(\frac{A_2}{A_3} - 1\right)p_2 = 3 \times \frac{3}{4} = \frac{9}{4},$$

가 되며, 따라서

$$\hat{p_3} = \frac{p_3}{1 + \frac{9}{4}} = \frac{4}{13} p_3$$

가 되어 p_3 보다 훨씬 작은 값 $\frac{4}{13} p_3$ 를 추정하게 되는 것이다.

※ 참고적으로, 페인이 필요한 정보를 영국의 통계청으로부터 얻지 않고 길거리에서의 조사한 이유는 영국에서의 실질적인 인구조사는 1801년부터 시작되었기 때문에 1792년에는 페인이 그러한 정보를 얻을 수 없었기 때문이다.

4. 하천에 흩어져 있는 조약돌의 분포

지질학자들은 하천에 흩어져 있는 조약돌 중 특정한 종류의 돌이 어떠한 형태로 분포되어 있는지에 관심을 가질 경우가 있다. 이러한 연구를 위해서는 전체 조약돌을 관심의 대상이 되는 조약돌과 아닌 조약돌의 두 가지 형태로 먼저 구분하여야 한다. 그런 후에 하천에서 랜덤하게 조약돌을 반복하여 집어 관심을 가지고 있는 조약돌이 그 속에 몇 개 포함되어 있는지 개수를 세면 된다. 이때 하천에서 집은 조약돌 중에서 특정한 종류의 조약돌 수는 초기하분포를 따르지만 하천 전체의 조약돌 수에 비하여 표본으로 집는 조약돌의 수는 상대적으로 매우 적으므로 이항분포로 근사시킬 수 있다. 여기에서는 하천에 흩어져 있는 조약돌의 분포를 알아내는 방법에 대해서 알아보도록 하자.

하천에 흩어져 있는 석영암의 분포 석영암은 주변에서 쉽게 발견될 수 있는 광물중의 하나이다. 만약 강가에 흩어져 있는 조약돌 중에서 한 개를 집었을 때 그 조약돌이 석영암이면 1을, 석영암이 아니면 0을 부여한다고 하자. 이때 10개의 조약돌을 랜덤하게 반복하여 집는다면 10개 속에 포함되어 있는 석영암의 수 X는 돌에 부여된 숫자의 합이 되므로 X는 이항분포를 따른다고 할 수 있다.

1967년 미국의 플레말(R. Flemal)은 와이오밍의 그로스벤쳐(Gros Ventre)강 하천에서 10개의 조약돌을 랜덤하게 집어 그 속에 포함되어 있는 석영암의 수를 세는 실험을 100번 반복 실시한 후, 10개의 조약돌 속에 포함되어있는 석영암의 수 X는 $n = 10$, $p = 0.787$인 이항분포를 따른다고 할 수 있는지를 확인하고자 하였다. 플레말이 10개의 조약돌 속에 포함되어 있는 석영암의 수에 대한 도수를 조사한 결과는 <표 10.4>와 같다.

|표 10.4| 10개의 표본 속에 들어있는 석영암의 수에 대한 빈도수

석영암의 수	0	1	2	3	4	5	6	7	8	9	10
도수	0	0	0	0	1	0	9	28	31	25	6

그로스벤쳐강 하천에 흩어져 있는 석영암의 수가 이항분포를 따르는지를 확인하기 위해서는 먼저, <표 10.4>로부터 하천의 조약돌에 포함되어 있는 석영함의 비율 p를 추정하여야 한다. 그런 후에 추정된 이항분포의 확률함수를 이용하여 기대도수와 관측도수를 이용하여 적합도 검정을 실시하면 된다.

(석영함 비율 p의 추정) 10개의 표본 속에 포함된 석영암의 수 x와 그 도수 f로부터 전체 석영암의 수는 다음과 같이 계산된다.

$$\sum xf = (0\times 6)+(1\times 25)+\cdots+(9\times 0)+(10\times 0)=787$$

따라서 석영암 비율 p의 추정값은

$$\hat{p} = \frac{787}{1000} = 0.787$$

이 된다(이때 계산되는 추정값은 실험의 반복횟수에 따라 다소 차이가 있을 수 있다. 하지만 추정값이 실제 비율 p와 가까운 값이 되기 위해서 반복횟수를 가능한 크게 하는 것이 바람직하다).

(가설) H_0: 석영암의 개수는 $n=10$, $p=0.787$인 이항분포를 따른다.
H_1: 석영암의 개수는 $n=10$, $p=0.787$인 이항분포를 따르지 않는다.

(기대도수의 계산) 플레말이 그로스벤쳐강에서 채집한 10개의 조약돌 속에 포함된 석영암의 개수를 X라 할 때, X의 이론적 확률모형은 $n=10$, $p=0.787$인 이항분포를 따르게 된다. 즉,

$$P(x) = \binom{10}{x}(0.787)^x(0.213)^{10-x}, \qquad x=0, 1, \cdots, 10$$

따라서 각 X값에 대한 기대도수는 $1000 \times P(x)$가 되며, 이렇게 계산된 값은 <표 10.5>에 주어져 있다.

|표 10.5| X값에 대한 관측도수와 기대도수

X	0	1	2	3	4	5	6	7	8	9	10
관측도수	0	0	0	0	1	0	9	28	31	25	6
기대도수	0.0	0.0	0.0	0.1	0.8	3.3	10.3	21.7	30.0	24.7	9.1

(검정통계량의 계산) <표 10.5>의 관측도수와 기대도수로부터 적합도 검정을 위한 검정통계량 χ_0^2의 값을 계산하면

$$\begin{aligned}\chi_0^2 &= \sum_{x=0}^{10} \frac{(O_i - E_i)^2}{E_i} \\ &= \frac{(0-0)^2}{0} + \cdots + \frac{(25-24.7)^2}{24.7} + \frac{(6-9.1)^2}{9.1} \\ &= 6.535\end{aligned}$$

(결론) 부록 <표 6>의 카이제곱 분포표로부터 $P(X^2 \geq 18.307) = 0.05$이고, 이때 검정통계량의 값 **6.535**은 **18.307**보다 훨씬 작으므로 귀무가설 H_0는 기각되지 않는다. 즉, 유의수준 $\alpha = 0.05$에서 관측값과 기대값의 차이는 없다고 할 수 있으므로 '하천에 흩어져 있는 석영암은 이항분포의 확률모형을 따른다'고 할 수 있다.

5. 호수속에 살고 있는 물고기 수의 계산 방법

아프리카 열대 우림에 살고 있는 원숭이의 수 또는 미국의 미시간 호수속에 살고 있는 물고기의 수는 하나하나 세어 그 전체의 수를 정확히 파악할 수는 없다. 이러한 경우, 어떻게 전체의 수를 개략적으로 추측할 수 있을까? 여기에서는 이러한 문제를 간단하고 쉽게 해결할 수 있는 방법에 대하여 알아보도록 할 것이다.

포획-재포획법(capture-recapture method)

호수속에 살고 있는 물고기 수를 추정할 때 사용되는 방법으로서 그 절차는 다음과 같다 :

(단계 1) 물고기를 잡아 그 수를 센 후, 물고기에 표시를 하여 호수에 다시 돌려보낸다.

(단계 2) 일정한 시간이 흐른 후, 두 번째로 물고기를 잡아 그 속에 포함되어 있는 표시된 물고기의 수를 세어 전체 물고기의 수를 추정한다.

〔포획-재포획법 과정에서 주의해야 할 점〕

(1) 물고기를 잡는 위치에 대한 문제 : 첫 번째 물고기를 잡는 위치와 두 번째 물고기를 잡는 위치의 선정은 전체 지역을 몇 개로 분할한 후 랜덤하게 선택하여야 한다.

(2) 물고기의 취급에 대한 문제 : 첫 번째 잡은 물고기에 표시를 하면서 다친다든지 또는 그 중 일부가 죽어버리는 상황이 발생되지 않도록 주의하여야 하며, 잡은 물고기는 표시를 한 후 가능한 빨리 호수로 되돌려 보내야만 한다.

물고기 수의 추정 예

〔상황〕

조그마한 연못 속에서 첫 번째로 잡은 물고기는 7마리이며, 이 7마리의 물고기 등에 지워지지 않는 특수물질로 표시를 한 후 연못 속에 다시 집어넣었다고 하자. 표시된 물고기가 다른 물고기와 잘 섞였을 것이라고 판단되는 일정한 시간이 지난 후 두 번째로 물고기를 잡았으며, 이때 잡힌 5마리의 물고기 중 2마리가 표시가 있는 물고기라고 하자.

(전체 물고기 수에 대한 잘못된 판단)

이러한 경우 연못 속에 들어있는 물고기 수의 최소값은 다음과 같이 계산할 수 있다 : 즉, 표시가 있는 물고기가 7마리, 두 번째 잡은 물고기 중에서 표시가 없는 물고기가 3(=5−2)마리 있으므로 최소한 연못속에는 10(=7+3)마리의 물고기가 있을 것이다. 하지만 전체 10마리(표시가 있는 물고기가 7마리, 표시가 없는 물고기가 3마리)가 들어있는 연못 속에서 5마리를 잡았을 때 표시가 없는 것이 3마리, 표시가 있는 것이 2마리 잡힐 가능성은 극히 일어나기 힘들 것이라는 것을 쉽게 짐작할 수 있다. 그러나 연못 속에는 10마리보다 많은 물고기가 들어있을 것이라고 짐작을 할 수 있지만 얼마나 많은 물고기가 있을지는 알 수는 없다. 그렇다고 연못 속에 1,000마리(표시가 있는 물고기가 7마리, 표시가 없는 물고기가 993마리)가 있으며, 두 번째로 잡은 5마리 속에 표시가 있는 물고기가 2마리 포함되었을 것이라고도 생각하지도 않을 것이다. 이러한 경우, 어떻게 전체 물고기의 수를 추정하는 것이 바람직할까?

(전체 물고기 수에 대한 옳은 판단)

여기서 우리는 다음과 같이 생각할 수 있을 것이다 : 즉, 두 번째 잡은 5마리 중에 표시가 있는 물고기가 2마리 포함되어 있으므로 호수 속에 있는 물고기 중에 약 2/5는 표시가 있는 물고기일 것이다. 그리고 표시가 된 7마리의 물고기는 전체의 2/5에 해당할 것이다. 따라서 전체 물고기수를 x 라고 할 때 $7 = x \times (2/5)$인 관계가 성립하므로 연못 속에 있는 전체 물고기 수 $x = (7)(5/2) = 17.5$마리가 될 것이다. ■

물고기 수의 추정 공식 호수 속에 있는 전체 물고기의 수를 N, 첫 번째와 두 번째 잡은 물고기의 수를 각각 n_1과 n_2, 두 번째 잡은 물고기 중에서 표시가 된 물고기의 수를 t 라고 하자. 여기서 첫 번째와 두 번째 물고기를 잡는 동안에 전체 물고기의 수는 변화가 없는 것으로 가정하면, N은 최소한 n_1+n_2-t 보다 같거나 클 것이다. 즉, $N \geq n_1+n_2-t$ 이다. 그리고 두 번째 잡은 물고기 중에 표시가 된 물고기의 비율은 t/n_2 이므로, 이러한 비율은 전체 물고기 중에서 표시가 있는 물고기의 비율 n_1/N과 동일할 것이다(여기서 첫 번째 잡힌 물고기는 전체 물고기 집단으로부터 뽑힌 하나의 확률표본이 되며, 두 번째 잡힌 물고기도 동일한 물고기 집단에서 뽑힌 또다른 확률표본이 된다는 개념에 근거를 둔 것이다). 따라서 다음 등식이 성립하게 되며,

$$\frac{n_1}{N} = \frac{t}{n_2} \tag{1}$$

식 (1)로부터 전체 물고기의 수 N을 구하는 공식은 다음과 같이 유도된다.

$$N = \frac{n_1 n_2}{t}, \qquad t \neq 0 \tag{2}$$

포획-재포획법에 의한 전체 물고기 수의 계산 공식

첫 번째와 두 번째 잡은 물고기의 수를 각각 n_1 과 n_2 , 두 번째 잡은 물고기 중에서 표시가 된 물고기의 수를 t 라고 할 때 호수 속에 있는 전체 물고기의 수 N은 다음과 같이 계산한다.

$$N = \frac{n_1 n_2}{t}, \qquad t \neq 0$$

식 (2)는 첫 번째와 두 번째 잡히는 물고기는 모집단으로부터 추출되는 확률표본과 같다는 개념에 의해서 유도되었으며, 이러한 식은 야생동물의 전체수를 추정할 때 적용할 수 있는 좋은 통계적 방법이라고 할 수 있다. 그렇다면 왜 통계학적으로 좋은 방법이라고 할 수 있는지 알아보도록 하자.

최우추정법에 의한 추정량의 계산

〔최우추정법의 기본 개념〕

좋은 추정값을 구하는 방법과 이와 관련된 성질을 연구하는 문제는 이론 통계학 분야에서 논의된다. 통계학에서 추정(estimation)이란 표본에서 얻어지는 정보를 이용하여 모집단의 특성값(모평균, 모분산, 모비율 등)을 구하는 과정을 말하며, 이런 과정을 통하여 계산된 값을 추정값(estimate)이라고 한다. 그렇다면 어떻게 이러한 모집단의 값과 보다 가까운 값을 추정할 수 있을 것인가? 일반적으로 좋은 추정값을 제공하는 것으로 알려진 계산 방법 중의 하나로 **최우추정법**(maximum likelihood estimation method)이란 것이 있다.

최우추정법

실제로 관측된 표본과 같은 형태의 표본이 뽑힐 가능성이 가장 크게 되도록 하는 모수의 값을 구한다는 개념으로 추정값을 계산하는 방법이다.

물고기 수와 같은 이산형 문제에서 최우추정법은 실제 관측된 표본을 얻을 수 있는 확률을 최대로 하는 값을 찾아낼 수 있도록 해준다. 연못 속에 들어있는 값을 추정하는 예를 이용하여 최우추정법의 개념을 이해해 보도록 하자.

연못에서 첫 번째 잡은 물고기는 7마리, 이 물고기에 표시를 한 후 연못 속에 다시 넣고 일정한 시간이 지난 후에 두 번째로 잡은 물고기는 5마리이었다. 이때 5마리 중에서 2마리가 표시가 되어있을 확률을 최대로 만드는 N 값을 계산해보자.

$n_1 = 7$, $n_2 = 5$, $t = 2$이므로 연못 속에는 최소한 $N \geq n_1 + n_2 - t = 7 + 5 - 2 = 10$마리의 물고기가 들어있다. 이때 10마리의 물고기가 들어있는 연못에서 5마리의 물고기를 잡았을 때 표시가 있는 물고기의 수 X는 초기하분포를 따르게 된다. 여기서 5마리의 물고기 중에서 표시가 되어 있는 물고기가 2마리일 확률을 계산하면

$$N = 10\text{일 때 } P(X=2) = \frac{\binom{7}{2}\binom{3}{3}}{\binom{10}{5}} = \frac{\frac{7!}{2!\,5!} \cdot \frac{3!}{3!\,0!}}{\frac{10!}{5!\,5!}} = \frac{1}{12} = 0.083$$

이 된다. 그렇다면 물고기가 $N=$ 11, 12, ⋯ 등으로 들어있는 연못에서 5마리의 물고기를 잡았을 때 그 중 2마리에 표시가 되어 있을 확률은 얼마나 될까? 이러한 확률값은 다음과 같이 계산되어진다.

$$N = 11\text{일 때} \qquad P(X=2) = \frac{\binom{7}{2}\binom{4}{3}}{\binom{11}{5}} = \frac{4}{22} = 0.181$$

$$N = 12\text{일 때} \qquad P(X=2) = \frac{\binom{7}{2}\binom{5}{3}}{\binom{12}{5}} = \frac{105}{396} = 0.265$$

$$N = 13\text{일 때} \qquad P(X=2) = \frac{\binom{7}{2}\binom{6}{3}}{\binom{13}{5}} = \frac{140}{429} = 0.326$$

$$N = 14\text{일 때} \qquad P(X=2) = \frac{\binom{7}{2}\binom{7}{3}}{\binom{14}{5}} = \frac{735}{2002} = 0.367$$

$$N = 15\text{일 때} \qquad P(X=2) = \frac{\binom{7}{2}\binom{8}{3}}{\binom{15}{5}} = \frac{56}{143} = 0.391$$

$$N = 16\text{일 때} \qquad P(X=2) = \frac{\binom{7}{2}\binom{9}{3}}{\binom{16}{5}} = \frac{21}{52} = 0.403$$

$$N = 17\text{일 때} \qquad P(X=2) = \frac{\binom{7}{2}\binom{10}{3}}{\binom{17}{5}} = \frac{90}{221} = 0.407$$

$$N = 18\text{일 때} \qquad P(X=2) = \frac{\binom{7}{2}\binom{11}{3}}{\binom{18}{5}} = \frac{55}{136} = 0.404$$

$$N = 19\text{일 때} \qquad P(X=2) = \frac{\binom{7}{2}\binom{12}{3}}{\binom{19}{5}} = \frac{385}{969} = 0.397$$

$$\vdots$$

위의 결과로부터 다음과 같은 사실을 알 수 있다. $N = 17$일 때 즉, 17마리의 물고기가 들어 있는 연못 속에서 5마리를 잡았을 때 그 중 2마리에 표시가 되어있을 확률이 가장 크다는 것을 알 수 있다. 따라서 이때의 17이 바로 최우추정값이 되는 것이다.

최우추정량의 계산 과정

	첫 번째 뽑은 표본 수	첫 번째에 포함되지 않은 표본 수	전체
두 번째 뽑은 표본 수	t	$n_2 - t$	n_2
두 번째에 포함되지 않은 표본수	$n_1 - t$	$N - n_1 - n_2 + t$	$N - n_2$
전체	n_1	$N - n_1$	N

전체의 개수 N이 알려져 있지 않은 상자에서 n_1개를 랜덤하게 뽑아 표시를 한 후에 다시 집어넣어 잘 섞은 다음 다시 n_2개를 랜덤하게 뽑는다고 할 때, 두 번째 뽑은 n_2개의 표본 중에 특정한 표시를 한 것이 t개일 확률은 다음과 같다.

$$P(t) = \frac{\binom{n_1}{t}\binom{N-n_1}{n_2-t}}{\binom{N}{n_2}}$$

확률 $P(t)$가 최대라는 것은 N일 때의 $P(t)$가 $N+1$과 $N-1$일 때의 $P(t)$보다 더 크다는 것을 의미한다. 즉, N일 때의 $P(t)$가 $N+1$일 때의 $P_0(t)$보다 크거나 같기 위해서는

$$P(t)=\frac{\binom{n_1}{t}\binom{N-n_1}{n_2-t}}{\binom{N}{n_2}} \geq \frac{\binom{n_1}{t}\binom{N-n_1+1}{n_2-t}}{\binom{N+1}{n_2}}=P_0(t)$$

$$\Rightarrow$$

$$\frac{(N-n_1)!\,n_2!\,(N-n_2)!}{(n_2-t)!\,(N-n_1-n_2+t)!\,N!} \geq \frac{(N-n_1+1)!\,n_2!\,(N+1-n_2)!}{(n_2-t)!\,(N-n_1+1-n_2+t)!\,(N+1)!}$$

$$\Rightarrow \qquad 1 \geq \frac{(N-n_1+1)(N+1-n_2)}{(N-n_1-n_2+t+1)(N+1)}$$

$$\Rightarrow \qquad (N-n_1-n_2+t+1)(N+1) \geq (N-n_1+1)(N+1-n_2)$$

$$\Rightarrow \qquad N+1 \geq \frac{n_1 n_2}{t}$$

따라서

$$N \geq \frac{n_1 n_2}{t} - 1 \tag{3}$$

이어야 하고, 또한 N일 때의 $P(t)$가 $N-1$일 때의 $P_1(t)$보다 크거나 같기 위해서는

$$P(t)=\frac{\binom{n_1}{t}\binom{N-n_1}{n_2-t}}{\binom{N}{n_2}} \geq \frac{\binom{n_1}{t}\binom{N-1-n_1}{n_2-t}}{\binom{N-1}{n_2}}=P_1(t)$$

$$\Rightarrow \qquad \frac{(N-n_1)(N-n_2)}{(N-n_1-n_2+t)N} \geq 1$$

$$\Rightarrow \qquad n_1 n_2 \geq Nt$$

$$\Rightarrow \qquad N \leq \frac{n_1 n_2}{t} \tag{4}$$

이어야 한다.

따라서 (3)과 (4)로부터 최우추정량 N_{mle}는

$$\frac{n_1 n_2}{t} - 1 \leq N_{mle} \leq \frac{n_1 n_2}{t}$$

를 만족하는 정수이어야 한다.

만약 $\frac{n_1 n_2}{t}$가 정수라면 이 값 자체가 N의 최우추정량이 되며, 정수가 아닐 경우에는 $\frac{n_1 n_2}{t}$값 보다 크지 않은 최대 정수가 최우추정량이 되는 것이다.

〔최우추정량〕

전체의 개수 N의 최우추정량은 다음과 같이 표현할 수 있다.22)

$$N_{mle} = \left[\frac{n_1 n_2}{t} \right] \tag{5}$$

물고기 수의 추정 예 1970년 미국 코넬대학에서 실시하였던 실제 실험 자료를 이용하여 호수에 살고 있는 전체 물고기의 수를 추정해 보도록 하자. <표 10.6>은 미국 뉴욕주의 드라이덴(Dryden) 호수에 살고 있는 물고기수를 추정하기 위하여 포획-재

22) 여기서 $[x]$는 x보다 크지 않은 최대정수를 의미한다. 예를 들어 [4.3]=4, [4.9]=4, [5.0]=5가 된다.

포획 실험을 통하여 얻은 결과이다. 드라이덴 호수에는 다양한 종류의 물고기가 살고 있으며, 실험의 목적은 입이 큰 베스와 피크럴[23]의 전체수를 추정하는 것이었다. 이에 실험팀에서는 9월 중순과 11월 중순 사이에 첫 번째로 445마리의 베스와 피크럴을 잡아 특정한 표시를 한 후 다시 호수에 방류하였다. 같은 해 얼음이 얼기 전인 12월 1일에 물고기 433마리를 잡아 표시가 있는 베스와 피크럴의 수를 조사하였다. 여기서 다른 하천지역으로부터 호수로 물고기가 유입되지는 않으며, 표시가 있는 물고기는 표시가 없는 물고기와 사망률은 동일하다고 가정한다(이것은 물고기를 두 번 포획하는 동안에 두 종류의 물고기의 비율은 변함이 없다는 것을 의미한다). 또한 첫 번째 물고기를 잡은 시점과 두 번째 물고기를 잡은 시점 사이에는 일정한 시간이 주어졌기에 때문에 표시가 되어있는 물고기는 전체 물고기 속에 완전하게 섞이었다고 가정한다(이것은 호수 속에 있는 물고기가 잡힐 가능성은 동일하다는 것을 의미한다).

	첫 번째 포획 수(n_1)	두 번째 포획 수(n_2)	표시된 수(t)
베스	213	104	13
피크럴	232	329	16

공식 (5)를 이용하여 드라이덴 호수에 살고 있는 베스와 피크럴의 수를 계산하면

$$\text{베스 : } N_{mle} = \left[\frac{n_1 n_2}{t}\right] = \left[\frac{213 \cdot 104}{13}\right] = [1704] = 1704$$

$$\text{피크럴 : } N_{mle} = \left[\frac{n_1 n_2}{t}\right] = \left[\frac{232 \cdot 329}{16}\right] = [4770.5] = 4770$$

이 된다.

23) 베스는 농어의 일종이며, 피크럴은 우리말로 강꼬치 고기라고 불리운다.

6. 지진의 크기와 발생 시기에 대한 예측

지진은 지구 내부의 힘에 의하여 땅속의 거대한 암반이 갑자기 갈라지면서 그 충격으로 땅이 흔들리는 현상을 말한다. 지진은 예상하기 어려운 자연재해 중의 하나로서 지질의 변화, 산사태, 해일 등을 일으킬 뿐만 아니라 인간과 동물의 생활에 막대한 영향과 피해를 야기시킨다. 이에 따라 지진이 일어나기 쉬운 나라의 과학자들은 어떻게 하면 지진을 사전에 예측하여 그 피해를 최소화할 것인가 하는 문제에 많은 노력을 기울려오고 있다.

지진을 일으키는 지구 내부의 힘과 그 강도는 지표면에서 간접적으로만 관측이 가능하며, 이러한 관측을 통하여 지진의 규모와 크기를 알아낸다는 것은 매우 어려운 일이다. 그럼에도 불구하고 지구학을 연구하는 과학자들은 땅속 깊은 곳에서 일어나고 있는 일을 암시해 줄 수 있는 여러 현상들 즉, 단층이 서서히 움직이고 있다든지, 땅이 기울고 솟아오른다든지, 작은 미진이 일어난다든지 또는 지하수의 수위가 변한다든지 하는 것들을 관측하여, 인간생활에 막대한 피해를 가져다주는 대규모의 지진을 사전에 예측하고자 노력하고 있다.

대규모의 지진이 발생하기 전에 일어나는 여러 가지 징후들을 지진의 전조현상이라고 한다. 1975년 2월 4일 중국 해성현에서 진도 7.3[24]의 대규모의 지진이 발생하여 건물의 90% 이상이 폐허가 되어버렸지만 사망자수는 1,000명밖에 되지 않았던 적이 있었다. 이렇게 사망자수가 적을 수 있었던 이유는 중국의 과학자들이 지진의 전조현상들을 세밀히 관측하여 대규모의 지진이 발생하기 전에 주민들을 대피시켰기 때문이다.

그렇다면 중국의 과학자들은 어떻게 지진을 사전에 정확하게 예보할 수 있었을까? 중국의 과학자들이 지진을 정확히 예보할 수 있었던 것은 1966년 중국의 형태지방에서 일어난 지진이 계기가 됐다. 이 당시 지진으로 인한 사망자가 9만 명이나 되자 중국 수상

24) 일반적으로 지진의 크기는 리쳐 척도(Richter scale)를 사용하여 표현하며, 그 크기는 다음과 같이 분류된다: 2.0~3.4 사람이 느끼지 못하고 장치만 느낌, 3.5~4.2 소수의 사람들만 느낌, 4.3~4.8 많은 사람들이 느낌, 4.9~5.4 모든 사람들이 느낌, 5.5~6.1 건물에 약간의 피해, 6.2~6.9 건물에 상당한 피해, 7.0~7.3 심각한 피해, 7.4~7.9 큰 피해, 8.0 이상 거의 완전한 파괴

주은래는 과학자들에게 특별지시를 내려 지진을 사전에 예보할 수 있는 연구를 하도록 했다. 이에 과거의 지진 기록들을 토대로 중국내 지층 운동 추이를 연구한 과학자들은 1970년에 해성현 일대에서 앞으로 10년 이내에 대규모의 지진이 일어날 것이라고 예보하였다. 그리고 1974년 중반, 과학자들은 해성현 일대의 지층이 활발한 수직과 수평 이동을 시작하면서 지각 전체가 북서쪽으로 서서히 밀리고 있다는 사실을 관측하였다. 이에 과학자들은 2년 이내에 대규모의 지진이 발생할 것이라고 1970년의 예보를 수정하여 발표하였다. 1974년 말까지 계속해서 작은 지진이 발생하자 1975년 1월 초, 과학자들은 6개월 이내에 진도 6의 지진이 발생할 것이라고 예보를 다시 수정하여 발표하였다. 이에 따라 해성현은 비상체제로 돌입하여 야외에 임시 대피소와 병원 등을 건설하였으며, 구호를 위한 비상요원들도 조직하였다. 1월말이 되자 대규모의 지진이 발생할 것으로 예상되는 여러 가지 현상들 즉, 지하 암석의 압력증가로 인하여 맑았던 샘물이 흙탕물로 변하고, 펌프로 퍼 올리던 우물이 저절로 분출했으며, 유정의 석유 유출량이 갑자기 증가하였다. 그리고 더 심상치 않은 현상은 동물들의 행동으로써 돼지와 소들이 우리에서 뛰쳐나오는가 하면 땅 속에서 겨울잠을 자던 뱀들이 기어 나왔다가 눈 속에서 얼어 죽었고, 새들은 발톱으로 알을 쥔 채 큰 새장 안을 계속 날아다니고 쥐들도 새끼들을 물고 우왕좌왕하였다. 그리고 지진이 일어나기 하루 전날인 2월 3일 오후부터는 미진이 밤새도록 계속되다 이튿날 아침에는 진도 4.8 정도로 커졌다가 오후 1시 30분 쯤 미진도 멈추고 수주일 만에 처음으로 지진계의 바늘이 미동조차 하지 않았다. 그러자 과학자들은 대규모의 지진이 발생하기 직전의 징후라고 판단하여 주민들에게 즉각 대피령을 내렸다. 지진은 그때로부터 정확히 5시간 후에 찾아왔던 것이었다.

규모가 큰 지진들은 서로 상대적인 운동을 하는 지구판의 경계에서 지속적으로 작용하는 변형력에 의하여 암석들이 쪼개질 때 발생한다. 하지만 지구판의 운동과는 상관없이 지구판의 경계와 그 주변에서 지진이 발생하기도 한다. 이러한 지진들은 시간적으로 매우 불규칙하게 발생하므로 통계적으로 그 발생 가능성을 추정할 수밖에 없다. 최근의 지진예보는 지진이 일어나기 전에 나타나는 여러 가지 전조현상을 이용하여 이루어지고 있다. 현재까지 지진의 전조현상은 지진이 발생하기 수개월 또는 수년 전부터 시작됨이 확인되고 있다. 이 장에서는 이러한 전조현상을 이용하여 큰 규모의 지진에 대한 예측이 통계학적으로 어떻게 이루어지는 지를 알아보도록 하자.

지진의 크기와 발생시기의 예측 대규모의 지진이 발생하기 전에 그 전조현상으로 종종 소규모의 지진이 계속해서 발생한다. 이러한 현상을 이용하여 지진을 예측하고자 하는 연구가 최근 학자들 사이에서 활발히 이루어져 오고 있다. 뉴질랜드 빅토리아 대학의 지구물리학자 에비슨(F. F. Evison, 1977)은 이러한 연구를 한 과학자 중의 한사람이다. 에비슨은 뉴질랜드에서 발생한 지진들에 관한 자료 <표 10.6>으로부터 동일한 지역에서 계속적으로 발생하는 작은 지진들의 크기는 본지진의 크기와 본지진이 발생할 때까지 걸리는 시간과 관련성이 있다는 사실을 발견하였다. 즉, 그는 전조현상으로 일어나는 작은 지진의 크기가 클수록 본지진의 크기는 커지며, 또한 본지진이 발생하기까지의 시간도 많이 걸린다는 사실을 찾아내었던 것이다. 이러한 에비슨의 연구 결과는 뉴질랜드에서 발생하는 본지진의 규모와 시기를 사전에 예측 가능하도록 만들었다.

|표 10.6| 1968~1974년 사이에 뉴질랜드에서 발생한 지진

발생일자	위도	경도	M	P	T
1968. 5.23	41.77S	172.01E	7.1	5.9	2,205
1976. 5. 4	44.68S	167.46E	7.0	5.2	2,995
1968. 4. 9	33.19N	116.13W	6.4	4.5	1,029
1966. 8. 7	31.80N	114.50W	6.3	5.0	934
1960. 8. 9	40.32N	127.07W	6.2	4.2	404
1966. 3. 7	38.77S	178.17E	6.2	4.7	557
1966. 4.23	41.74S	174.61E	6.0	3.8	538
1973. 2.21	39.71S	176.79E	5.7	4.4	351
1973. 4.22	42.32S	172.98E	5.2	3.9	337
1974. 1.18	40.84S	172.42E	5.0	3.7	276
1970. 5. 1	42.49S	173.47S	4.9	3.7	183

<그림 10.3>은 전조지진의 크기와 본지진의 크기간의 관련성을 나타내는 산점도이다(여기서 전조지진의 크기 P는 전조현상으로 나타난 지진들 중에서 규모가 가장 큰 지진의 크기를 나타낸다). 산점도로부터 전조지진의 크기 P와 본지진의 크기 M간에는 직선적인 관련성이 있음을 알 수 있으며, <표 10.6>에 주어진 자료로부터 회귀직선식은 다음과 같이 구해진다.

$$M = 0.92P + 1.89$$

결정계수값을 계산하면 $R^2 = 0.77$로서 회귀직선식은 본지진에 대한 전체 변동의 77%를 설명하고 있다. 이것은 두 변수 즉, 전조지진의 크기와 본지진의 크기간의 직선적인 관련성이 회귀직선식 $M = 0.92P + 1.89$에 의하여 잘 표현되고 있음을 의미하는 것이다. 계산된 회귀직선식으로부터 본지진의 크기에 대한 예측은 다음과 같이 이루어진다. 예를 들어 동일한 지역에서 전조현상으로 발생한 지진들 중에서 규모가 가장 큰 지진의 크기를 5라고 할 경우, 본지진의 크기는 다음과 같이 예측되는 것이다.

$$M = 0.92 \times 5 + 1.89 = 6.49$$

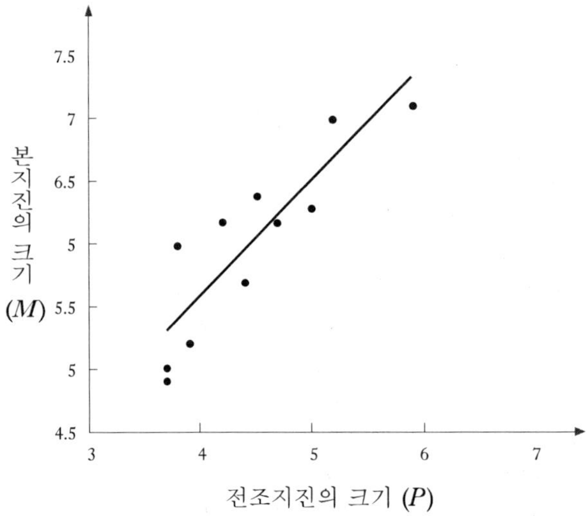

|그림 10.3| 전조현상으로 일어나는 지진의 크기와 본진의 크기에 대한 산점도

에비슨의 연구로부터 전조현상으로 나타난 지진 크기를 이용하여 본지진의 발생 시기에 대한 예측도 가능하다. <그림 10.4>의 산점도로부터 전조지진의 크기와 본지진이 발생하는 시간 T에 로그를 취한 값 $\log_{10} T$사이에는 직선적인 관계가 있음을 알 수 있다[25]. <그림 10.4>에 주어진 산점도에 적합한 회귀직선식은

25) 회귀분석에서는 오차의 독립성, 등분산성, 정규성 등 몇 가지 가정을 기본전제로 하고 있다. 이러한 가정이 만족되지 않을 경우 이에 대한 해결책으로 변수변환을 하게 되며, 여기서는 관측값 T에 로그를 취한 값 $\log_{10} T$로 변환하였다.

$$\log_{10} T = 0.47P + 0.71$$

이며, 이로부터 본지진이 발생하는 시기를 예측할 수 있는 것이다. 여기서 결정계수값은 $R^2 = 0.76$ 로서 1에 가까우므로 구해진 회귀직선식은 전조지진의 크기와 본지진의 발생시간 사이의 관계를 잘 나타내어 준다고 할 수 있다. 회귀직선식 $\log_{10} T = 0.47P + 0.71$ 를 이용한 본지진의 발생 시기에 대한 계산은, 예를 들어 전조지진의 크기가 5라고 할 경우

$$\log_{10} T = 0.47(5) + 0.71 = 3.06$$

이 되며, 이때 발생시기는

$$T = 10^{3.06} = 1148.2(\text{일}) \doteq 3.15(\text{년})$$

이 된다. 따라서 전조현상으로 발생하는 지진들 중에서 규모가 가장 큰 지진이 5로 관측되었을 경우, 본진은 약 3년 후에 일어나며, 그 크기는 약 6.5가 될 것이라는 예측이 가능하게 된다.

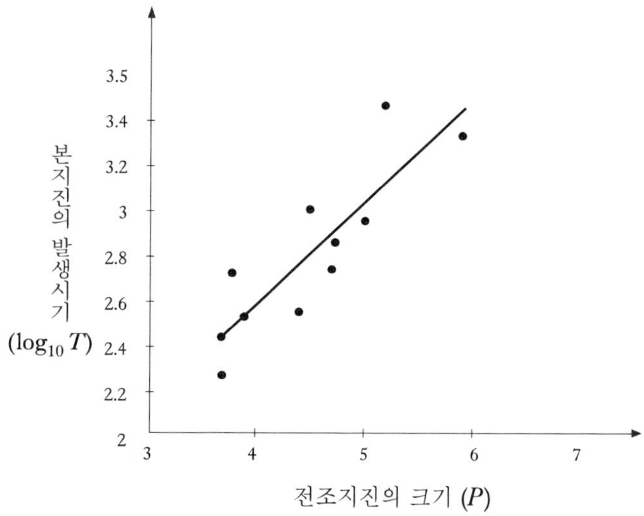

|그림 10.4| 본진이 발생하는 시간과의 그 크기에 대한 산점도

참고문헌

1. Antony, J. S. (1998). Exploring the factors that influence men and women to form medical career aspirations. Journal of College Student Development, 39(5): 417~421.

2. Berger K, U. A., Ajani, C. S., Kase, J. M., Gaziano, J. E., Buring, R., Glynn, J., & Hennekens, C. H. (1999). Light-to-moderate alcohol consumption and risk of stroke among U.S. male physicians. New England Journal of Medicine, 341(21): 1557~1564.

3. Dsilva, D. (1998). An analysis of participant reaction.. Communication research reports, 15: 180~187.

4. Frank, H. & Steven, C. A. (1994). Statistics: Concepts and applications workbook. Cambridge University. Press.

5. Frederick M., Kruskal, W. H., Link, R. F., Pieters, R. S., & Rising, G. R. (1973). Statistics by example-finding models. Addison-Wesley Publishing Co.

6. Frederick M., William H. Kruskal, R. F. Link, Richard S. Pieters, & Gerald R. R. (1973). Statistics by example-exploring data. Addison-Wesley Publishing Co.

7. Freeman, W. H. (2000). The basic practice of statistics. 2nd edition.

8. Goldstein, A. O., Sobel, R. A., & Newman , G. R. (1999). Tobacco and alcohol use in G-Rated children's animated films. Journal of the American Medical Association. 281(12): 1131~1136.

9. Golightly, M. G. (1993). Laboratory considerations in the diagnosis and management of Lyme borreliosis. American Journal of Clinical Pathology, 99(2): 168~174.

10. Gravetter, F. J. (2000). Statistics for the behavioral science. 5th edition. Wadsworth Publishing Co.

11. Hubble, E. P. (1929). A relation between distance and radial velocity among extra-galactic nebulae. Proceedings of the National Academy of Science, 15(1929), 168-173.

12. Khanizadeh, S., Buszard, D., Lareau, M. J., & Pelletier, R. (1991). Evaluation of strawberry cultivars with different degrees of resistance to red scale, Fruit Varieties Journal, 45(1): 12~17.

13. Knudson, D. (1911). Forces on the hand in the tennis one-handed backhand. International Journal of Sport Biomechanics, 17: 282~292.

14. Lorenzen, T. (1980). Determining statistical characteristics of a vehicle emissions audit procedure, Technometrics, 22: 483-493.

15. Macknin M. L. & Medendorp, S. V. (1994). Association between bicycle helmet legislation, bicycle safety education, and use of bicycle helmets in children, Archives of Pediatric and Adolescent Medicine, 148(3): 255~259.

16. Mash, D. C. (1997). Fatal excited delirium following cocaine use: Epidemiologic findings provide new evidence for mechanisms of cocaine toxicity. Journal of Forensic Science, 42(1): 25~31.

17. Mosteller, F., Kruskal, W. H., Link, R. F., Pieters, R. S., & Rising, G. R. (1973). Statistics by example-detecting patterns. Addison-Wesley Publishing Co.

18. Peck, R., Olsen, C., & Devore, J. (2005). Statistics and data analysis. Brooks/Cole.

19. Pizzulli, L., A., Yang, J., Martin, F., & Luderitz, B. (1998). Changes in platelet size and count in unstable angina compared to stable angina or non-cardiac chest pain. European Heart Journal, 19(1): 80~84.

20. Ruttenber, A. J., Martinez-Sanchez, L., & Bouza, E. (1998). LCx: A diagnostic alternative for the early detection of mycobacterium tuberculosis complex.

Diagnostic Microbiology and Infectious Disease 32: 259-264.

21. Sprinthall, R. C. (1982). Basic statistical analysis. 5th edition, Allen & Bacon.
22. Wackerly, D. D., Mendelhall, W., & Scheaffer, R. L. (1995). Mathematical statistics.
23. 배현웅 (2001). Excel을 이용한 통계학의 기초와 이해, 교우사
24. 임문룡 (1975). 'Determination of Biology Maturity and Effect of Harvesting and Drying Conditions On Milling Quality of Paddy' Journal of Agricultural Engineering Research: 353-361

부 록

표 1. 난수표

표 2. 이항분포표

표 3. 푸아송분포표

표 4. 표준정규분포표

표 5. t 분포표

표 6. 카이제곱분포표

표 7. F 분포표

〈표 1〉 난수표

Line	(*1*)-(*5*)	(*6*)-(*10*)	(*11*)-(*15*)	(*16*)-(*20*)	(*21*)-(*25*)	(*26*)-(*30*)	(*31*)-(*35*)
101	13284	16834	74151	92027	24670	36665	00770
102	21224	00370	30420	03883	94648	89428	41583
103	99052	47887	81085	64933	66279	80432	65793
104	00199	50993	98603	38452	87890	94624	69721
105	60578	06483	28733	37867	07936	98710	98539
106	91240	18312	17441	01929	18163	69201	31211
107	97458	14229	12063	59611	32249	90466	33216
108	35249	38646	34475	72417	60514	69257	12489
109	38980	46600	11759	11900	46743	27860	77940
110	10750	52745	38749	87365	58959	53731	89295
111	36247	27850	73958	20673	37800	63835	71051
112	70994	66986	99744	72438	01174	42159	11392
113	99638	94702	11463	18148	81386	80431	90628
114	72055	15774	43857	99805	10419	76939	25993
115	24038	65541	85788	55835	38835	59399	13790
116	74976	14631	35908	28221	39470	91548	12854
117	35553	71628	70189	26436	63407	91178	90348
118	35676	12797	51434	82976	42010	26344	92920
119	74815	67523	72985	23183	02446	63594	98924
120	45246	88048	65173	50989	91060	89894	36036
121	76509	47069	86378	41797	11910	49672	88575
122	19689	90332	04315	21358	97248	11188	39062
123	42751	35318	97513	61537	54955	08159	00337
124	11946	22681	45045	13964	57517	59419	58045
125	96518	48688	20996	11090	48396	57177	83867
126	35726	58643	76869	84622	39098	36083	72505
127	39737	42750	48968	70536	84864	64952	38404
128	97025	66492	56177	04049	80312	48028	26408
129	62814	08075	09788	56350	76787	51591	54509
130	25578	22950	15227	83291	41737	59599	96191
131	68763	69576	88991	49662	46704	63362	56625
132	17900	00813	64361	60725	88974	61005	99709
133	71944	60227	63551	71109	05624	43836	58254
134	54684	93691	85132	64399	29182	44324	14491
135	25946	27623	11258	65204	52832	50880	22273
136	01353	39318	44961	44972	91766	90262	56073
137	99083	88191	27662	99113	57174	35571	99884
138	52021	45406	37945	75234	24327	86978	22644
139	78755	47744	43776	83098	03225	14281	83637
140	25282	69106	59180	16257	22810	43609	12224
141	11959	94202	02743	86847	79725	51811	12998
142	11644	13792	98190	01424	30078	28197	55583
143	06307	97912	68110	59812	95448	43244	31262
144	76285	75714	89585	99296	52640	46518	55486
145	55322	07598	39600	60866	63007	20007	66819
146	78017	90928	90220	92503	83375	26986	74399
147	44768	43342	20696	26331	43140	69744	82928
148	25100	19336	14605	86603	51680	97678	24261
149	83612	46623	62876	85197	07824	91392	58317
150	41347	81666	82961	60413	71020	83658	02415

〈표 2〉 이항분포표

한 점 $x=k$ 에서의 확률값 $P(X=k) = \binom{n}{k} p^2 (1-p)^{n-k}$

n	k	$p=0.1$	$p=0.2$	$p=0.3$	$p=0.4$	$p=0.5$
2	0	.8100	.6400	.4900	.3600	.2500
	1	.1800	.3200	.4200	.4800	.5000
	2	.0100	.0400	.0900	.1600	.2500
3	0	.7290	.5120	.3430	.2160	.1250
	1	.2430	.3840	.4410	.4320	.3750
	2	.0270	.0960	.1890	.2880	.3750
	3	.0010	.0080	.0270	.0640	.1250
4	0	.6561	.4096	.2401	.1296	.0625
	1	.2916	.4096	.4116	.3456	.2500
	2	.0486	.1536	.2646	.3456	.3750
	3	.0036	.0256	.0756	.1536	.2500
	4	.0001	.0016	.0081	.0256	.0625
5	0	.5905	.3277	.1681	.0778	.0312
	1	.3280	.4096	.3602	.2592	.1562
	2	.0729	.2048	.3087	.3456	.3125
	3	.0081	.0512	.1323	.2304	.3125
	4	.0005	.0064	.0284	.0768	.1562
	5	.0000	.0003	.0024	.0102	.0312
6	0	.5314	.2621	.1176	.0467	.0156
	1	.3543	.3932	.3025	.1866	.0938
	2	.0984	.2458	.3241	.3110	.2344
	3	.0146	.0819	.1852	.2765	.3125
	4	.0012	.0154	.0595	.1382	.2344
	5	.0001	.0015	.0102	.0369	.0938
	6	.0000	.0001	.0007	.0041	.0156
7	0	.4783	.2097	.0824	.0280	.0078
	1	.3720	.3670	.2471	.1306	.0547
	2	.1240	.2753	.3176	.2613	.1641
	3	.0230	.1147	.2269	.2903	.2734
	4	.0026	.0287	.0972	.1935	.2734
	5	.0002	.0043	.0250	.0774	.1641
	6	.0000	.0004	.0036	.0172	.0547
	7	.0000	.0000	.0002	.0016	.0078

이항분포표(계속)

n	k	$p = 0.1$	$p = 0.2$	$p = 0.3$	$p = 0.4$	$p = 0.5$
8	0	.4305	.1678	.0576	.0168	.0039
	1	.3826	.3355	.1977	.0896	.0312
	2	.1488	.2936	.2965	.2090	.1094
	3	.0331	.1468	.2541	.2787	.2188
	4	.0046	.0459	.1361	.2322	.2734
	5	.0004	.0092	.0467	.1239	.2188
	6	.0000	.0011	.0100	.0413	.1094
	7	.0000	.0001	.0012	.0079	.0312
	8	.0000	.0000	.0001	.0007	.0039
9	0	.3874	.1342	.0404	.0101	.0020
	1	.3874	.3020	.1556	.0605	.0176
	2	.1722	.3020	.2668	.1612	.0703
	3	.0446	.1762	.2668	.2508	.1641
	4	.0074	.0661	.1715	.2508	.2461
	5	.0008	.0165	.0735	.1672	.2461
	6	.0001	.0028	.0210	.0743	.1641
	7	.0000	.0003	.0039	.0212	.0703
	8	.0000	.0000	.0004	.0035	.0176
	9	.0000	.0000	.0000	.0003	.0020
10	0	.3487	.1074	.0282	.0060	.0010
	1	.3874	.2684	.1211	.0403	.0098
	2	.1937	.3020	.2335	.1209	.0439
	3	.0574	.2013	.2668	.2150	.1172
	4	.0112	.0881	.2001	.2508	.2051
	5	.0015	.0264	.1029	.2007	.2461
	6	.0001	.0055	.0368	.1115	.2051
	7	.0000	.0008	.0090	.0425	.1172
	8	.0000	.0001	.0014	.0106	.0439
	9	.0000	.0000	.0001	.0016	.0098
	10	.0000	.0000	.0000	.0001	.0010

이항분포표(계속)

n	k	$p=0.1$	$p=0.2$	$p=0.3$	$p=0.4$	$p=0.5$
15	0	.2059	.0352	.0047	.0005	.0000
	1	.3432	.1319	.0305	.0047	.0005
	2	.2669	.2309	.0916	.0219	.0032
	3	.1285	.2501	.1700	.0634	.0139
	4	.0428	.1876	.2186	.1268	.0417
	5	.0105	.1032	.2061	.1859	.0916
	6	.0019	.0430	.1472	.2066	.1527
	7	.0003	.0138	.0811	.1771	.1964
	8	.0000	.0035	.0348	.1181	.1964
	9	.0000	.0007	.0116	.0612	.1527
	10	.0000	.0001	.0030	.0245	.0916
	11	.0000	.0000	.0006	.0074	.0417
	12	.0000	.0000	.0001	.0016	.0139
	13	.0000	.0000	.0000	.0003	.0032
	14	.0000	.0000	.0000	.0000	.0005
	15	.0000	.0000	.0000	.0000	.0000
20	0	.1216	.0115	.0008	.0000	.0000
	1	.2701	.0576	.0068	.0005	.0000
	2	.2852	.1369	.0278	.0031	.0002
	3	.1901	.2054	.0716	.0123	.0011
	4	.0898	.2182	.1304	.0350	.0046
	5	.0319	.1746	.1789	.0746	.0148
	6	.0089	.1091	.1916	.1244	.0370
	7	.0020	.0545	.1643	.1659	.0739
	8	.0003	.0222	.1144	.1797	.1201
	9	.0001	.0074	.0654	.1597	.1602
	10	.0000	.0020	.0308	.1171	.1762
	11	.0000	.0005	.0120	.0710	.1602
	12	.0000	.0001	.0039	.0355	.1201
	13	.0000	.0000	.0010	.0146	.0739
	14	.0000	.0000	.0002	.0049	.0370
	15	.0000	.0000	.0000	.0013	.0148
	16	.0000	.0000	.0000	.0003	.0046
	17	.0000	.0000	.0000	.0000	.0011
	18	.0000	.0000	.0000	.0000	.0002
	19	.0000	.0000	.0000	.0000	.0000
	20	.0000	.0000	.0000	.0000	.0000

〈표 3〉 푸아송분포표

한 점 $x = k$ 에서의 확률값 $P(X=k) = \dfrac{e^{-\lambda}\lambda^{k}}{k!}$

k	$\lambda = .1$	.2	.3	.4	.5	.6	.7	.8	.9	1.0
0	.9048	.8187	.7408	.6703	.6065	.5488	.4966	.4493	.4066	.3679
1	.0905	.1637	.2222	.2681	.3033	.3293	.3476	.3595	.3659	.3679
2	.0045	.0164	.0333	.0536	.0758	.0988	.1217	.1438	.1647	.1839
3	.0002	.0011	.0033	.0072	.0126	.0198	.0284	.0383	.0494	.0613
4	.0000	.0001	.0003	.0007	.0016	.0030	.0050	.0077	.0111	.0153
5	.0000	.0000	.0000	.0001	.0002	.0004	.0007	.0012	.0020	.0031
6	.0000	.0000	.0000	.0000	.0000	.0000	.0001	.0002	.0003	.0005
7	.0000	.0000	.0000	.0000	.0000	.0000	.0000	.0000	.0000	.0001
8	.0000	.0000	.0000	.0000	.0000	.0000	.0000	.0000	.0000	.0000

k	$\lambda = 1.5$	2	3	4	5	6	7	8	9	10
0	.2231	.1353	.0498	.0183	.0067	.0025	.0009	.0003	.0001	.0000
1	.3347	.2707	.1494	.0733	.0337	.0149	.0064	.0027	.0011	.0005
2	.2510	.2707	.2240	.1465	.0842	.0446	.0223	.0107	.0050	.0023
3	.1255	.1804	.2240	.1954	.1404	.0892	.0521	.0286	.0150	.0076
4	.0471	.0902	.1680	.1954	.1755	.1339	.0912	.0573	.0337	.0189
5	.0141	.0361	.1008	.1563	.1755	.1606	.1277	.0916	.0607	.0378
6	.0035	.0120	.0504	.1042	.1462	.1606	.1490	.1221	.0911	.0631
7	.0008	.0034	.0216	.0595	.1044	.1377	.1490	.1396	.1171	.0901
8	.0001	.0009	.0081	.0298	.0653	.1033	.1304	.1396	.1318	.1126
9	.0000	.0002	.0027	.0132	.0363	.0688	.1014	.1241	.1318	.1251
10	.0000	.0000	.0008	.0053	.0181	.0413	.0710	.0993	.1186	.1251
11	.0000	.0000	.0002	.0019	.0082	.0225	.0452	.0722	.0970	.1137
12	.0000	.0000	.0001	.0006	.0034	.0113	.0264	.0481	.0728	.0948
13	.0000	.0000	.0000	.0002	.0013	.0052	.0142	.0296	.0504	.0729
14	.0000	.0000	.0000	.0001	.0005	.0022	.0071	.0169	.0324	.0521
15	.0000	.0000	.0000	.0000	.0002	.0009	.0033	.0090	.0194	.0347
16	.0000	.0000	.0000	.0000	.0000	.0003	.0014	.0045	.0109	.0217
17	.0000	.0000	.0000	.0000	.0000	.0001	.0006	.0021	.0058	.0128
18	.0000	.0000	.0000	.0000	.0000	.0000	.0002	.0009	.0029	.0071
19	.0000	.0000	.0000	.0000	.0000	.0000	.0001	.0004	.0014	.0037
20	.0000	.0000	.0000	.0000	.0000	.0000	.0000	.0002	.0006	.0019
21	.0000	.0000	.0000	.0000	.0000	.0000	.0000	.0001	.0003	.0009
22	.0000	.0000	.0000	.0000	.0000	.0000	.0000	.0000	.0001	.0004
23	.0000	.0000	.0000	.0000	.0000	.0000	.0000	.0000	.0000	.0002
24	.0000	.0000	.0000	.0000	.0000	.0000	.0000	.0000	.0000	.0001
25	.0000	.0000	.0000	.0000	.0000	.0000	.0000	.0000	.0000	.0000

〈표 4〉 표준정규분포표

누적확률값 $\Phi(Z) = \int_{-\infty}^{z} \frac{1}{\sqrt{2\pi}} \exp\left(-\frac{1}{2} t^{2}\right) dt$

Z	.00	.01	.02	.03	.04	.05	.06	.07	.08	.09
.0	.5000	.5040	.5080	.5120	.5160	.5199	.5239	.5279	.5319	.5359
.1	.5398	.5438	.5478	.5517	.5557	.5596	.5636	.5675	.5714	.5753
.2	.5793	.5832	.5871	.5910	.5948	.5987	.6026	.6064	.6103	.6141
.3	.6179	.6217	.6255	.6293	.6331	.6368	.6406	.6443	.6480	.6517
.4	.6554	.6591	.6628	.6664	.6700	.6736	.6772	.6808	.6844	.6879
.5	.6915	.6950	.6985	.7019	.7054	.7088	.7123	.7157	.7190	.7224
.6	.7257	.7291	.7324	.7357	.7389	.7422	.7454	.7486	.7517	.7549
.7	.7580	.7611	.7642	.7673	.7703	.7734	.7764	.7794	.7823	.7852
.8	.7881	.7910	.7939	.7967	.7995	.8023	8051	.8078	.8106	.8133
.9	.8159	.8186	.8212	.8238	.8264	.8289	.8315	.8340	.8365	.8389
1.0	.8413	.8438	.8461	.8485	.8508	.8531	.8554	.8577	.8599	.8621
1.1	.8643	.8665	.8686	.8708	.8729	.8749	.8770	.8790	.8810	.8830
1.2	.8849	.8869	.8888	.8907	.8925	.8944	.8962	.8980	.8997	.9015
1.3	.9032	.9049	.9066	.9082	.9099	.9115	.9131	.9147	.9162	.9177
1.4	.9192	.9207	.9222	.9236	.9251	.9265	.9279	.9292	.9306	.9319
1.5	.9332	.9345	.9357	9370	.9382	.9394	.9406	.9418	.9429	.9441
1.6	.9452	.9463	.9474	.9484	.9495	.9505	.9515	.9525	.9535	.9545
1.7	.9554	.9564	.9573	.9582	.9591	.9599	.9608	.9616	.9625	.9633
1.8	.9641	.9649	.9656	.9664	.9671	.9678	.9686	.9693	.9699	.9706
1.9	.9713	.9719	.9726	.9732	.9738	.9744	.9750	.9756	.9761	9767
2.0	.9772	.9778	.9783	.9788	.9793	.9798	.9803	.9809	.9812	.9817
2.1	.9821	.9826	.9830	.9834	.9838	.9842	.9846	.9850	.9854	.9857
2.2	.9861	.9864	.9868	.9871	.9875	.9878	.9881	.9884	.9887	.9890
2.3	.9893	.9896	.9898	.9901	.9904	.9906	.9909	.9911	.9913	.9916
2.4	9918	.9920	.9922	.9925	.9927	.9929	.9931	.9932	.9934	.9936
2.5	.9938	.9940	.9941	.9943	.9945	.9946	.9948	.9949	.9951	.9952
2.6	.9953	.9955	.9956	.9957	.9959	.9960	.9961	.9962	.9963	.9964
2.7	.9965	.9966	.9967	.9968	.9969	.9970	.9971	.9972	.9973	.9974
2.8	.9974	.9975	.9976	.9977	.9977	.9978	.9979	.9979	.9980	.9981
2.9	.9981	.9982	.9982	.9983	.9984	.9984	.9985	.9985	.9986	.9986
3.0	.9987	.9987	.9987	.9988	.9988	.9989	.9989	.9989	.9990	.9990
3.1	.9990	.9991	.9991	.9991	.9992	.9992	.9992	.9992	.9993	.9993
3.2	.9993	.9993	.9994	.9994	.9994	.9994	.9994	.9995	.9995	.9995
3.3	.9995	.9995	.9995	.9996	.9996	.9996	.9996	.9996	.9996	.9997
3.4	.9997	.9997	.9997	.9997	.9997	.9997	.9997	.9997	.9997	.9998
3.5	.9998	.9998	.9998	.9998	.9998	.9998	.9998	.9998	.9998	.9998

〈표 5〉 *t* 분포표

t 분포의 상위 $100\alpha\%$ 백분위수 $t(n, \alpha)=P(T \geq t)=\int_{t}^{\infty} f(t)\, dt$

n \ α	.25	.10	.05	.025	.01	.00833	.00625	.005
1	1.000	3.078	6.314	12.706	31.821	38.190	50.923	63.657
2	.816	1.886	2.920	4.303	6.965	7.649	8.860	9.925
3	.765	1.638	2.353	3.182	4.541	4.857	5.392	5.841
4	.741	1.533	2.132	2.776	3.747	3.961	4.315	4.604
5	.727	1.476	2.015	2.571	3.365	3.534	3.810	4.032
6	.718	1.440	1.943	2.447	3.143	3.287	3.521	3.707
7	.711	1.415	1.895	2.365	2.998	3.128	3.335	3.499
8	.706	1.397	1.860	2.306	2.896	3.016	3.206	3.355
9	.703	1.383	1.833	2.262	2.821	2.933	3.111	3.250
10	.700	1.372	1.812	2.228	2.764	2.870	3.038	3.169
11	.697	1.363	1.796	2.201	2.718	2.820	2.981	3.106
12	.694	1.356	1.782	2.179	2.681	2.779	2.934	3.055
13	.694	1.350	1.771	2.160	2.650	2.746	2.896	3.012
14	.692	1.345	1.761	2.145	2.624	2.718	2.864	2.977
15	.691	1.341	1.753	2.131	2.602	2.694	2.837	2.947
16	.690	1.337	1.746	2.120	2.583	2.673	2.813	2.921
17	.689	1.333	1.740	2.110	2.567	2.655	2.793	2.898
18	.688	1.330	1.734	2.101	2.552	2.639	2.775	2.878
19	.688	1.328	1.729	2.093	2.539	2.625	2.759	2.861
20	.687	1.325	1.725	2.086	2.528	2.613	2.744	2.845
21	.686	1.323	1.721	2.080	2.518	2.601	2.732	2.831
22	.686	1.321	1.717	2.074	2.508	2.591	2.720	2.819
23	.685	1.319	1.714	2.069	2.500	2.582	2.710	2.807
24	.685	1.318	1.711	2.064	2.492	2.574	2.700	2.797
25	.684	1.316	1.708	2.060	2.485	2.566	2.692	2.787
26	.684	1.315	1.706	2.056	2.479	2.599	2.684	2.779
27	.684	1.314	1.703	2.052	2.473	2.552	2.676	2.771
28	.683	1.313	1.701	2.048	2.467	2.546	2.669	2.763
29	.683	1.311	1.699	2.045	2.462	2.541	2.663	2.756
30	.683	1.310	1.697	2.042	2.457	2.536	2.657	2.750
40	.681	1.303	1.684	1.021	2.423	2.499	2.616	2.704
60	.679	1.296	1.671	2.000	2.390	2.463	2.575	2.660
120	.677	1.289	1.658	1.980	2.358	2.428	2.536	2.617
∞	.674	1.282	1.645	1.960	2.326	2.394	2.498	2.576

〈표 6〉 카이제곱분포표

카이제곱분포의 상위 $100\alpha\%$ 백분위수 $\chi(n, \alpha) = P(V \geq v) = \int_v^{\infty} f(v)\,dv$

n \ α	.99	.975	.95	.90	.50	.10	.05	.025	.01
1	.0002	.001	.004	.02	.45	2.71	3.84	5.02	6.63
2	.02	.05	.10	.21	1.39	4.61	5.99	7.38	9.21
3	.11	.22	.35	.58	2.37	6.25	7.81	9.35	11.34
4	.30	.48	.71	1.06	3.36	7.78	9.49	11.14	13.28
5	.55	.83	1.15	1.61	4.35	9.24	11.07	12.83	15.09
6	.87	1.24	1.64	2.20	5.35	10.64	12.59	14.45	16,81
7	1.24	1.69	2.17	2.83	6.35	12.02	14.07	16.01	18.48
8	1.65	2.18	2.73	3.49	7.34	13.36	15.51	17.53	20.09
9	2.09	2.70	3.33	4.17	8.34	14.68	16.92	19.02	21.67
10	2.56	3.24	3.94	4.87	9.34	15.99	18.31	20.48	23.21
11	3.05	3.81	4.57	5.58	10.34	17.28	19.68	21.92	24.72
12	3.57	4.40	5.23	6.30	11.34	18.55	21.03	23.34	26.22
13	4.11	5.01	5.89	7.04	12.34	19.81	22.36	24.74	27.69
14	4.66	5.62	6.57	7.79	13.34	21.06	23.68	26.12	29.14
15	5.23	6.26	7.26	8.55	14.34	22.31	25.00	27.49	30.58
16	5.81	6.90	7.96	9.31	15.34	23.54	26.30	28.85	32.00
17	6.41	7.56	8.67	10.09	16.34	24.77	27.59	30.19	33.41
18	7.01	8.23	9.39	10.86	17.34	25.99	28.87	31.53	34.81
19	7.63	8.90	10.12	11.65	18.34	27.20	30.14	32.85	36.19
20	8.26	9.59	10.85	12.44	19.34	28.41	31.41	34.17	37.57
21	8.90	10.28	11.59	13.24	20.34	29.62	32.67	35.48	38.93
22	9.54	10.98	12.34	14.04	21.34	30.81	33.92	36.78	40.29
23	10.20	11.69	13.09	14.85	22.34	32.01	35.17	38.08	41.64
24	10.86	12.40	13.85	15.66	23.34	33.20	36.42	39.36	42.98
25	11.52	13.11	14.61	16.47	24.34	34.38	37.65	40.65	44.31
26	12.20	13.84	15.38	17.29	25.34	35.56	38.89	41.92	45.64
27	12.88	14.57	16.15	18.11	26.34	36.74	40.11	43.19	46.96
28	13.56	15.30	16.93	18.94	27.34	37.92	41.34	44.46	48.28
29	14.26	16.04	17.71	19.77	28.34	39.09	42.56	45.72	49.59
30	14.95	16.78	18.49	20.60	29.34	40.26	43.77	46.98	50.89
40	22.16	24.42	26.51	29.05	39.34	51.81	55.76	59.34	63.69
50	29.71	32.35	34.76	37.69	49.33	63.17	67.50	71.42	76.15
60	37.48	40.47	43.19	46.46	59.33	74.40	79.08	83.30	88.38
70	45.44	48.75	51.74	55.33	59.33	85.53	90.53	95.02	100.43
80	53.54	57.15	60.39	64.28	79.33	96.58	101.88	106.63	112.33
90	61.75	65.64	69.13	73.29	89.33	107.57	113.15	118.14	124.12
100	70.06	74.22	77.93	82.36	99.33	118.50	124.34	129.56	135.81

〈표 7〉 **F 분포표**

F 분포의 90% 백분위수 $F(n_1, n_2; 0.10)$

n_2 \ n_1	1	2	3	4	5	6	7	8	9	10	12	15	20	24	30	40	60	120	∞
1	39.86	49.50	53.59	55.83	57.24	58.20	58.91	59.44	59.86	60.19	60.71	61.22	61.74	62.00	62.26	62.53	62.79	63.06	63.33
2	8.53	9.00	9.16	9.24	9.29	9.33	9.35	9.37	9.38	9.39	9.41	9.42	9.44	9.45	9.46	9.47	9.47	9.48	9.49
3	5.54	5.46	5.39	5.34	5.31	5.28	5.27	5.25	5.24	5.23	5.22	5.20	5.18	5.18	5.17	5.16	5.15	5.14	5.13
4	4.54	4.32	4.19	4.11	4.05	4.01	3.98	3.95	3.94	3.92	3.90	3.87	3.84	3.83	3.82	3.80	3.79	3.78	3.76
5	4.06	3.78	3.62	3.52	3.45	3.40	3.37	3.31	3.32	3.30	3.27	3.24	3.21	3.19	3.17	3.16	3.14	3.12	3.10
6	3.78	3.40	3.29	3.18	3.11	3.05	3.01	2.98	2.90	2.94	2.90	2.87	2.84	2.82	2.80	2.78	2.76	2.74	2.72
7	3.59	3.20	3.07	2.96	2.88	2.83	2.78	2.75	2.72	2.70	2.67	2.63	2.59	2.58	2.58	2.54	2.51	2.49	2.47
8	3.46	3.11	2.92	2.81	2.73	2.67	2.62	2.59	2.50	2.54	2.50	2.40	2.42	2.40	2.38	2.36	2.34	2.32	2.20
9	3.36	3.01	2.81	2.69	2.61	2.55	2.51	2.47	2.44	2.42	2.38	2.34	2.30	2.28	2.25	2.23	2.21	2.18	2.16
10	3.29	2.92	2.73	2.61	2.52	2.46	2.41	2.38	2.35	2.32	2.28	2.24	2.20	2.18	2.16	2.13	2.11	2.08	2.06
11	3.23	2.86	2.66	2.54	2.45	2.30	2.34	2.30	2.27	2.25	2.21	2.17	2.12	2.10	2.08	2.05	2.03	2.00	1.97
12	3.18	2.81	2.61	2.48	2.39	2.33	2.28	2.24	2.21	2.19	2.15	2.10	2.06	2.04	2.01	1.99	1.96	1.93	1.90
13	3.14	2.76	2.50	2.43	2.35	2.28	2.23	2.20	2.16	2.14	2.10	2.05	2.01	1.98	1.96	1.93	1.90	1.88	1.85
14	3.10	2.73	2.52	2.39	2.31	2.24	2.19	2.15	2.12	2.10	2.05	2.01	1.96	1.94	1.91	1.89	1.86	1.83	1.80
15	3.07	2.70	2.49	2.36	2.27	2.21	2.16	2.12	2.09	2.06	2.02	1.97	1.92	1.90	1.87	1.85	1.82	1.79	1.76
16	3.05	2.07	2.46	2.33	2.24	2.18	2.13	2.09	2.06	2.03	1.99	1.97	1.89	1.87	1.84	1.81	1.78	1.76	1.72
17	3.03	2.64	2.44	2.31	2.22	2.15	2.10	2.06	2.03	2.00	1.96	1.91	1.86	1.84	1.81	1.78	1.75	1.72	1.69
18	3.01	2.62	2.42	2.29	2.20	2.13	2.08	2.04	2.00	1.98	1.93	1.89	1.84	1.81	1.78	1.75	1.72	1.69	1.66
19	2.99	2.61	2.40	2.27	2.18	2.11	2.06	2.02	1.98	1.96	1.91	1.86	1.81	1.79	1.78	1.73	1.70	1.67	1.63
20	2.97	2.59	2.38	2.25	2.16	2.09	2.04	2.00	1.96	1.94	1.89	1.84	1.79	1.77	1.74	1.71	1.68	1.64	1.61
21	2.96	2.57	2.36	2.23	2.14	2.08	2.02	1.98	1.95	1.92	1.87	1.83	1.78	1.75	1.72	1.69	1.66	1.62	1.59
22	2.95	2.56	2.35	2.22	2.13	2.06	2.01	1.97	1.93	1.90	1.86	1.81	1.76	1.73	1.70	1.67	1.64	1.60	1.57
23	2.94	2.55	2.34	2.21	2.11	2.05	1.99	1.95	1.92	1.89	1.84	1.80	1.74	1.72	1.69	1.66	1.62	1.59	1.55
24	2.93	2.54	2.33	2.19	2.10	2.04	1.98	1.94	1.91	1.88	1.83	1.78	1.73	1.70	1.67	1.64	1.61	1.57	1.53
25	2.92	2.53	2.32	2.18	2.09	2.02	1.97	1.93	1.89	1.87	1.82	1.77	1.72	1.69	1.66	1.63	1.59	1.56	1.52
26	2.91	2.52	2.31	2.17	2.08	2.01	1.96	1.92	1.88	1.86	1.81	1.76	2.71	1.68	1.65	1.61	1.58	1.54	1.50
27	2.90	2.51	2.30	2.17	2.07	2.00	1.95	1.91	1.87	1.85	1.80	1.75	1.70	1.67	1.64	1.60	1.57	1.53	1.49
28	2.89	2.50	2.20	2.16	2.06	2.00	1.94	1.90	1.87	1.84	1.79	1.74	1.69	1.66	1.63	1.59	1.56	1.52	1.48
29	2.89	2.50	2.28	2.15	2.06	1.99	1.93	1.89	1.86	1.83	1.78	1.73	1.68	1.65	1.62	1.58	1.55	1.51	1.47
30	2.88	2.49	2.28	2.14	2.05	1.98	1.93	1.88	1.85	1.82	1.77	1.72	1.67	1.61	1.61	1.57	1.54	1.50	1.46
40	2.84	2.44	2.23	2.09	2.00	1.93	1.87	1.83	1.79	1.76	1.71	1.68	1.61	1.57	1.54	1.51	1.47	1.42	1.38
60	2.79	2.39	2.18	2.04	1.95	1.87	1.82	1.77	1.74	1.71	1.66	1.60	1.54	1.51	1.48	1.44	1.40	1.35	1.29
120	2.75	2.35	2.13	1.99	1.90	1.82	1.77	1.72	1.68	1.65	1.60	1.55	1.48	1.45	1.41	1.37	1.32	1.26	1.19
∞	2.71	2.30	2.08	1.94	1.85	1.77	1.72	1.67	1.63	1.60	1.55	1.49	1.42	1.38	1.34	1.30	1.24	1.17	1.00

F 분포표(계속)

F 분포의 97.5% 백분위수 $F(n_1, n_2; 0.025)$

n_2 \ n_1	1	2	3	4	5	6	7	8	9	10	12	15	20	24	30	40	60	120	∞
1	647.8	799.5	804.2	899.6	921.8	937.1	948.2	956.7	963.3	968.6	976.7	984.9	993.1	997.2	1001	1006	1010	1014	1018
2	38.51	39.00	39.17	39.25	39.30	39.33	39.36	39.37	39.39	39.40	39.41	39.43	39.45	39.45	39.46	39.47	39.48	39.49	39.50
3	17.44	16.04	15.44	15.10	14.88	14.73	14.62	14.54	14.47	14.42	14.34	14.25	14.17	14.12	14.08	14.04	13.99	13.95	13.90
4	12.22	10.65	9.93	9.60	9.36	9.20	9.07	8.98	8.90	8.84	8.75	8.66	8.56	8.51	8.46	8.41	8.36	8.31	8.26
5	10.01	8.43	7.76	7.39	7.15	6.98	6.85	6.76	6.68	6.62	6.52	6.43	6.33	6.28	6.23	6.18	6.12	6.07	6.02
6	8.81	7.26	6.60	6.23	5.99	5.82	5.70	5.60	5.52	5.46	5.37	5.27	5.17	5.12	5.07	5.01	4.96	4.90	4.85
7	8.07	6.54	5.89	5.52	5.29	5.12	4.99	4.90	4.82	4.76	4.67	4.57	4.47	4.42	4.36	4.31	4.25	4.20	4.14
8	7.57	6.06	5.42	5.05	4.82	4.65	4.53	4.43	4.36	4.30	4.20	4.10	4.00	3.95	3.89	3.84	3.78	3.73	3.67
9	7.21	5.71	5.08	4.72	4.48	4.32	4.20	4.10	4.03	3.96	3.87	3.77	3.67	3.61	3.56	3.51	3.45	3.39	3.33
10	6.94	5.46	4.83	4.47	4.24	4.07	3.95	3.85	3.78	3.72	3.62	3.52	3.42	3.37	3.31	3.25	3.20	3.14	3.08
11	6.72	5.26	4.63	4.28	4.04	3.88	3.76	3.66	3.59	3.53	3.43	3.33	3.23	3.17	3.12	3.06	3.00	2.94	2.88
12	6.55	5.10	4.47	4.12	3.89	3.73	3.61	3.51	3.44	3.37	3.28	3.18	3.07	3.02	2.96	2.91	2.85	2.79	2.72
13	6.41	4.97	4.35	4.00	3.77	3.60	3.48	3.39	3.31	3.25	3.15	3.05	2.95	2.89	2.84	2.78	2.72	2.66	2.60
14	6.30	4.86	4.24	3.89	3.66	3.50	3.38	3.29	3.21	3.18	3.05	2.95	2.84	2.79	2.73	2.67	2.61	2.55	2.49
15	6.20	4.77	4.15	3.80	3.58	3.41	3.29	3.20	3.12	3.06	2.96	2.86	2.76	2.70	2.64	2.59	2.52	2.46	2.40
16	6.12	4.69	4.08	3.73	3.50	3.34	3.22	3.12	3.05	2.09	2.89	2.79	2.68	2.63	2.57	2.51	2.45	2.38	2.32
17	6.04	4.62	4.01	3.06	3.44	3.28	6.16	3.06	2.98	2.92	2.82	2.72	2.62	2.56	2.50	2.44	2.38	2.32	2.25
18	5.98	4.56	3.95	3.61	3.38	3.22	3.10	3.01	2.93	2.87	2.77	2.67	2.56	2.50	2.44	2.38	2.32	2.26	2.19
19	5.92	4.51	3.90	3.56	3.33	3.17	3.05	2.96	2.88	2.82	2.72	2.62	2.51	2.45	2.39	2.33	2.27	2.20	2.13
20	5.87	4.46	3.86	3.51	3.29	3.13	3.01	2.91	2.84	2.77	2.68	2.57	2.56	2.41	2.35	2.29	2.22	2.16	2.09
21	5.83	4.42	3.82	3.48	3.25	3.09	2.97	2.87	2.80	2.73	2.64	2.53	2.42	2.37	2.31	2.25	2.18	2.11	2.04
22	5.79	4.38	3.78	3.44	3.22	3.05	2.93	2.84	2.76	2.70	2.60	2.50	2.39	2.33	2.27	2.21	2.14	2.08	2.00
23	5.75	4.35	3.75	3.41	3.18	3.02	2.90	2.81	2.73	2.67	2.57	2.47	2.36	2.30	2.24	2.18	2.11	2.04	1.97
24	5.72	4.32	3.72	3.38	3.15	2.99	2.87	2.78	2.70	2.64	2.54	2.44	2.33	2.27	2.21	2.15	2.08	2.01	1.94
25	5.69	6.29	3.69	3.35	3.13	2.97	2.85	2.75	2.68	2.61	2.51	2.41	2.30	2.24	2.18	2.12	2.05	1.98	1.91
26	5.66	4.27	3.67	3.83	3.10	2.94	2.82	2.73	2.65	2.59	2.49	2.39	2.28	2.22	2.16	2.09	2.03	1.95	1.88
27	5.63	4.24	3.65	3.31	3.08	2.92	2.80	2.71	2.63	2.57	2.47	2.36	2.25	2.19	2.13	2.07	2.00	1.93	1.85
28	5.61	4.22	3.63	3.20	3.06	2.90	2.78	2.69	2.61	2.55	2.45	2.34	2.23	2.17	2.11	2.05	1.98	1.91	1.83
29	5.59	4.20	3.61	3.27	3.04	2.85	2.76	2.67	2.59	2.53	2.43	2.32	2.21	2.15	2.09	2.03	1.96	1.89	1.81
30	5.57	4.18	3.59	3.25	3.03	2.87	2.75	2.65	2.57	2.51	2.41	2.31	2.20	2.14	2.07	2.01	1.94	1.87	1.79
40	5.42	4.05	3.46	3.13	2.90	2.74	2.62	2.53	2.45	2.39	2.29	2.18	2.07	2.01	1.94	1.88	1.80	1.72	1.64
60	5.29	3.93	3.34	3.01	2.79	2.63	2.51	2.41	2.33	2.27	2.17	2.08	1.94	1.88	1.82	1.74	1.67	1.58	1.48
120	5.15	3.90	3.23	2.89	2.67	2.52	2.39	2.30	2.22	2.16	2.05	1.94	1.82	1.76	1.69	1.61	1.53	1.43	1.31
∞	5.02	3.69	3.12	2.79	2.57	2.41	2.29	2.19	2.11	2.05	1.94	1.83	1.71	1.64	1.57	1.48	1.39	1.37	1.00

F 분포표(계속)

F 분포의 95% 백분위수 $F(n_1, n_2; 0.05)$

n_2 \ n_1	1	2	3	4	5	6	7	8	9	10	12	15	20	24	30	40	60	120	∞
1	161.4	199.5	215.7	224.6	230.2	234.0	236.8	238.9	240.5	241.9	243.9	245.9	248.0	249.1	250.1	251.1	252.2	253.3	254.3
2	18.51	19.00	19.16	19.30	19.30	19.33	19.35	19.37	19.33	19.49	19.41	19.43	19.45	19.45	19.46	19.47	19.48	19.49	19.50
3	10.13	9.55	9.28	9.01	9.01	8.94	8.89	8.85	8.81	8.79	8.74	8.70	8.60	8.64	8.62	8.59	8.57	8.55	8.53
4	7.71	6.94	6.59	6.26	6.26	6.16	6.09	6.04	6.00	5.90	5.91	5.86	5.80	5.77	5.75	5.72	5.69	5.66	5.63
5	6.61	5.79	5.41	5.19	5.05	4.95	4.88	4.82	4.77	4.74	4.68	4.62	4.56	4.53	4.50	4.46	4.43	4.40	4.36
6	5.99	5.14	4.76	4.53	4.39	4.28	4.21	4.15	4.10	4.06	4.00	3.94	3.87	3.84	3.81	3.77	3.74	3.70	3.67
7	5.50	4.74	4.35	4.12	3.97	3.87	3.79	3.73	3.68	3.64	3.57	3.51	3.44	3.41	3.38	3.34	3.30	3.27	3.23
8	5.32	4.46	4.07	3.84	3.69	3.58	3.50	3.44	3.39	3.35	3.28	3.22	3.15	3.12	3.08	3.04	3.01	2.97	2.93
9	5.12	4.26	3.86	3.63	3.48	3.37	3.29	3.23	3.18	3.14	3.07	3.01	2.94	2.90	2.86	2.83	2.79	2.75	2.71
10	4.96	4.10	3.71	3.48	3.33	3.22	3.14	3.07	3.01	2.98	2.91	2.85	2.77	2.74	2.70	2.66	2.62	2.58	2.54
11	4.84	3.98	3.59	3.36	3.20	3.09	3.01	2.95	2.90	2.85	2.79	2.72	2.65	2.61	2.57	2.53	2.49	2.45	2.40
12	4.75	3.89	3.49	3.28	3.11	3.00	2.91	2.85	2.80	2.75	2.69	2.52	2.54	2.51	2.47	2.43	2.38	2.34	2.30
13	4.67	3.81	3.41	3.18	3.03	2.92	2.83	2.77	2.71	2.67	2.60	2.53	2.46	2.42	2.38	2.34	2.30	2.25	2.21
14	4.60	3.74	3.34	3.11	2.96	2.85	2.76	2.70	2.05	2.60	2.53	2.46	2.39	2.35	2.31	2.27	2.22	2.18	2.13
15	4.54	3.68	3.29	5.06	2.90	2.79	2.71	2.64	2.59	2.54	2.48	2.40	2.33	2.29	2.25	2.20	2.16	2.11	2.07
16	4.49	3.63	3.24	3.01	2.85	2.74	2.66	2.59	2.54	2.49	2.42	2.35	2.28	2.24	2.19	2.15	2.11	2.06	2.01
17	4.45	3.59	3.20	2.96	2.81	2.70	2.61	2.55	2.49	2.45	2.38	2.31	2.23	2.19	2.15	2.10	2.06	2.01	1.96
18	4.41	3.55	3.16	2.93	2.77	2.66	2.58	2.51	2.26	2.41	2.34	2.27	2.19	2.15	2.11	2.06	2.02	1.97	1.92
19	4.38	3.52	3.13	2.90	2.74	2.63	2.54	2.48	2.42	2.38	2.31	2.23	2.16	2.11	2.07	2.03	1.98	1.93	1.88
20	4.35	3.49	3.10	2.87	2.71	2.60	2.51	2.45	2.39	2.35	2.28	2.20	2.12	2.08	2.04	1.99	1.95	1.00	1.84
21	4.32	3.47	3.07	2.84	2.68	2.57	2.49	2.42	2.37	2.32	2.25	2.18	2.10	2.05	2.01	1.96	1.92	1.87	1.81
22	4.30	3.44	3.05	2.82	2.66	2.55	2.46	2.40	2.31	2.30	2.23	2.15	2.07	2.03	1.98	1,94	1.89	1.84	1.78
23	4.28	3.42	3.03	2.80	2.64	2.53	2.44	2.37	2.32	2.27	2.20	2.13	2.05	2.01	1.96	1,91	1.86	1.81	1.76
24	4.26	3.40	3.01	2.78	2.62	2.51	2.42	2.36	2.30	2.25	2.18	2.11	2.03	1.98	1.94	1,89	1.84	1.79	1.73
25	4.24	3.39	2.99	2.76	2.60	2.49	2.40	2.34	2.28	2.24	2.16	2.09	2.01	1.96	1.92	1.87	1.82	1.77	1.71
26	4.23	3.37	2.98	2.74	2.59	2.47	2.39	2.32	2.27	2.22	2.15	2.07	1.99	1.95	1.90	1.85	1.80	1.75	1.69
27	4.21	3.35	2.96	2.73	2.57	2.46	2.37	2.31	2.25	2.20	2.13	2.06	1.97	1.93	1.88	1.84	1.79	1.73	1.67
28	4.20	3.34	2.95	2.71	2.56	2.45	2.36	2.29	2.24	2.19	2.12	2.04	1.96	1.91	1.87	1.82	1.77	1.71	1.65
29	4.18	3.33	2.93	2.70	2.55	2.43	2.35	2.28	2.22	2.18	2.10	2.03	1.94	1.90	1.85	1.81	1.75	1.70	1.61
30	4.17	3.32	2.93	2.69	2.53	2.42	2.33	2.27	2.21	2.16	2.09	2.01	1.93	1.89	1.84	1.79	1.74	1.68	1.62
40	4.08	3.23	2.84	2.61	2.45	2.34	2.25	2.18	2.12	2.08	2.00	1.92	1.84	1.79	1.74	1.69	1.64	1.58	1.51
60	4.00	3.15	2.76	2.53	2.37	2.25	2.17	2.10	2.04	1.99	1.92	1.84	1.75	1.70	1.65	1.59	1.53	1.47	1.39
120	3.92	3.07	2.68	2.45	2.29	2.17	2.09	2.02	1.96	1.91	1.83	1.75	1.66	1.61	1.65	1.50	1.43	1.35	1.25
∞	3.84	3.00	2.60	2.37	2.21	2.10	2.01	1.94	1.88	1.83	1.75	1.67	1.57	1.52	1.40	1.39	1.32	1.22	1.00

찾아보기

[ㄱ]

가설검정 **225**

검정통계량 **237**

결정계수 **74**

결정계수(coefficient of determinant) **75**

계통추출(systematic sampling) **93**

골드기준법(gold standard method) **115**

관측도수 **258**

귀무가설 **226**

기대값(expected value) **154**

기대도수 **258**

[ㄴ]

난수(random numbers) **94**

난수표(table of random numbers) **83, 94**

[ㄷ]

다단계 집락추출(multi-stage cluster sampling) **92**

다듬어진 평균(trimmed mean) **28**

다변량 자료(multivariate data) **5**

다봉분포(multimodal distribution) **47**

단봉분포(unimodal distribution) **47**

단순랜덤추출(simple random sampling) **83**

대립가설 **226**

도수분포표(frequency distribution table) **8**

독립성 검정 **265**

[ㄹ]

랜덤 실험(random xperiment) **103**

[ㅁ]

막대그림(bar chart) **14**

모비율 **218**

모수 **193**

모집단(population) **79, 193**

밀도곡선(density curve) **45**

[ㅂ]

반응변수(response variable) **51**

백분위수(percentile) **31**

범위(range) **30**

범주형 변수(categorical variable) **3**

변수(variable) **3**

변이계수(coefficient of variation:) **36**

변환(transformation) **176**

복원추출(random sampling with replacement) **85**

분산(variance) **32**

분할표(contingency table) **11**

비복원추출(random sampling without replacement) 85
비표본오차(nonsampling error) 80

[ㅅ]

사건(event) 104
사분위수(quartile) 31
사분위수 범위(interquartile range) 31
산점도(scatter plot) 53
상관계수(correlation coefficient) 59
상관분석(correlation analysis) 51
상자그림(box plot) 38
서로 독립(mutually independent) 121
선형변환 179
설명변수(explanatory variable) 51
수학적 모형(mathematical model) 44
시계열 자료(time series data) 22
시도표(time plot) 22

[ㅇ]

양적 변수(quantitative variable) 4
양적 자료 5
양측검정 229
연속형 변수(continuous variable) 4
연속형 확률변수(continuous random variabvle) 146
오른쪽으로 꼬리가 긴(positively skewed)분포 48
오차(error) 173
왼쪽으로 꼬리가 긴(negatively skewed) 48
우측검정 229
유의수준(significance level) 230
유의확률 239
이변량 자료(bivariate data) 5
이봉분포(bimodal distribution) 47
이산형 변수(discrete variable) 4
이산형 자료(discrete data) 5
이산형 확률변수(discrete random variable) 141
이항분포 160
이항실험 159
일변량 자료(univariate data) 5

[ㅈ]

자료(data) 5
자유도 216
적합도 검정 257
전수조사(census) 79
전확률 공식(formula of total probability) 127
정규곡선(normal curve) 173
제 p 백분위수(pth percentile) 31
제1종 오류(type I error) 230
제2종 오류(type II error) 230
조건부 확률(conditional probability) 113
좌측검정 229
줄기-잎 그림(stem-and-leaf plot) 18
중심극한정리 213
중앙값(median) 26, 46
질적 변수(qualitative variable) 3
질적 자료 5
집락추출(cluster sampling) 90

[ㅊ]

최빈값(mode) **46**
최소제곱법(method of least squares) **68**
최소제곱 회귀직선 **69**
최우추정법 **289**
최적배분 **88**
추정 **225**
층화추출(stratified sampling) **87**

[ㅋ]

카이제곱분포 **261**

[ㅌ]

통계량 **194**
t분포 **215**
통계적 실험(statistical experiment) **103**

[ㅍ]

편차(deviation) **32**
평균(mean) **24**
포획-재포획법 **286**
표본(sample) **79, 193**
표본공간(sample space) **104**
표본분포(sampling distribution) **197**
표본비율 **218**
표본오차(sampling error) **80**
표본조사(sample survey) **79**
표준정규분포 **182**
표준편차(standard deviation) **35**
표준화(standardization) **176**
p값 **239**

[ㅎ]

확률모형(probability model) **139**
확률법칙 **258**
확률변수(random variable) **139**
확률분포(probability distribution) **142**
확률표본 **194**
회귀분석(regression analysis) **51**
회귀직선(regression line) **64**
히스토그램(histogram) **16**

배 현 웅 (裵玄雄)

육군사관학교 졸업 (이학사)
고려대학교 대학원 졸업 (통계학 석사)
미 아이오아 대학교 대학원 졸업 (통계학 박사)
현 : 육군사관학교 교수

〈주요 저서〉
· 통계학 (청문각, 1990)
· 확률 및 통계 (청문각, 1995)
· SAS 6.12를 이용한 전산통계와 자료 분석 (양서각, 2000)
· 엑셀을 이용한 통계학의 기초와 이해 (교우사, 2001)
· 엑셀을 이용한 통계학의 기초와 활용 기법 (교우사, 2001)
· SAS를 이용한 전산통계 (교우사, 2004)
· SAS와 함께하는 통계이론과 자료 분석 (교우사, 2004)

생활속에서의
통계학의 이해와 적용

2007년 3월 2일 초 판 발행
2008년 1월 10일 개정판 발행

저 자 / 배현웅
발행자 / 오판근
발행처 / 교우사

주 소 / 서울 동대문구 제기2동 148-19
전 화 / 925-2861(대), 편집부 / 925-2825
팩 스 / 925-2860, 953-2860
E-mail / kw2861 @ chollian. net
http: // www. kyowoo. co. kr
등록 / 1994. 3. 24 제6-0256호

ISBN 978-89-8172-663-8(93310)

값 **17,000**원